岩波書店

エーリッヒの犬の話
牛乳瓶から郵便配達人に至る種々の物語
イェームス・クリュス作
吉永美津恵訳

岩波少年文庫

Euclid's Window:
The Story of Geometry from Parallel Lines to Hyperspace
by Leonard Mlodinow
Copyright © 2001 by Leonard Mlodinow
Japanese translation rights arranged with Writers House LLC
through Japan UNI Agency, Inc.

本書の無断複写複製（コピー）は、特定の場合を除き、著作者・出版社の権利侵害になります。

目　次

プロローグ　7

第Ⅰ部　ユークリッドの物語

1　最初の革命 …………………………………………… 14
2　課税のための幾何学 ………………………………… 16
3　先駆者タレス ………………………………………… 26
4　ピタゴラス派の興亡 ………………………………… 34
5　ユークリッド幾何学 ………………………………… 50
6　アレクサンドリアの悲劇 …………………………… 65

第Ⅱ部　デカルトの物語

7　位置の革命 …………………………………………… 84
8　緯度と経度 …………………………………………… 86
9　腐敗したローマの遺産 ……………………………… 93
10　オレームが見つけたグラフの魅力 ……………… 107
11　病弱な兵士デカルトの座標 ………………………… 120
12　氷の女王に魅入られて …………………………… 134

第Ⅲ部　ガウスの物語

13　曲がった空間の革命 ……………………………… 140
14　プトレマイオスの過ち …………………………… 145
15　ナポレオンの英雄ガウスの生涯 ………………… 157
16　非ユークリッド幾何学の誕生 …………………… 169
17　ポアンカレのクレープと平行線 ………………… 178
18　あらゆる直線が交差する空間 …………………… 187
19　リーマンの楕円空間 ……………………………… 199
20　2000年後の化粧直し ……………………………… 209

第Ⅳ部　アインシュタインの物語

- 21　光速革命 …………………………………… 222
- 22　若き日のマイケルソンとエーテルという概念 …… 229
- 23　宇宙空間に詰まっているもの …………………… 237
- 24　見習い技師アインシュタイン …………………… 256
- 25　アインシュタインのユークリッド的アプローチ … 265
- 26　アインシュタインのリンゴ ……………………… 281
- 27　一般相対性理論の道具 …………………………… 298
- 28　史上最高の科学者の誕生 ………………………… 304

第Ⅴ部　ウィッテンの物語

- 29　奇妙な革命 ………………………………………… 312
- 30　シュワーツにしか見えない美しいひも ………… 315
- 31　存在のなくてはならない不確かさ ……………… 321
- 32　アインシュタインとハイゼンベルクの激突 …… 328
- 33　カルツァとクラインのメッセージ ……………… 333
- 34　ひも理論の誕生 …………………………………… 338
- 35　粒子を超えて ……………………………………… 343
- 36　ひもの問題点 ……………………………………… 356
- 37　かつてひもと呼ばれた理論 ……………………… 365

エピローグ　376

謝　辞　380

注　382

訳者あとがき　409

文庫版訳者あとがき　414

ユークリッドの窓
平行線から超空間にいたる幾何学の物語

アレクセイとニコライ，サイモンとアイリーンに

プロローグ

　今から2400年ほど前，ひとりのギリシャ人が海辺に立ち，水平線に消えゆく船を見つめていた．アリストテレスという名のその男は，何隻もの船が行き交うのを静かに観察しながら長い時を過ごしたにちがいない．そうするうちに，ふとあることに気がついた．どの船もまずはじめに船体が見えなくなり，それからマストと帆が消える．それはなぜだろう？　もしも地球が平らなら，船全体がだんだん小さくなり，しまいに小さな点となって消えるはずだ．そのとき彼に天才のひらめきが訪れた．マストと帆が最後に消えるのは，地球が平らではないしるしだ，と．このときアリストテレスは幾何学の窓を通して，地球のおおまかな構造を見たのだった．

　数千年前の人たちがこの地球を探ったように，今日のわれわれは宇宙を探っている．すでに月に行って帰ってきた人もいるし，無人探査機は太陽系の外に飛び出した．これから千年のうちには，いちばん近い恒星を訪れることも不可能ではない．隣の恒星系までは，光速の10分の1のスピードで——いずれそんなスピードが出せるようになれば——50年ほどの旅である．だが，そのケンタウルス座α星までの莫大な距離をものさしにして測ってさえ，宇宙はその何十億倍も広いのだ．アリストテレスが海辺に立って

見たように，宇宙の地平線から船が姿を現すところはとうてい見られそうにない．それでもわれわれは，この宇宙の性質と構造について，すでにたくさんのことを知っている——アリストテレスと同様に，観察し，論理を用い，そして無心に宇宙を見つめることで得た知識である．地平線のかなたを知るための力になってくれたのが，独創的なアイディアと幾何学だった．空間とは何だろう？ 自分は空間内のどこに位置しているのだろう？ 空間は曲がっていてもいいのだろうか？ 空間は何次元なのか？ 自然の秩序と宇宙の統一性について，幾何学は何を教えてくれるのか？ 世界の歴史における幾何学の五つの革命は，これらの疑問を背景として起こったのである．

　第一の革命はピタゴラスの小さな試みとともにはじまった．彼は自然界をモデル化する抽象的な規則の体系として，数学を採用したのだ．すると新しい空間概念が生まれた．それまで空間といえば，われわれが踏みつけている大地や，泳いで渡る海のことだったのだ．ピタゴラスの試みからは，"抽象化"と"証明"の手続きも生まれた．じきにギリシャの人びとは，てこの原理から天体の軌道まで，科学上のさまざまな問題に幾何学的な答えを見いだすようになった．しかしやがてギリシャの文明は衰退し，ローマ人が西欧を支配するようになる．紀元415年の復活祭も間近なある日，無知な暴徒によってひとりの女性が馬車から引きずり降ろされ，殺害された．彼女はアレクサンドリアの図書館で研究を行い，ピタゴラスと幾何学と合理性にそ

の身を捧げた高名な学者だったのだ．この事件を区切りとして，西欧は1000年におよぶ暗黒時代に突入する．

その後文明が再興すると，幾何学もよみがえったが，その相貌はすっかり新しくなっていた．新しい幾何学を作ったのは，文明の申し子のような男だった——賭け事を好み，昼過ぎまでごろごろ寝ていて，ギリシャ人の幾何学は回りくどすぎると文句を言うような人間である．その男，ルネ・デカルトは，頭の負担を減らすために幾何学と数とを結びつけたのだった．デカルトが発明した座標というアイディアのおかげで，位置や形は新しい手法で扱われ，数は目に見えるように表示された．座標のテクニックは微積分の基礎となり，現代のテクノロジーが発展する土台ともなった．固体電子工学から時空の大規模構造まで，あるいはトランジスタ，コンピュータ，レーザーの技術から宇宙旅行まで，物理学のあらゆる領域で使われている，座標やグラフ，サインやコサイン，ベクトルやテンソル，そして角度や曲率といった幾何学的概念が生まれたのは，デカルトのおかげなのである．さらにデカルトの研究からは，曲がった空間という，抽象的かつ革命的な概念も生まれた．三角形の内角の和は，必ず180度になるのだろうか？　それとも，そうなるのは平らな紙の上に描かれた三角形だけなのだろうか？　これはオリガミを楽しむ人たちだけの問題ではない．曲がった空間の幾何学は，幾何学のみにとどまらず，数学全体の論理的基礎に革命を起こした．アインシュタインの相対性理論ができたのも，曲がった空間の幾

何学のおかげだった．空間と時間が統一されて時空となり，時空が物質やエネルギーと絡み合うようすを説明するアインシュタインの幾何学的理論は，物理学においてニュートン以来最大のパラダイム転換をもたらした．それは過激な変革に思われた．しかしそれも，近年起こった新たな革命にくらべれば穏やかな変革でしかなかったのだ．

1984年6月のある日，ジョン・シュワーツという科学者が，大きな突破口を開いたと言いだした．彼の理論によれば，原子内粒子がなぜ存在するのかも，それらの相互作用のようすも，はたまた時空の大規模構造からブラックホールの性質まで，あらゆるものが説明できるというのである．シュワーツは，宇宙の秩序と統一性を明らかにする鍵は幾何学にあると考えていた．その幾何学はとても奇妙な性質をもっていた．ところがそのシュワーツは，白衣をまとった数名の男たちに演壇から連れ去られてしまったのだ——．

この一件は，学会の期間中にホテルで演じられた寸劇の趣向だったが，シュワーツの理論に対する当時の受け止め方は，まさにそんなものだった．そしてシュワーツのアイディアは，それぐらい独創的だったのである．彼はそれまでの15年，ひも理論と呼ばれるその理論だけをひたすら追いつづけていた．当時ほとんどの物理学者はその理論に対し，街なかで物乞いにつきまとわれたときのような反応をした．だが今では大半の物理学者が，ひも理論は正しいと考えている．もしもそうなら，空間の幾何学が自然の法

則を決めていることになるのだ.

　豊かな実りをもたらした第一の幾何学革命の声明文を執筆したのは，ユークリッドという謎の男だった．もしも読者が，ユークリッド幾何学のことなどほとんど覚えていないと言うなら，それは授業中ずっと居眠りしていたからだろう．幾何学を学校の授業のように教わったのでは，頭が石になってしまう．しかしユークリッド幾何学は，ほんとうはとてもおもしろいのだ．ユークリッドの研究は美しく，その影響力は聖書に匹敵し，その思想はマルクスとエンゲルスのそれほどに過激だった．なにしろ彼が著書『原論』によって開いたのは，宇宙の姿を見せてくれる窓だったのだから．幾何学がさらに四つの革命を経る過程で，科学者と物理学者は，神学者の信念を粉々に打ち砕き，哲学者が後生大事にしていた世界観を論破し，宇宙におけるわれわれの位置について見直しを迫った．これら五つの革命と，それぞれの革命を象徴する人物，そして彼らの背後にある物語を語ること——それが本書のテーマである．

第 I 部
ユークリッドの物語

空間とは何だろう？
幾何学が宇宙を語りはじめ，
近代文明の先触れとなるまで．

1
最初の革命

　ユークリッド（エウクレイデス）自身は，幾何学の重要な定理をただのひとつも発見していないかもしれない．それでも彼は，古今を通じてもっとも有名な幾何学者であり，それには十分な理由がある．なぜなら1000年の長きにわたり，人びとが幾何学を見るときは，まず「ユークリッドの窓」を通して見ていたからだ．今日ユークリッドは，"空間"という概念に起こった最初の大革命を象徴する人物となっている．その革命で生まれたのが，"抽象化"と"証明"である．

　"空間"はもともと，われわれの立つこの大地を意味していた．そして空間の概念は，エジプト人やバビロニア人が「大地の測量」と呼んだ技術とともに発展した．「大地の測量」を意味するギリシャ語が「ゲオメトリア（英語のジオメトリーの語源）」であるが，ギリシャ人の関心は別のところにあった．彼らは，数学を使えば自然界を理解できること，そして幾何学を使えば，目の前にあるものを描き出すだけでなく，新しい事実を明らかにできることに気づいたのである．彼らは，測量の手段だった幾何学を発展させ，点，線，平面という概念を取り出した．そうして余計なものをはぎ取ってみると，人類がそれまで見たこともない美しい構造があらわになったのだ．数学を生み出そ

というこの努力の頂点に立つのが，ユークリッドなのである．ユークリッドの物語は革命の物語だ．それは公理，定理，証明の物語——そして理性そのものの誕生の物語である．

2
課税のための幾何学

ギリシャ人が成し遂げた偉業のルーツをさかのぼれば，バビロニアとエジプトというふたつの古代文明にいきつく．イェーツ[1]はバビロニアの人びとの無頓着さを歌ったが，こと数学に関するかぎり，あまり無頓着では偉大な仕事はできない．なるほどギリシャ以前の人びとも，便利な公式や，巧みな計算法，土木工事の技術などはたくさん知っていた．しかし彼らは——現代の政治家にもそういうところがあるが——自分が何をしているのかをよく知りもしないまま，びっくりするような大仕事をしたりしていたのだ．古代の人びとは，いわば暗闇のなかで手探りしながら，あっちに建物を建て，こっちに敷石を並べる土木業者だった．彼らは理解することなく目的を達していたのである．

しかしそれならもっと昔からそうだった．人類ははるか有史以前から，数をかぞえ，計算し，税を課し，値段をごまかしていたのだ．数をかぞえる最古の道具ではないかと言われているものに，紀元前3万年ごろの発掘品がある．しかしそれらの品々は，数学的センスのある芸術家が装飾を施したというだけの，単なる棒きれかもしれない．だがそうしたものとは一線を画す，非常に興味深い発掘品もないわけではない．エドワード湖（現在ではコンゴ民主共和

国に含まれている）のほとりで見つかった，8000年前のものとされる小さな骨がそれである．その骨の一端には溝が刻まれ，小さな水晶がはめこまれている．そしてその細工をした人物は——芸術家なのか数学者なのかは知る由もないが——骨の側面に三本の線を刻んでいたのだ．「イシャンゴ骨」[2]と呼ばれるこの骨は，数を記録する道具としては，もっとも古い例と考えられている．

数に"演算を施す"[3]という概念が登場するのは，これよりずっとあとになる．というのも数を計算するためには，ある程度の抽象化が必要になるからだ．人類学者によると，「2人の狩人が2本の矢を射て2頭のガゼルを討ち取った．獲物を村まで引きずるうちに，2つのマメができたとさ」という場合，ここに出てくる四つの「2」に対して，それぞれ別の言葉を使う部族が少なくないそうである[4]．そのような文化のなかでは，リンゴの個数とミカンの個数を足すことはできないだろう．どの「2」もすべて同じ概念，すなわち抽象的な2という数を指していることに人類が気づくまでには，数千年の時を要したと思われる．

この方向で最初の一歩が踏み出されたのは，紀元前6000年期のことだった[5]．このころ，ナイル川流域に暮らす人びとは遊牧の生活をやめて，もっぱら農耕に従事するようになった．北アフリカの砂漠地帯は地球上でもっとも乾燥した不毛の地である．そのなかでただナイル川だけが，赤道地方特有の雨とアビシニア高原の雪解け水によっ

て増水を繰り返しては、あたかも神のように、砂漠に命と食物をもたらすのだった[6]. かつては毎年6月半ばになると、乾ききった大地を流れるナイル川が増水して川床を満たし、肥沃な泥を流域に運び込んだ. ギリシャの歴史家ヘロドトスがエジプトを「ナイルの賜(たまもの)」と呼ぶよりはるか以前にラムセス3世が残した言葉からは、エジプト人がこの神（ナイル川）をアピスと呼び、蜂蜜、ワイン、金、トルコ石など、彼らにとって価値あるものをなんなりと捧げて崇拝していたようすがうかがえる.「エジプト」とはコプト語で「黒土」すなわち「沃土」を意味する言葉なのだ[7].

●■▲

例年、ナイル川流域の氾濫は4か月間つづいた. 10月ごろになると水量は減りはじめ、翌年の夏ごろには、土地はまたしてもカラカラに乾燥した. 8か月におよぶ乾燥期は、ペレトとシェムというふたつの季節に分けられた. ペレトの季節には作物を育て、シェムになるとそれを収穫する. エジプト人は小高い丘の上に集落を作った. 氾濫の時期にはそれらが土手道でつながった小さな島々になった. また彼らは灌漑と穀物貯蔵のシステムを作り上げた. エジプトの暦は農耕生活を基礎とし、人びとの暮らしは農作業を軸にまわっていた. 食事の基本はパンとビールだった. 紀元前3500年ごろになると、エジプト人は手工業や金属加工なども手がけるようになり、それとほぼ同時期に、文字のシステムを作り上げた[8].

2 課税のための幾何学

「人生に確かなことがふたつだけある．死と税だ」という有名なせりふがある．エジプトの人びともかねてから死は知っていたが，生活が豊かになり定住生活がはじまると，こんどは税が彼らに降りかかってきた．おそらくはこの課税が，幾何学の発展をうながす最初の契機となったのだろう[9]．というのも，建前上は土地や財産はすべてファラオのものだったが，実際には，神殿のみならず一般人までもが土地を所有していたからだ．政府は，その年の洪水の水位と，所有地の面積に応じて税額を決定した．税の支払いを拒む者は，その場で官憲に打ち据えられるといったこともあっただろう．借金もできたが，「問題を簡単にするため」，利息は年利100パーセントとされた[10]．こうなると測量は死活問題である．そこでエジプト人は，正方形，長方形，台形の形をした土地の面積を求める方法を（まわりくどい方法ではあったが）考え出した．円形の土地の面積は，その直径の9分の8を一辺とする正方形の面積で近似された．これは，πの値として$\frac{256}{81}$（すなわち3.16）を使うことに相当し，面積はいくらか過大評価されるけれども，その誤差はわずか0.6パーセントにすぎない．この不公正に対して納税者が不平を申し立てたという記録はない．

エジプト人はその数学の知識を使って，とてつもないものを作った．風吹きすさぶ砂漠を思い浮かべてほしい．ときは紀元前2580年．すでに設計者はパピルスに図面を描きトげている．設計者のやるべきことは簡単だ——正方形

の土地に三角形の構造物を作るだけなのだから.しかしその高さは150メートル.重さ2トン以上の岩を積み上げなければならない.あなたはそのプロジェクトの責任者だ.あいにく,レーザー照準器もなければ精度の高い測量器もない.あるのは木材とロープだけだ.

マイホームを建てたことのある人はたいていご存知のように,差し金と巻き尺だけで建物の土台を作るのは難しい.テラスの境界を決めることさえ容易ではない.それがピラミッド建造ともなれば,測量が角度にしてほんの1度ずれただけで,何千人もの労働者が何年間もかけて何千トンもの石を積み上げるうちには,地上150メートルの三角形の頂点がずれ,四つのてっぺんがぶざまに並ぶことになる.神と崇められるファラオは,殺した敵の頭数を数えるためだけに死体から陰茎を切り取るような軍隊の持ち主である[11].断じて,ぶかっこうなピラミッドを捧げるわけにはいかない.かくしてエジプトの応用幾何学はみごとな発展を遂げたのだった.

エジプトには測量をするために「縄張り士」という専門家がいた.縄張り士は縄を操るために三人の奴隷を使った.縄にはあらかじめ決められた箇所に結び目が作られ,結び目を頂点として縄をぴんと張れば,定められた長さの辺をもつ(同じことだが,定められた頂角をもつ)三角形を作ることができた.たとえば三辺がそれぞれ,30メートル,40メートル,50メートルの三角形を作れば,30メートルと40メートルの辺の交わりは直角になる(「斜辺

(hypotenuse)」という言葉はギリシャ語の「ヒュポテイヌーサ」に由来するが、これは「直角の対辺」という意味である）．この方法はなかなか独創的で、思いのほか洗練されてもいる．今日ならば、張られた縄は直線ではなく、地球の表面に沿った測地線になると言うところだ．これから見ていくように、この方法は（きわめて小さい仮想領域、専門的には「無限小領域」に適用した場合）、微分幾何学で空間の局所的性質を調べるために使われているものなのだ．そして空間が平らかどうかを検証するために利用されているのが、ピタゴラスの定理なのである．

エジプト人がナイル川流域に定住したころ、ペルシャ湾とパレスチナのあいだの地方にも都市が生まれつつあった[12]．都市化がはじまったのは、紀元前4000年期ごろ、チグリス川とユーフラテス川に挟まれたメソポタミア地域でのことである．その後、紀元前2000年から1700年までのいずれかの時点で、ペルシャ湾より北にいた非セム系の人びとが南に住む人びとを征服する．勝利を収めた支配者ハンムラビはその統合国家を、由緒ある都市バビロンにあやかってバビロニアと名づけた．このバビロニア人の数学大系は、エジプト人のそれより格段に優れていたのである[13]．

今このとき、37400000000000000キロメートルの彼方から超高性能の望遠鏡で地球を眺めている宇宙人には、バビロニア人やエジプト人の暮らしぶりが見えていることだろう．しかし、地上にいるわれわれが彼らの生活や習慣の全体

像をつかむのは難しい．エジプトの数学に関しては，主要な資料がふたつある．A. H. リンドが大英博物館に寄贈した"リンドパピルス"と，モスクワ博物館にある"モスクワパピルス"がそれである．一方，バビロニア人に関する最良の資料は，ニネヴェの遺跡で見つかった1500枚ほどの書板だろう[14]．あいにくそれらの粘土板には数学的な記述はみられない．しかし幸運にもアッシリア地方の遺跡，とくにニップールとキシュでは何百枚という粘土板が発掘されている．遺跡の捜索が書店での本探しのようなものだとすれば，これらは数学コーナーをもつ書店だった．そこからはバビロニア人の数学的思考法を明かしてくれる，一覧表や教科書などの資料が見つかったのである．

たとえばバビロニアの技術者は，個々のプロジェクトに対していいかげんな人員数を割り振っていたわけではなかった．水路を掘るにしても，横断面が台形になることを考えて掘り出される土の量を計算し，ひとりの人間による一日の作業量を考慮しつつ，プロジェクトに要する人手と期間を算出していたのである．それどころかバビロニアの金貸しは複利計算までしていたほどだった[15]．

バビロニア人は式を使わず，すべてを文章で表した．たとえば，ある書板には次のような興味深い問題が書かれている．「縦が4で対角線が5のとき横はいくつになるか．4掛ける4は16．5掛ける5は25．25から16を引けば残りは9．何と何を掛ければ9になるか．3と3を掛ければ9になる．だから横は3である」[16]．今日ならば「$x^2=5^2-$

4^2」と書くところだろう。問題を文章で表すことには、単に長ったらしいだけでなく、もう少し気づきにくい欠点もある。それは、文章は式のように変形できないため、代数規則をうまく使えないことだ。この欠点が改善されるまでには数千年の時を要した。足し算を表すためにプラス記号が使われた最古の例は、1481年になって書かれたドイツ語の文書なのである[17]。

右に引用した粘土版の文章からすると、バビロニア人はピタゴラスの定理（直角三角形の斜辺の2乗は他の二辺の2乗の和に等しい）を知っていたように思われる。縄張りの技法からして、エジプト人もこの三辺の関係を知っていただろう。しかしバビロニア人はエジプト人の先を行き、三辺の関係を示す三つ組数を一覧表にして粘土板に記録している。一覧表には (3, 4, 5) や (5, 12, 13) のような小さな三つ組もあるが、なかには (3456, 3367, 4825) のような大きな三つ組もある。三つの数をでたらめにチェックしていたのでは、関係を満たす三つ組数が見つかる可能性は低い。たとえば1から12までの数からなる三つ組は何百通りもあるが、関係を満たすものは (3, 4, 5) の三つ組ただひとつだけなのだ。この計算に一生を捧げる人間を大勢雇っていたのでもないかぎり、バビロニア人は、少なくとも三つ組数を作れるだけの初歩の整数論は知っていたと考えていいだろう。

エジプト人は大きな一歩を踏み出し、バビロニア人はそれよりさらに賢かった。しかし彼らが数学になした貢献は

といえば,後続のギリシャ人に,事実の寄せ集めと経験則を与えたにすぎなかった.エジプト人とバビロニア人は,いわばひたすら植物種を探し出しては分類していく古典的植物学者のようなもので,生物がいかに発生し,機能するかを明らかにしようとする現代の遺伝学者ではなかったのだ.たとえば,両文明ともにピタゴラスの定理の関係性は知っていたが,今日ならば $a^2+b^2=c^2$ (c は直角三角形の斜辺の長さ,a と b は他の二辺の長さ)と表される一般法則を見いだすことはなかった.三辺の関係はなぜ成り立つのか,あるいはその関係を使えばさらなる知識が得られるのではないかといったことは,彼らはまったく考えなかったようである.三辺の関係は厳密に成り立つのか,あるいは近似的に成り立つにすぎないのか? これは原理的な大問題である.しかし実用という観点からすると,そんなことはどうでもいいのだ.そして,これをどうでもいいとは思わなかった最初の人たちが,古代ギリシャ人なのである.

たとえば次の問題は,エジプト人とバビロニア人にとってはどうでもいいことだったが,古代ギリシャ人にとっては最大の頭痛の種だった.「一辺の長さが1であるような正方形の対角線の長さはいくらか?」バビロニア人の計算によれば,答えは(小数で表すと)1.4142129だった.これは六十進法による小数計算で,小数点以下第5位まで正確である.しかしピタゴラス派のギリシャ人たちは,この数が整数でも分数でも表せないことに気がついた.今日知

られているように，この数を小数で表そうとすると，パターンのない数の列がどこまでもつづくのである（1.414213562…）．ギリシャ人にとってこれは宗教的調和を乱す由々しき事態であり，少なくともひとりの学者がそのために殺害されている．2の平方根の値のせいで人が殺されるとはいったい何事だろう？　その答えを知るためには，ギリシャ人の偉大さの核心に触れなければならない．

3
先駆者タレス

　数学は，土砂の量や税額を計算するだけのためにあるのではない——このことにはじめて気づいたのは，今から2500年あまり前，商人から哲学者に転じて一生を孤独のうちに過ごしたといわれるタレスというギリシャ人だった⁽¹⁾．このタレスこそは，後年ピタゴラス派が成し遂げる大発見の舞台を用意し，ユークリッドの『原論』につながる道を切り開いた人物なのである．彼が生きたのは，世界のあちこちで目覚まし時計が鳴り響き，さまざまな分野で人類精神がまどろみから醒めつつある時代だった．インドでは，紀元前560年ごろに生まれたゴータマ・シッダールタが仏教を開き，中国では，老子と，彼よりも年下で紀元前551年生まれの孔子が登場し，後世に多大な影響をおよぼすことになる知的前進を遂げた．そしてギリシャにおいても黄金時代が幕を開けつつあった．

　「蛇行（ミアンダー）」という言葉の語源であるメンデレス川は，今日のトルコにあたる小アジア西部の湿地帯に流れ込んでいる．その湿地帯のなかほどに，今から2500年ばかり前にはギリシャでもっとも富み栄えた植民都市ミレトスがあった．ミレトスはイオニアと呼ばれる地域の海岸沿いの湾に面していたが，その湾も今では泥炭で埋まっている．山と海に挟まれたミレトスには，内陸に入る道は一本しかなか

った．しかし港は少なくとも四つあり，東エーゲ海の海上貿易の中心となっていた．ここを出航した船は島や半島を縫うようにして南に針路をとり，キプロス，フェニキア，エジプトに向かい，あるいはまたギリシャ本土へと向かった．

紀元前7世紀，このミレトスで人類の思考に革命が起こった．迷信やずさんな考え方に対する反抗が起こり，それが以後千年にわたって発展しつづけ，近代的思考の基礎を作ることになったのである．

その先駆的な思想家たちについて詳しいことはわからない．わずかに知られていることも，アリストテレスやプラトンなど後世の学者による，偏った——ときとして互いに矛盾する——記述の影響を受けていることも少なくない．ミレトスに住んでいたという伝説の人物はたいていギリシャ名をもっているが，彼らはギリシャ神話を受け入れていたわけではなかった．そしてしばしば迫害を受け，追放され，自殺に追い込まれたのだった——少なくとも伝説ではそういうことになっている．

さまざまな資料があるなかで大方の意見が一致するのは，紀元前640年ごろのミレトスで，ある夫婦がタレスという自慢の息子を育てていたということだ．ミレトスのタレスは，世界で最初の科学者もしくは数学者として名を挙げられることがいちばん多いという，たいへんな栄誉を担っている．そんな昔に科学者や数学者という職業があったとしても，かの最古の職業（セックスビジネス）の地位が

揺らぐことはない．なにしろミレトスは，詰め物をした革製の女性用性具の産地として知られていたのだから[2]．タレスがそういう品物を商っていたのか，あるいは塩魚や羊毛，その他のミレトス名物を扱っていたのかわからないが，ともかく彼は裕福な商人で，好きなことに金を使い，引退してからは研究や旅行にいそしんだ．

　古代ギリシャは，政治的に独立した都市国家の集まりだった．民主主義をとる都市もあれば，少数の貴族階級が統治する都市も，はたまた僭主が支配する都市もあった．ギリシャ人の日常生活に関しては，とくにアテナイの事情がよく知られているが，市民の暮らしに関しては古代ギリシャ全域で多くの類似点がみられ，タレスの時代から数世紀にわたって，飢饉と戦争の時期を別にすれば大きな変化はなかった．ギリシャ人は，床屋，神殿，市場などでの社交を好んだようである．ソクラテスは靴屋がお気に入りだった．ディオゲネス・ラエルティオスはシモンという名前の靴職人のことを書いているが，このシモンがソクラテスの問答を対話形式で著した最初の人となった．考古学者が紀元前5世紀の住居跡を発掘した際には，「シモン」という名の刻まれた葡萄酒杯のかけらが見つかっている[3]．

　古代ギリシャ人はまた晩餐会が好きだった．アテナイでは晩餐会のあとによく 饗宴（シュンポシオン）（集まって酒を飲むの意）が催された．水で薄めた葡萄酒をがぶ飲みしながら哲学を語り，歌をうたい，冗談やなぞかけをしあったのである．なぞの解けなかった者やへまをした者には，裸で部屋中を踊

りまわるといった罰が待っていた．そんな饗宴のようすから大学生活を連想する人もいるかもしれないが，知識への関心の高さという面でも，古代ギリシャには大学生活に相通じる面があった．彼らは問いかけることを重んじたのである．

ギリシャの黄金時代を築いた人たちの多くは学問への飽くなき欲求をもっていたが，タレスもその例にもれなかった．バビロンに旅したタレスはそこで天文にかかわる科学と数学を学び，その知識をギリシャにもち帰ることによって地元で名声を得た．タレスの伝説的偉業のひとつに，紀元前585年の日食を予言したことがある．ヘロドトスによれば，その日食は戦いのさなかに起こったため，争いはやみ，しばらくは平和がつづいたという．

タレスはまた，長らくエジプトに過ごした．エジプト人はすでにピラミッド造営を成し遂げていたが，高さを測る方法は知らなかった．タレスは，エジプト人が経験的に得ていた知識に対し，理論的な説明を与えようとした．そうして得た理解のおかげで，彼は幾何学のテクニックを次から次に導くことができた．また，個々の実例から抽象的な原理を引き出したおかげで，ひとつの問題への答えを別の問題に応用することもできた．タレスは，三角形の相似を使えばピラミッドの高さがわかることを教えてエジプト人を仰天させた[4]．彼はまたそれと同じ方法で，海上にいる船までの距離を測った．こうして彼は古代エジプトにその名を轟かせたのだった．

ギリシャでのタレスは，同時代の人たちから七賢人のひとりと呼ばれた．当時の人たちの数学的センスがごく素朴なものにとどまっていたことを思えば，タレスの成し遂げた偉業には改めて驚かされる．たとえば，タレスより数世紀のちの偉大なギリシャ人思想家エピクロスでさえ，太陽は巨大な火の玉などではなく，「見たままの大きさ」だと考えていたのだ[5]．

タレスは幾何学の体系化に向けて歩みだした．彼こそは，それから数世紀後にユークリッドが『原論』に集大成することになる幾何学の定理をはじめて証明した人物なのである．また彼は，論理の鎖を正しくつないでいくためには規則が必要であることに気づき，論証の体系を作り上げた．図形の合同という概念を考えついたのも彼だった．合同とは，平面上のふたつの図形が，平行移動や回転の操作によってぴたりと重なるとき，それらの図形は等しいとみなすことである．"等しい"という概念を数から図形へと拡張したことは，空間を数学的に扱うための大きな一歩だった．さらに言えば，合同という概念は，小学校のうちにそれを教え込まれた人間が思うほどあたりまえのことではない．これから見ていくように，図形の合同を論じるためには，空間の一様性——すなわち，空間のなかで図形を移動させても，歪みもしなければ大きさも変わらないこと——を仮定しなければならないからだ．これが成り立たない空間もある．実際，われわれが住むこの物理的空間では，この仮定は成り立たないのである．タレスは自らの数

3 先駆者タレス

学のことを,エジプト式に「大地の測量」と呼ぶことにしたが,ギリシャ人である彼はギリシャ語の「ゲオメトリア」という言葉をあてた[6].

タレスは,この世の森羅万象は観察と論証によって説明できるはずだと論じ,ついには,「自然は法則にしたがう」という画期的な結論に達した.雷鳴は,怒ったゼウスがたてる大きな音などではないということだ.もっとマシな説明があるはずであり,その説明は観察と論証によってもたらされる,と彼は考えたのだった.そして数学においては,どんな結論も,推測や観察ではなく,規則にしたがって証明されなければならないと考えた.

タレスはまた,物理的空間とは何かという問題にも取り組み,この世の物質はすべて本質的に同じものでできているにちがいないと考えた.そんな考えを支持する証拠はただのひとつもなかったことを思えば,それは驚くべき直観の飛躍だった.そうなると,当然ながら,その基本物質とは何かということが問題になる[7].港町に暮らすタレスの直観によれば,それは水だった[8].おもしろいことに,タレスの教え子であり同じミレトス生まれであったアナクシマンドロスは,タレスに負けない直観の飛躍により,人類は魚から進化したと考えた.

年老いて体力が衰え,自分が耄碌するのを恐れるようになったころ,タレスはユークリッド以前の数学者のなかでもっとも重要な人物に会うことになった.サモスのピタゴラスである.サモスはエーゲ海に浮かぶサモス島の町で,

ミレトスとはそれほど離れていない．今日でもこの島を訪れれば，古代の港を見下ろす場所に，崩れ落ちた石柱や劇場の名残の玄武岩を見ることができる．ピタゴラスの時代，サモスは繁栄する都市だった．彼が18歳のときに父親が亡くなったため，おじは多少の銀と紹介状を彼にもたせ，近くのレスボス島に住む哲学者ペレキュデスのもとに送り出した．「レズビアン」という言葉はこの島の名に由来する．

言い伝えによると，ペレキュデスはフェニキアの秘本を研究し，霊魂の不滅と生まれ変わりの思想をギリシャにもたらしたという．ピタゴラスはそれを自らの宗教哲学の礎とした．ピタゴラスとペレキュデスは生涯の親交を結んだが，ピタゴラスがレスボス島に長くとどまることはなかった．20歳ごろにミレトスに足をのばした彼は，そこでタレスと会うことになる．

その歴史的場面は次のようなものだったろう[9]．髪を長く垂らした古代のヒッピーのような青年が，伝統的なギリシャのチュニカではなくズボンとボロをまとい，高名な老賢者を訪ねている．そのころタレスはすでに，かつては光り輝いていた己の才気がひどく鈍ってしまったことを熟知していた．おそらくはこの青年のうちに，若き日の自分に似た輝きを見いだしたのだろう，タレスは自らの精神の衰えを詫びた．

タレスがピタゴラスに何を話したかについてはほとんど知られていない．しかし彼がこの若き天才に多大な影響を

与えたことはわかっている．タレスの死から長年を経てもなお，自宅で腰を下ろし，今は亡き先覚者を讃える歌を口ずさむピタゴラスの姿が見られたという．ふたりの出会いに関する古代の資料はすべてひとつの点で一致している．アメリカ西部開拓時代のホラス・グリーリーが「若者よ，西部に行け」と言ったように，タレスはピタゴラスに「若者よ，エジプトに行け」と言ったのだ．

4
ピタゴラス派の興亡

　タレスの勧めにしたがってエジプトに渡ったピタゴラスだったが、エジプトの数学には何のおもしろみも見いだせなかった[1]。幾何学は、物理的なモノを対象としていたのだ。「線」といえば縄張り士の張ったロープか、畑の境界線だった。「長方形」は土地の区画か、石でできたブロックの面。そして「空間」は、泥であったり土であったり空気であったりした。「空間」は抽象概念であってもよいという、数学にロマンとメタファーを与える重要なアイディアを思いついたのは、エジプト人ではなくギリシャ人だったのである。またギリシャ人は、抽象概念はさまざまな状況に応用できることにも気がついた。線は単なる線のこともあるだろう。しかしその同じ線が、ピラミッドの縁にも、農地の境界にも、カラスの飛ぶ軌跡にもなりうるのだ。ひとつの知識がさまざまな状況に使えるのである。

　言い伝えによれば、ある日鍛冶屋のそばを通りかかったピタゴラスは、重い金床に打ちつけられる何種類かの金槌の音を聞いた。そして彼は考え込んだ。それから何本かの弦で実験を行ってみたピタゴラスは調和数列を発見し、弦の長さと、その弦が振動して発する音の高さとの関係を見いだしたといわれている。たとえば、弦の長さが2倍になれば、音のピッチは2分の1になり、1オクターブ下がっ

て聞こえる．ピタゴラスのやったことは，単なる観察ではあるが，そこには革命的な深い意味があり，しばしば観察によって自然法則が見いだされた，歴史上はじめての例とされる．

何百万年もの昔，誰かが「うう」とか「ああ」とかいう言葉を発し，他の誰かがそれに応えて不滅の言葉をつぶやいた．その音声は永遠に失われてしまったが，意味は「わかったよ」のようなものだったにちがいない．すでに言葉らしきものが生まれていたのである[2]．ピタゴラスによる調和数列の発見は，科学において，言語の誕生に匹敵する画期的なできごとだった．それは物理的な世界が数学的な言葉で表された最初のケースなのである．ここで忘れてならないのは，彼の生きた時代には，ごく簡単な数量関係すらも知られていなかったことだ．たとえばピタゴラス派の人びとにとっては，長方形の縦と横の長さを掛け合わせると面積になることは驚くべき新事実だったのである．

ピタゴラスにとって，彼自身や弟子たちの発見する数のパターンが，数学の魅力だったようである．ピタゴラス派の人びとは，小石や点のようなもので整数を表し，それらを並べて幾何学的パターンを作った．そして，2個の小石を2列に，3個の小石を3列に……と正方形の形に並べていけば，数の系列が得られることに気がついた．彼らはこうしてできる4や9や16などの数を"平方数"と呼んだ．この他にも，一辺の小石の数をひとつずつ増やして三角形を作っていけば，3や6や10などの数ができる．これらの

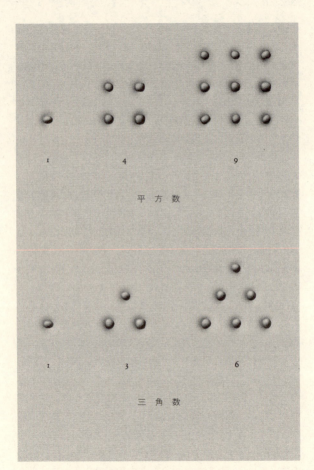

ピタゴラスの小石のパターン

数を"三角数"という.

平方数や三角数がもつ性質にピタゴラスは魅了された.たとえば二番めの平方数である4は,はじめのふたつの奇数1と3との和に等しい.三番めの平方数9は,はじめの三つの奇数1と3と5の和に等しい(一番めの平方数1は,最初のひとつの奇数1に等しいから,この規則は一番めの平方数から成り立つといえる).またピタゴラスは,平方数が連続した奇数の和に等しくなるのに対し,三角数は連続したすべての数(奇数も偶数も含めて)を順に加えたものに等しくなることにも気づいた.さらに,平方数と三角数には関連があった——ひとつの三角数と,そのひとつ前の三角数,またはひとつ後の三角数との和は,平方数になるのだ.

今日ピタゴラスの定理と呼ばれる規則もまた,当時の人びとにとっては魔法のように思えたにちがいない.古代の学者たちが,直角三角形だけでなくあらゆる三角形について,角度の大きさや辺の長さを測り,回転させたり,大きさを比較したりしているようすを想像してみよう.それほどの研究が行われるとすれば,今日なら大学に専門の学科があってもおかしくはない.「息子はバークレーの数学科に勤めておりますの」と,自慢げな母親の声が聞こえてきそうだ.「三角形の教授ですのよ」.そんなある日,息子は奇妙な規則性に気づく.すべての直角三角形の斜辺の2乗が,残る二辺の2乗の和と等しくなるのだ.その規則性は,大きくても小さくても,細くても太くても,直角三角

形ならどんなものでも成り立つことがわかった．しかし直角三角形以外では成り立たない．まちがいなく，この発見には"ニューヨークタイムズ"の第一面を飾るだけの価値があるだろう．「直角三角形に驚くべき規則性！」そして小さな文字で「しかし実用化は数年先か」．

　直角三角形の各辺が，この単純な関係をつねに満たすのはなぜだろう．ピタゴラスの定理は，ピタゴラスがしばしば用いた一種の幾何学的な掛け算のようなものを使って証明することができる．彼が実際この方法で証明したかどうかはわからないが，この方法を使えば見えてくることがある．というのも，これは純粋に幾何学的な方法だからだ．今日では，代数や三角関数を使った簡単な証明法があるが，ピタゴラスの時代にはそういう方法は存在しなかった．いずれにせよ幾何学的な証明法も決して難しくはなく，ちょっとひねった点結びゲームのようなものである．

　ピタゴラスの定理を幾何学的に証明するために知っておくべきは，「正方形の面積は，その正方形の一辺の2乗に等しい」ということだけだ．これはピタゴラスが小石を並べて得た知識を，現代風に言い直したにすぎない．ゴールは，任意の直角三角形がひとつ与えられたとき，そこから三つの正方形を——斜辺の長さを一辺とする正方形をひとつ，斜辺以外の二辺の長さをそれぞれ一辺とする正方形をひとつずつ——作ることである．それぞれの正方形の面積は，三角形の各辺の長さの2乗に等しい．したがって，斜辺を一辺とする正方形の面積が，他の二辺の長さをそれぞ

れ一辺とする正方形の面積の和に等しくなれば，ピタゴラスの定理は証明されたことになる．

　話をわかりやすくするために，今考えている三角形の各辺に名前をつけよう．斜辺にはすでに「斜辺」という名前がある．しかし，一般の斜辺と区別するために，われわれが今考えている三角形の斜辺のことをシャヘンと呼ぶことにしよう．残りの二辺はアレクセイとニコライとする．たまたまこれはうちの息子たちの名前である．そしてたまたまうちのアレクセイはニコライよりも背が高いので，アレクセイを長い辺，ニコライを短い辺としよう（この二辺の長さが同じでも証明に変わりはない）．さて，まずはじめにアレクセイとニコライを足した長さを一辺とする正方形を描く．次に，正方形のそれぞれの辺を，アレクセイとニコライの長さに分割する点を打つ．そしてそれらの四点を直線で結ぶ．分割するには何通りかの方法があるが，今の証明に関係するふたつの方法を次ページに示す．最初の方法では，シャヘンと同じ長さの辺をもつ正方形と，四つの三角形ができる．二番めの方法では，アレクセイを一辺とする正方形とニコライを一辺とする正方形，そしてふたつの長方形ができる．これらの長方形に対角線を引くと，最初の例と同じ三角形が四つできる．

　ここまでくればあとは簡単だ．はじめの大きな正方形は面積が同じである．したがって，それぞれから四つの三角形を取り去った残りの面積も同じはずだ．最初の方法で残ったのは，シャヘンを一辺とする正方形である．二番めの

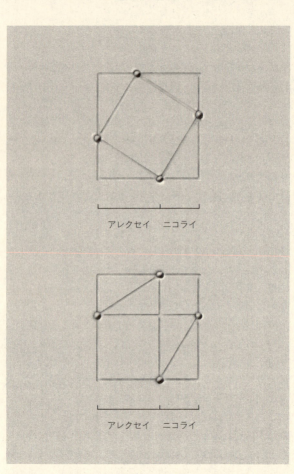

ピタゴラスの定理

方法で残ったのは，アレクセイを一辺とする正方形と，ニコライを一辺とする正方形だ．これでピタゴラスの定理は証明された．

ピタゴラスの弟子のひとりは，知の勝利というべきこの定理に感銘を受けて次のように書いた．「数と，数がもつ性質というものがなければ，存在するいっさいのものは誰にも理解できないだろう」(3)．ピタゴラス派の人びとは自分たちの研究に対し，ギリシャ語で「学問」を意味する「マテーマ」という言葉を用いた――「数 学(マセマティクス)」の語源である．そして「科 学(サイエンス)」もまた，ラテン語で「知識」を意味する「スキエンティア」から生まれたものだ．いずれも学問という言葉に発する「数学」と「科学」は，もともと近しい関係にあった．今日では数学と科学は区別されているけれど，これから見ていくように，その区別がはっきりしてきたのはようやく19世紀のことなのである．

ところで，今日ではまともな話とトンデモ話は区別されているが，ピタゴラスは必ずしもこれらを区別したわけではなかった．数の関係性に畏敬の念を抱いていたピタゴラスは，神秘的な数秘術にはまり込んでいったのだ．数を"奇数"と"偶数"に分けたのはピタゴラスだが，彼はさらにそれを擬人化することまでやった．それによれば，奇数は"男性"，偶数は"女性"だそうである．彼はまた数に概念を結びつけた．1は理性，2は意見，4は正義などと．その数の体系のなかでは，4は正方形で表され，正方形は正義や公正という概念に結びつき，そこから今日の

「公正な取引（スクエア・ディール）」という表現が生まれた．公正のためにひとことつけ加えれば，今日のわれわれが2000年の歴史を踏まえてまともな話とトンデモ話を区別するのは，当時の人たちにくらべてずっと容易だという点は理解しておかなければならない．

ピタゴラスはカリスマ性もある天才だったが，それだけでなく積極的な努力の人でもあった．エジプトでは幾何学を学んだのみならず，ギリシャ人としてはじめてエジプトの神聖文字ヒエログリフを学び，ついには祭司に相当する地位を得て，神聖な儀式に参加することさえも許された．こうしてピタゴラスはエジプトの神秘を知りうる立場になり，神殿の秘密の部屋に入ることもできた．彼は少なくとも13年間エジプトに滞在した．その後彼はエジプトを離れたが，離れたくて離れたわけではなかった．エジプトに侵攻したペルシャ人に捕らえられたのである．ピタゴラスが連れて行かれた先はバビロンだった．のちに自由の身となった彼はバビロニアの数学を完璧に身につけた．ついに生まれ故郷のサモスに戻ったとき，彼は50歳になっていた．このころには宇宙と数学に関する自らの哲学を完成させており，それを人々に伝えるつもりだった．あとは弟子を集めさえすればいい．

ヒエログリフの知識をもっていたため，多くのギリシャ人は彼に特別な力があるものと思い込んだ．また彼は，常人ではないというたぐいの話をあえて否定せず，むしろ助長していたふしがある．彼が毒蛇を襲って嚙み殺した，と

いった突拍子もない話もある[4]. あるいはまたこんな話も——. ピタゴラスの家に入った泥棒が奇妙なものを見てしまい, 何も盗らずに逃げ出した. そしてその男は, 自分が何を見たのかを, 決して口にしようとはしなかった, と. ピタゴラスの大腿には金色のアザがあり, 彼はそれを神性の証として人びとに見せていた. しかしサモスの人びとは彼に帰依しなかったので, じきにピタゴラスはサモスを離れ, ギリシャ人が入植していたイタリアの町クロトンに移り住んだ. サモスほど都会でなかったその町で, 彼は弟子たちと「教団」を設立した.

ピタゴラスの生涯とそれにまつわる言い伝えは, いろいろな意味で, のちのカリスマ宗教指導者イエス・キリストのそれに似ている. キリストの逸話のいくつかに関しては, ピタゴラスをめぐる神話の影響を受けなかったとは考えにくい. たとえば, ピタゴラスは神の息子だと信じる人は少なくなかった——この場合はアポロンの息子である[5]. またピタゴラスの母親の名はパルテニスといったが, これはギリシャ語で「処女」を意味する. ピタゴラスはエジプトに向かう前にカルメル山で隠遁生活をしていたが, まさにその山で, キリストはひとり寝ずの行をした. このエピソードを取り入れたユダヤ教のエッセネ派は, 洗礼者ヨハネと関係があったとされる. ピタゴラスは死から復活したという話もある. ただしその話によれば, ピタゴラスは秘密の地下室に隠れてそのように見せかけたことになっている. キリストが示した超自然的な力や行為の多く

は，ピタゴラスもやったと言われている．ピタゴラスは同時に二か所に現れたことがあるそうだし，波を静め風を操り，神の声を聞き，水上を歩く能力があったという[6]．

ピタゴラスの哲学もまた，キリストのそれと似た点がある．たとえばピタゴラスも「汝の敵を愛せ」と説いた．しかし哲学に関していえば，ピタゴラスはむしろ同時代のゴータマ・シッダールタ（紀元前560～480年）に近いといえよう．両者とも輪廻を信じていた[7]．それはつまり，たとえ現在は獣でも，その魂はかつて人間だったかもしれないということだ．そこで両者とも，あらゆる生命に高い価値をおき，それまで一般的に行われていた動物の犠牲に反対し，厳格な菜食主義を説いた．ある言い伝えによれば，ピタゴラスは犬を叩いている男に対し，その犬は自分の旧友の転生であるからと言ってやめさせたことがあるという[8]．

ピタゴラスはまた，所有は神聖なる真理探究の妨げになると考えていたようである．当時のギリシャ人はときに毛織物を着用し，衣類は染色してあることが多かった．裕福な人びとはケープのような外套をまとい，金のピンやブローチで留めてその富を誇った．ピタゴラスは贅沢を否定し，弟子たちには素朴な白い亜麻布しか身につけてはならないと命じた．ピタゴラス門下の者たちは金を稼がず，クロトンの人々の施しに頼り，あるいは裕福な弟子たちがもち寄った財産で共同生活を送っていた．しかしこの組織の特質を適切に評価するのは難しい．というのも，その時代

のこの地方の人びとの生き方や慣習は，今日のわれわれとは大きく異なっているからだ．たとえばピタゴラス派は，次の二点において他の人びとと自分たちを区別していた．すなわち，公衆の面前で放尿しないこと，他人の前で性行為をしないことである[9]．

ピタゴラス派で大きな役割を演じたのが，秘密主義である．その背景には，ピタゴラスがエジプトの祭司たちのもとで行った秘密修行があるのかもしれない．あるいは，対立する人びとを刺激しかねない革命的思想が外にもれることによりトラブルが生じるのを避けようとした可能性もある．ともかく，次に述べるピタゴラスの発見を口外した者は，死をもって償うべしとされていたという．

先に，「一辺の長さが1であるような正方形の対角線の長さはいくらか」という問題が出てきたのを覚えているだろうか．バビロニア人はこれを，十進法で小数点以下第6位まで計算したのだった（六十進法では第3位まで）．しかしピタゴラス派は，この精度では満足しなかった．彼らは厳密な値を知りたかったのだ．正方形の対角線の値すらも知らずして，正方形のことなら何でも知っているような顔ができようか？　問題は，どれほど近似の精度を上げていっても，これが厳密な値だとは言えなかったことである．だがピタゴラス派は，そのくらいの困難には屈しなかった．想像力豊かな彼らは，そもそもその値は存在するのかと自問したのである．そして彼らが出した結論は，そんな値は存在しないというものだった．しかも彼らは，その

ことを巧妙に証明しさえしたのである.

今日では,その対角線の長さは2の平方根であり,無理数であることがわかっている.無理数とは,有限な桁数の小数では表せない数,あるいはそれと同じことだが,整数の比(すなわち分数)では表せない数のことである.ピタゴラス派にとって,数は整数とその比のみだった.「そんな数は存在しない」という彼らの証明は,実際には,分数では表せないという証明だったのだ[10].

これはピタゴラスにとって由々しき事態だった.正方形の対角線の長さがどんな数でも表せないというのは,「万物は数なり」と説く宗教家にとってうれしい発見であろうはずがない.ピタゴラスは自らの哲学を変更し,「万物は数なれど,ある種の図形に現れる謎の量はこのかぎりではない」とでもすればよかったのだろうか?

対角線の長さに対して「d」なり「$\sqrt{2}$」なりの名前をつけて,これは新しいタイプの数だと言っておきさえすれば,ピタゴラスの名は何世紀にもわたり実数の発見者として鳴り響いたにちがいない.そうしていれば,デカルトの座標革命を先取りできた可能性もある.というのも,数で表示できないこのタイプの値を記述するためには,数直線が必要になるからだ.しかしピタゴラスはそうはせず,図形と数を結びつけるという前途有望な仕事から手を引いて,「数では表せない長さもある」と宣言してしまった.ピタゴラス派は,今日「無理数」と呼ばれるそうした長さを「アロゴン」と名づけた.この「アロゴン」という言葉

4 ピタゴラス派の興亡

には,「口にしてはならない」というもうひとつの意味がある. ピタゴラスはこの苦境を乗り切るために, これまでの秘密主義に加え, この件については一切他言無用と弟子たちに命じた[11]. これは到底擁護できないやり方だが, 弟子の全員がこの命令にしたがったわけではなかった. 伝えられるところでは, ヒッパソスという弟子がこのことを外部にもらしたという. 今日, 殺人が起こるにはさまざまな理由がある——愛情, 政治, 金, 宗教. しかし2の平方根を口にしたがために人が殺されたりはしない. だがここで注意すべきは, ピタゴラス派にとって数学は宗教だったということだ. かくして沈黙の誓いを破ったヒッパソスは殺害された.

無理数に対する抵抗は2000年以上もつづいた. ようやく19世紀も末になって, 才能に恵まれたドイツの数学者ゲオルク・カントルが, 無理数に堅固な基礎を与える革命的研究を成し遂げた. だが, カントルを指導したこともあるレオポルト・クロネッカーは無理数を敵視していたため, カントルの理論を激しく攻撃し, 機会あるごとに彼の就職を妨害した. これに耐えられなかったカントルは精神を病み, 晩年を精神病院で過ごすことになった[12].

ピタゴラスもまた静かに生涯を閉じたわけではなかった. 紀元前510年ごろ, ピタゴラス派の数名がシュバリスという近隣の町に向かった. 弟子探しの旅だったようである. 彼らが殺害されたこと以外に, この布教団に関する記録は残されていない. のちにシュバリス人の一部が, その

ころ権力者になったテリュスから逃れてクロトンにやってきた．テリュスは彼らを引き渡すようクロトンの人びとに求めた．ピタゴラスはこのとき，「政治には関与しない」という基本方針を曲げて，亡命者を引き渡すべきではないとクロトンの人びとに説いたのだった．こうして戦争が起こり，クロトンは勝利を収めた．だがピタゴラスはこの一件で政敵を作ってしまった．紀元前500年ごろ，政敵たちは教団を襲い，ピタゴラスは逃亡した．その後ピタゴラスの身に何が起こったかは明らかではないが，彼は自殺したとする資料がほとんどである．しかし彼は静かに余生を送り，100歳くらいで死んだとする資料もある．

この攻撃のあともピタゴラス派は数十年にわたって生き延びたが，紀元前460年ごろ，ふたたび攻撃が仕掛けられて教団は完全に打ち壊された．しかしピタゴラスの教えは，紀元前300年ごろまでは何らかの形で受け継がれていた．紀元前1世紀に入ると，彼の教えはローマ人のあいだでよみがえり，興隆するローマ帝国のなかで大きな力を得るようになった．ピタゴラスの教えは，アレクサンドリアのユダヤ教や，老化しつつあった古代エジプトの宗教，そしてすでに見たようにキリスト教など，さまざまな宗教に影響をおよぼした．やがて2世紀になり，ピタゴラス学派の数学はプラトン主義と結びついて新たな力を獲得する．しかし4世紀にはピタゴラスの知的後裔たちが，東ローマ帝国皇帝ユスティニアヌスによってまたしても弾圧された．ローマ人は，ピタゴラスの後裔であるギリシャ人哲学

者たちの異教的信念は言うにおよばず,彼らの長い髪や顎髭,阿片などの薬物使用を忌み嫌ったのである[13]. ユスティニアヌスは歴史あるプラトンのアカデメイアを閉鎖し,哲学を教えることを禁じた.ピタゴラスの教えはそれからもしばらくは細々と命脈を保ったが,600年ごろ,中世暗黒時代への突入とともについに姿を消した.

5
ユークリッド幾何学

　紀元前300年ごろ，地中海の南岸，ナイル川の西に位置するアレクサンドリアの街にひとりの男が住んでいた．その男が成し遂げた仕事は，今日なお聖書に匹敵する影響力をもっている．彼の方法論は哲学にも影響をおよぼし，数学の性格を決定づけた——それに変化が現れるのは，ようやく19世紀も半ばのことである．彼の仕事は，歴史上ほとんどの時代を通じて高等教育になくてはならない要素だったし，それは今でも変わらない．その著作が再発見されたことは，中世ヨーロッパ文明が復活するための鍵となった．スピノザは彼を手本とし，エイブラハム・リンカーンは彼に学び，カントは彼を擁護した[1]．

　その男の名前はユークリッド．彼の生涯についてはほとんど何もわかっていない．オリーブの実を食べただろうか？ 芝居を観ただろうか？ 背は高かったのか，低かったのか？ いずれの疑問にも歴史は答えてくれない．わかっているのはただ，彼がアレクサンドリアに学校を開き，優秀な学生たちを育て，実利主義を蔑んだこと，そしておそらくはとても人柄がよく，少なくとも二冊の本を書いたことだけである[2]．そのうち失われた一冊は，円錐曲線論に関するものだった．平面と円錐との交差により生じる曲線に関するその研究は，航海と天文に関係する科学を大きく

進歩させたアポロニオスの重要な研究の土台となった[3].

彼のもうひとつの代表作である『原論』は,史上もっとも多くの読者を得た本のひとつである.『原論』[4]は「マルタの鷹」ばりの数奇な運命をたどった.もともとそれは一冊の本ではなく,羊皮紙に綴られた13巻からなる書物だった.原本は一巻たりとも残っていないけれども,さまざまな人の手で作られた写本が後世に伝えられた.それでも暗黒時代には,危うく完全に失われるところだった.『原論』の最初の4巻はいずれにせよオリジナルではない.ヒポクラテスという名の学者(同名の医者ではない)が紀元前400年ごろに同名の書物を著しており,それが4巻までの内容のかなりの部分を占めていると考えられている.『原論』の内容のどれひとつをとっても,それが誰の仕事かはわからない.書かれている定理のいずれについても,ユークリッドは自分の証明だとは言っていないからだ.彼は自分の役割を,幾何学に関するギリシャ人の知識をまとめて体系化することだと考えていたようである.ユークリッドは建築家だったのだ——彼は物理的世界に頼ることなく,純粋な思考のみによって,2次元世界の性質を組み立てたのである.

ユークリッドの『原論』が数学になした最大の貢献は,そこで使われている斬新な論理的方法である.彼はまずはじめに,どの用語もきちんと定義し,すべての言葉と記号に関してみんなの理解が同じになるようにした.次に,公理と公準をはっきりと述べ,言外の含みや暗黙の仮定など

が入り込まないようにした．そして最後に，公理やすでに証明された定理に対し，使用を認められた論理規則だけ施すことにより，その公理系から結論を引き出したのである．

なんとまあ七面倒くさいことを，と思われるかもしれない．些細な主張をするために，どうしてそこまでこだわるのかと．しかし数学は，単なるのっぽのビルとはちがい，たったひとつのレンガにひびが入っただけで全体がひっくり返ってしまう切り立った構造物なのだ．ほんの小さなミスがひとつ混じり込んだだけで，いっさいが信用できなくなる．それどころか，論理学のある定理が述べているように，体系のなかにひとつでもまちがった定理が含まれただけで，1＝2が証明できてしまうのだ(5)．伝えられるところでは，ある疑い深い人物がこの定理を覆そうと（実際にはそういう文脈ではなかったようだが），論理学者のバートランド・ラッセルに詰め寄った．「1と2は等しいと仮定して，きみがローマ法王だと証明してみたまえ」．ラッセルは即座にこう答えた．「ローマ法王と私でふたりだから，ローマ法王と私はひとりなのだ」．

すべての主張を証明するということは，「直観」に門前払いを食らわせることだ——直観はしばしば役に立つ案内人にもなってくれるのだが．「直観的に明らか」などというセリフを証明のなかで使ってはいけない．ところがわれわれはうっかりこれをやってしまうのだ．こんな例を考えてみよう．赤道に沿って毛糸玉をころがし，4万キロメー

トルの糸を張る．次に，赤道から30センチメートルだけ宙に浮かせて同じように糸を張る．このとき糸はどれだけ余分に必要になるだろう．150メートルだろうか，それとも1500メートル？ 話をわかりやすくするために，今度は太陽表面に糸を張ろう．そしてさっきと同じように，30センチメートルだけ宙に浮かせてもう一本の糸を張る．地球と太陽をくらべたとき，宙に浮かせた糸の超過分はどちらが長くなるだろう？ たいていの人は太陽の方が長くなると直観的に思うだろう．ところが答えはどちらもまったく同じ，$2\pi \times 30$センチメートル，およそ188センチメートルなのだ．

だいぶ昔のことだが，「レッツ・メイク・ア・ディール」というテレビ番組があった．出場者はカーテンで隠された三つの台の前に立つ．ひとつの台には，車などの高価な品が隠されている．あとのふたつは残念賞だ．出場者が二番めの台を選んだとしよう．すると司会者は，残るふたつのうちどちらか一方のカーテンを開く．いま仮に三番めのカーテンを開いたとしよう．もし三番めが残念賞だったとすると，当たりは一番めの台か，競技者の選んだ二番めの台である．ここで司会者が出場者に，選択を変更するつもりはあるかと尋ねる．この場合なら，二番めから一番めに変えるわけである．あなたならどうするだろう？ 直観的には，選択を変えようが変えまいが，チャンスに変わりはなさそうだ．情報量に変化がなければ，たしかにその通りである．しかしあなたは新たな情報を得ている．あなた

がすでに選択を行っていることと，司会者がひとつのカーテンを開けたことだ．そして，すべての可能性を注意深く分析し，ベイズの定理という公式を用いると，選択を変更した方が当たる確率は大きくなることがわかるのである[6]．数学という分野にはこんな例がたくさんある．直観は役に立たず，考え抜かれた論証だけが真実を明らかにするのだ．

　数学的な証明には，直観を排除するだけでなく，厳密さが求められる．一辺が1であるような正方形の対角線の長さを測定すれば，1.4という結果が得られるかもしれないし，あるいはもっと精密な計測器を使えば，1.41なり1.414なりの結果が得られるかもしれない．これぐらいの精度でいいじゃないかと思っていたのでは，この長さは無理数だという革命的洞察は決して得られない．

　わずかな量的変化によって，大きな質的変化が起こることもある．宝くじを例にあげよう．はずれた人は肩をすくめてこう言うだろう．「そうは言っても，買わなければ当たりもしないからね」．たしかにそれはそうである．しかし，宝くじを買っても買わなくても，当たる確率は同じだとも言えるのだ——小さな誤差の範囲内で．宝くじ委員会が，当たりの出る確率を小数点以下6桁で四捨五入すると言いだしたらどうなるだろう？　当たる確率は0.00001か0になり，誰も宝くじなど買わなくなるだろう．

　ニューヨーク市に住むアマチュア奇術師のポール・カリーが考案した錯視マジックは，量的にはわずかな変化が，

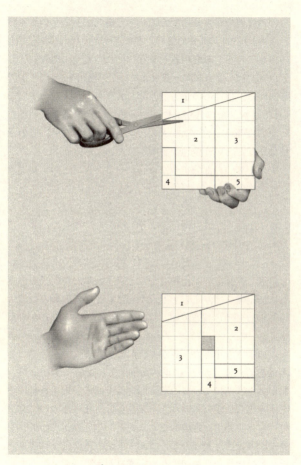

ポール・カリーのトリック

ものの性質をがらりと変えてしまう場合があるというみごとな幾何学的実例である[7]. まず7マス×7マスの正方形の方眼になった紙を用意しよう. それを五つの部分に切り分けて,図のように並べ変えると「正方形ドーナツ」ができあがる. はじめの正方形と同じ大きさの正方形のまんなかに,1マス分の穴があいているのだ. 穴の部分はどうなったのだろう? 穴のあいた正方形と,もとの正方形の面積は同じだという定理が証明されたのだろうか?

実は,五つの部分をつなぎ合わせるときに,わずかに重なりを作っているのだ. だからできあがった図形はちょっとだけインチキ,いや,近似なのである. 重なりを作らないと,上から二段目がほかよりも少しだけ縦長になり,正方形全体の縦の長さは本来あるべき値よりも $\frac{1}{49}$ だけ高くなる. これがちょうど穴の面積に相当するのである. しかし,もしも長さの測定精度が粗くなるとふたつの図形の差異は測定できず,正方形ドーナツともとの正方形の面積は等しいという,魔法のような結論が導かれてしまうだろう.

このような小さなズレが,実際の空間理論でも役立つことはあるだろうか? アルベルト・アインシュタインは,曲がった空間についての革命的理論である一般相対性理論を生み出したが,そのとき重要な指針になったのが,水星の近日点移動に,古典的なニュートンの理論からのズレが見つかったことだった[8]. ニュートンの理論によれば,惑星の軌道は完全な楕円になる. 惑星が太陽にもっとも近づ

く点は「近日点」と呼ばれ、ニュートンの理論が正しければ、惑星は毎年ぴたりと同じ近日点に戻ってこなければならない。1859年、パリのユルバン・ジャン・ジョゼフ・ルヴェリエは、水星の近日点は、きわめてわずかながら、年々移動しているという発見を報告した。そのズレは100年に38秒という小さな値で、実用上はいかなる意味でも問題になりそうにはなかった。しかし、ズレには何か原因があるはずだった。ルヴェリエはそれを「天文学者が注目すべき重大な問題」だと言った。1915年、アインシュタインが一般相対性理論を使って水星の軌道を計算したところ、観測された小さなズレと一致する値が得られた。伝記作家アブラハム・パイスによると、それは「彼の科学者人生のなかで最良の時だった。彼はとても興奮して三日間は仕事が手につかないほどだった」という。小さなズレのために、古典物理学が崩壊したのである。

ユークリッドが目指したのは、直観の名のもとにこっそりと忍び込んでくる暗黙の仮定や、当て推量、厳密さの欠如などを、自分の理論体系から閉め出すことだった。彼は23の"定義"を述べ、五つの幾何学的"公準"を設け、さらに五つの"共通概念"（公理）を掲げた。そこから出発して彼は465もの定理を証明したのである[9]。それらは実質的に、当時の幾何学的知識のすべてだった。

ユークリッドは、点、線（曲がっていてもよい）、直線、円、直角、面、平面などを"定義"した。定義のいくつかは非常に厳密なものだった　たとえば平行線は、「同

一の平面上にあって，両方向にかぎりなく延長したとき，いずれの方向においても互いに交わらない複数の直線」と記されている．

また円とは，「一本の線（この場合は曲線）に囲まれた平面図形であり，その図形の内部にある一点——それを中心という——からそれへ引かれたすべての線分の長さが互いに等しいもの」である．直角は次のように定義された．「直線上に直線を立てたときに接角を互いに等しくするとき，いずれの角度も直角になる」．

しかしユークリッドの"定義"のなかには，曖昧でほとんど意味をなさないものもあった．たとえば，点や線などの定義がそれである．ユークリッドは直線を，「自身の上に乗っている点が，平らに並んでいる線」と定義した．ひょっとするとこの定義は建築現場に由来するのかもしれない．建築業界では，線がまっすぐかどうかをチェックするために，片目をつぶり，線に沿って視線を走らせるのである．しかしこの定義では，あらかじめ線というものがわかっていなければならない．また，点は「部分をもたないもの」と定義されているが，これもまたほとんど意味をなさない．

ユークリッドの"共通概念"はもう少し洗練されている．"公準"が幾何学的な命題であるのに対し，"共通概念"[10]は，幾何学とは関係のない論理命題で，常識に属するものだとユークリッドは考えていたようである．幾何学とそれ以外を区別することは，すでにアリストテレスがや

5 ユークリッド幾何学

っていた．ユークリッドは，"共通概念"という直観的仮定をあらわに述べることで，事実上それらを公準につけ加えたのである．しかしそれでも彼は，共通概念は，幾何学的な命題とは区別されるべきだと考えたのだろう．次のような，一見するとあたりまえな命題をわざわざ述べる必要性を見抜いたことは，ユークリッドの思慮の深さの証である．

1. あるものに等しいふたつのものは，また互いに等しい．
2. 相等しいものに相等しいものを加えたその全体は互いに等しい．
3. 相等しいものから相等しいものを引いた残りは互いに等しい．
4. 互いに重なり合うものは互いに等しい．
5. 全体は部分より大きい．

このような前提とは別に，ユークリッド幾何学の基礎をなす五つの幾何学的公準が置かれた．最初の四つは，簡潔かつエレガントに述べることができる．それを現代的に言い表せば次のようになる．

1. 任意の二点が与えられたとき，それらを端点とする線分を一本引くことができる．
2. 線分の両端は，いずれの方向にも無限に延ばすこと

ができる.
3. 任意の点が与えられたとき，その点を中心として，任意の半径をもつ円を描くことができる.
4. すべての直角は互いに等しい.

　公準1と2は，われわれの経験とも一致するように思われる．実際，ある点からある点に向かって線分を引くことができるし，その線分をどこまでも引き延ばすのを妨げるような壁が，空間の果てにあるようにも思えない．しかし三番めの公準はもう少し巧妙だ．この公準は，ある線分を与えられた点のまわりにぐるりと回転させて円を描くときに，その線分の長さが変わらず，それによって空間内の距離が定義されることを意味するのである．四番めの公準はわかりきったことを述べているようだが，実はこの公準には微妙な問題が含まれている．それを理解するために直角の定義を思い出そう．一本の直線上に別の直線を立てたとき，その直線の両脇にできる角が相等しければ，そのふたつの角はいずれも直角なのだった．われわれは実際このような状況をよく経験している．直線に垂線を立てれば，その両脇にできる角はいずれも90度になる．しかしこのことは，定義するだけでは保証されないのである．そもそも，ふたつの角度が同じになるかどうかさえわからない．こんな世界を想像してみよう——ある一点で交差する二直線のなす角度はすべて90度になるが，別の点で交差するとそれらの角度は90度にならないような世界だ．すべて

の直角は等しいという公準は、そんな状況は起こらないことを保証しているのである。これはある意味で、線のどの部分も同じに見えるということ、つまり、一種の「まっすぐさ」を保証する条件でもある。

ユークリッドの五番目の公準は、"平行線公準"と呼ばれ、ほかの四つほど明快でもなければ直観的にわかりやすくもない。この公準はユークリッド自身が作ったものであり、彼が集めた莫大な知識のひとつではなかった。それにもかかわらず、彼はこの公準が気に入らなかったらしく、使わずにすむなら使わずにおきたいという態度が見えるのだ。後世の数学者たちも、やはりこの公準が気に入らなかった。公準としての簡潔さに欠けており、定理として証明されるべきものではないかと感じたのである。その第五公準を、ユークリッドのオリジナルな表現に近い形でここに紹介しよう。

5. 一直線が二直線に交わるとき、同じ側の内角の和が二直角より小さいならば、この二直線は、かぎりなく延長されたとき、内角の和が二直角より小さい側において交わる。

平行線公準は、同一平面上にある二直線が近づいていくか、平行であるか、離れていくかを検証する方法になる（63ページの図参照）。

平行線公準にはいくつもの言い換えがある。そのうちか

ら，この公準が空間について何を述べているかをわかりやすく示しているものを紹介しておこう．

> 一本の直線と，その直線上にない一点が与えられたとき，その点を通り，はじめの直線に平行な線が（同一平面上に）一本だけ存在する．

平行線公準が成り立たない可能性がふたつある．ひとつは，平行線というものが存在しない場合．もうひとつは，与えられた直線上にない一点を通る平行線が二本以上存在する場合である．

●■▲

紙の上に一本の直線を引き，その線以外のところに点をひとつ打ってみよう．その点を通ってもとの線に平行であるような線が引けないというのはどういうことだろう？　二本以上の平行線が引けるというのはどういうことだろう？　平行線の公準は，われわれの世界にあてはまるのだろうか？　この公準が成り立たないような幾何学は，数学的に矛盾のないものになるのだろうか？　この最後のふたつの疑問が，ついには思想上の革命を引き起こすことになる——前者はわれわれの宇宙観に，そして後者は数学の意味とその性質に関する知識に．しかし2000年の長きにわたり，いかなる分野を見渡しても，「平行線は一本，そして一本だけ存在する」というユークリッドの公準ほど

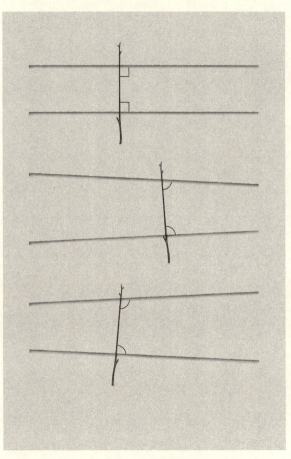

ユークリッドの平行線公準

広く受け入れられていた概念はほかにないのである.

6
アレクサンドリアの悲劇

　アレクサンドリアで研究を行った学者は数多いが，ユークリッドはその先駆けとなる偉大な数学者だった．だが，彼とそれにつづく学者たちには，暗い運命が待ち受けていたのである．ユークリッドの時代からさかのぼることおよそ半世紀の紀元前352年，ギリシャ本土の北部に住むマケドニア人は，国王フィリッポス2世のもとに古代ギリシャ世界を統一するという大事業に乗り出した．紀元前338年，アテナイはマケドニアに決定的な敗北を喫し，フィリッポスの条件をのんで和平を結んだ．ここにギリシャの都市国家は，事実上独立を失った．それからわずか2年後，フィリッポスは，いまや新たなオリュンポスの神となった自らの彫像を飾る国家式典の最中に，護衛のひとりに刺し殺された．そのあとを継いだのが，のちに大王の称号を冠して呼ばれることになる弱冠20歳の息子アレクサンドロスである[1]．

　アレクサンドロスは知識を重んじたが，それはおそらく彼の受けた幅広い教育のおかげだろう．その教育のなかでも，幾何学は重要な位置を占めていた．アレクサンドロスは他国の文化を尊重したが，他国の独立をも尊重したわけではないことは歴史にみるとおりである．やがて彼は，ギリシャの残りの地域やエジプト，さらにはインドにおよぶ

地域を征服した．そして文化交流と異民族間の結婚を奨励し，自らもペルシャ女性を妻に迎えた．彼は手本を示すだけでは満足せず，マケドニアの有力市民たちにもペルシャ女性と結婚するよう命じた[2]．

国際人アレクサンドロスは，紀元前332年，帝国の中心となるあたりに贅を尽くした首都アレクサンドリアを建設しはじめた．彼は古代のウォルト・ディズニーよろしく，「計画的な」都市造りをしようと細部まで心を配った．その首都は，文化，交易，政治の中心になるはずだった．彼は大通りも数学的にしたかったらしく，街は碁盤目状に設計された．それは1800年後に発明される座標系を予見させるような，不思議な光景だった．

壮大な首都建設に着手してから9年後，アレクサンドロスはその完成を見ることなく病没した．帝国はすぐに崩壊してしまったが，アレクサンドリアはどうにか完成にまでこぎつけた．マケドニアの将軍であったプトレマイオスがエジプトの支配権を得てからは，優れた構造をもつこの都市がギリシャの数学，科学，哲学の中心となった．プトレマイオスの息子であるプトレマイオス2世は（なんともオリジナリティのある命名だ），ここに巨大な図書館と博物館を建てた．博物館（ミュージアム）という言葉は，芸術を司る九柱の女神（ミューズ）たちに捧げられたことに由来するが，アレクサンドリアの博物館で実際に行われたのは研究活動だった．世界初の国営研究機関である．

プトレマイオスの後継者たちは代々書物を大切にした

が，その入手方法はなかなか興味深い．たとえば，旧約聖書のギリシャ語訳がほしいと考えたプトレマイオス2世は，70名のユダヤ人の学者をファロス島に監禁し，翻訳の「任」にあたらせている．またプトレマイオス3世は，世界各地の支配者たちに書物を貸してくれるよう手紙を書き，借りたものは返さなかった[3]．この強引なやり方が功を奏して，アレクサンドリア図書館はパピルスの巻物を20万から50万巻ほども収める（資料によって数字はいくらか異なるが）知の宝庫となり，そこには当時の世界に存在した知識がほとんど網羅されていた．

この博物館と図書館のおかげで，アレクサンドリアは比類なき知の中心地となり，かつてアレクサンドロスの帝国で活躍していた大学者たちが幾何学と空間の研究を行うようになった．もしも"U.S.ニュース・アンド・ワールドレポート"誌が行っている大学ランキングを過去の学術機関にまで広げたとすれば，アレクサンドリア図書館は，ニュートンのケンブリッジ大学やガウスのゲッティンゲン大学，アインシュタインのプリンストン高等研究所を抜いて一位を獲得することだろう．事実上，ユークリッドに続くギリシャの数学や科学の偉大な学者たちは全員，このすばらしい図書館で研究に励んだのだから．

紀元前212年，アレクサンドリアの図書館長だったキュレネ出身のエラトステネスは，おそらくはその生涯のあいだに半径500キロメートルの外に出たことはなかっただろうが，史上初めて地球の周の長さを測った男となった[4]．

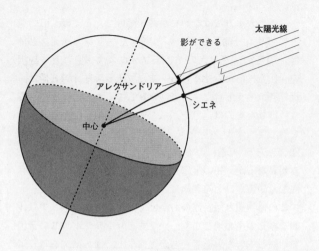

　彼の得た計算結果は，市民のあいだに大きな衝撃を巻き起こした．なぜならその結果によれば，彼らの知っている地域などは，地球のほんの一部でしかないことになるからだ．貿易業者や探検家，そして夢を追う人たちは，このことを聞いてそれぞれに思いをめぐらしたにちがいない．たとえば，「この大海原の向こうには知的生命が存在するのだろうか？」などと．エラトステネスの偉業は，今日でいえば，太陽系の向こうにも宇宙は広がっているという発見に相当するだろう．

　エラトステネスは遠方まではるばる出かけることなく，地球に関するこの洞察を得た．彼はアインシュタインと同じく幾何学を利用したのである．まず彼は，シエネの町

（今日のアスワン）では，夏至の正午に地表に立てた棒には影ができないことに着目した[5]．それはつまり，この棒と太陽光線とが平行になっているということだ，とエラトステネスは考えた．左図のように地球の断面を考えると，地球の中心とアレクサンドリアを結ぶ線は太陽光線と平行ではなく，ある角度をもって交差する．アレクサンドリアで棒に影ができるのはそのためだ．

アレクサンドリアにおける影の長さと，『原論』に書かれている二本の平行線に交差する線に関する定理とを使えば，シエネからアレクサンドリアまでの距離が地球の円周のどれくらいに相当するのかがわかる．こうしてエラトステネスは，その距離が地球の円周の50分の1にあたることを知ったのだった．

おそらくエラトステネスは，今風にいえば大学院生を助手に雇い，その名もなき男に，二都市間を歩くことで距離を測らせたのだろう．男は立派に実験をやり遂げ，距離はおよそ800キロメートルだったと報告した．エラトステネスはそれを50倍することにより，地球の円周はおよそ4万キロメートルであると結論した．この数字の誤差は4パーセント未満に収まっている．この驚くべき精度はノーベル賞ものだし，二都市間を歩き通した男もアレクサンドリア図書館に終身在職できるくらいの仕事はしたといえよう．

当時アレクサンドリアで宇宙に関する理解を大きく進めたのは，ひとりエラトステネスのみではなかった　天文学

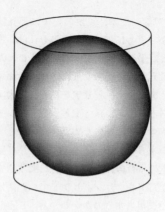

を研究していたサモス出身のアリスタルコスは,独創的な方法で三角法と簡単な天空模型とを組み合わせることにより,月の大きさと地球からの距離について妥当な値を得た.こうしてギリシャ人はまたひとつ,宇宙における彼らの位置について新たな認識を得たのだった.

かのアルキメデスもまた,アレクサンドリアの魅力に引かれた大学者のひとりだった.シチリア島の都市シラクサに生まれた彼は,王立学校で数学を学ぶためにアレクサンドリアにやってきた.石や木で最初の車輪を作って人びとを驚かせたのがどこの天才だったかはわからないが,てこの原理を発見したのがアルキメデスであることは誰でも知っている(6).彼は浮力の原理も発見し,物理学と工学の分野に多くの貢献をなした.数学の分野についていえば,彼が到達した高みを乗り越えるためには,代数と解析幾何の

テクニックが開発される1800年後を待たなければならなかった.

アルキメデスの数学上の業績のひとつに, ニュートンやライプニッツとさほど変わらないところまで一種の微積分法を磨き上げたことがある. デカルトの幾何学がまだ存在していなかったことを思えば, この偉業はニュートン, ライプニッツのそれを上回るかもしれない. アルキメデスはその微積分法を使って, 円柱に内接する球（球の直径が, 円柱の直径および高さに等しい）と, その円柱との体積比が, それぞれの表面積比（2:3）に等しいことを発見した. これを自らの最高の仕事であると考えたアルキメデスは, その図形が自分の墓石に刻まれることを望んだ[7].

ローマ帝国がシラクサに侵攻した際, 当時75歳になっていたアルキメデスは, 砂地に描いた図形を吟味しているところをローマ人兵士に殺害された. 彼の墓石には, 彼が望んでいた通りの図が刻まれた. それから100年以上ののち, ローマの雄弁家キケロはシラクサを訪れ, 街の門のそばにアルキメデスの墓を見いだした. 誰にも顧みられることのなかったその墓は, イバラに覆われていたという. キケロは墓を修復したが, 残念ながら, 今日それがどこにあるかは誰も知らない.

アレクサンドリアでは, 紀元前2世紀のヒッパルコス, そして紀元2世紀のクラウディオス・プトレマイオス[8]（同名の王とは関係ない）の研究により, 天文学もまたひとつの頂点に達した[9]. ヒッパルコスは35年にわたる自

らの天体観測で得られた結果と、バビロニアで得られたデータとを統合することにより、太陽系の幾何学モデルを作った。そのモデルは、すでに知られていた五つの惑星と、太陽、月が、それぞれ円軌道を描いて地球の周囲をめぐるというものだった。彼は地球から見た太陽と月の動きをうまく説明し、2時間以内に月食が起こると予言したこともある。プトレマイオスはその著書『アルマゲスト（天文学大全）』のなかでヒッパルコスの研究を磨き上げ、さらに拡張して、天体の動きに合理的な説明を与えるというプラトンの計画を完成したのだった。プトレマイオスのこの仕事は、コペルニクスが現れるまで天文学の思想を支配することになった。

プトレマイオスはまた『地理学』を編纂したが、こちらは地上の世界を説明するものだった。地図の作成は、数学的な観点からみてきわめて高度なテーマである。なぜなら、地図は平面なのに対し、地球はほぼ球体であり、面積と角度を変えずに球を平面上に表すことはできないからだ。『地理学』によって、本格的な地図製作技術はその第一歩を踏み出した。

このように紀元2世紀ごろまでには、数学や物理学、地図の作成や工学などの分野がいずれも長足の進歩を遂げていた。物質は、それ以上分割することができない"原子"と呼ばれる構成要素から成り立つとされ、論理学が誕生し、命題を証明するという概念が生まれ、幾何学や三角法、さらには一種の微積分法までがすでに発明されていた

のである．天文学と空間に関する領域では，この宇宙が非常な昔に生まれたことや，人びとは球体の上で生活していることが知られていた．さらには，その球体の大きさまでもが把握されていた．人間は，宇宙における自らの位置を理解しはじめ，すぐにも次の一歩を踏み出せる態勢だったのだ．今日のわれわれは，ほんの数十光年ほど離れたところに別の惑星系が存在することを知っている．この古代の黄金時代がそのまま順調につづいていれば，われわれはすでに他の惑星系に探査衛星を送り込んでいたかもしれないし，月着陸は1969年ではなく969年だったかもしれない．そして今ごろは，宇宙や生命について，現在のわれわれには想像もつかないような知見が得られていた可能性もある．だが現実はそうはならなかった．ギリシャ人によってはじめられた発展を，1000年も遅らせるようなできごとが起こったのである．

中世の知的衰退はなぜ起こったのだろうか？ この問題について，ひょっとするとアレクサンドリア図書館に収められていたすべての言葉よりもさらに多くの言葉がすでに費やされているかもしれない．だが，ひとことで言えるような答えは存在しない．プトレマイオス朝は，紀元前2世紀から紀元前1世紀にかけて滅びの道をたどった．紀元前51年，プトレマイオス12世はその死に際し，息子と娘が共同で王国を統治するよう言い残した．しかし紀元前49年，息子は姉に対して兵を挙げ，権力を独り占めにした．そんな仕打ちに黙って耐えるような人間でなかったその姉

クレオパトラは，この無法を訴えるべく，ローマの権力者であるユリウス・カエサルを内密に訪れた（当時プトレマイオス王朝は名目上は独立していたが，実際にはローマの支配下にあった）．それをきっかけにカエサルとクレオパトラとの情事がはじまり，やがてクレオパトラはカエサルの息子を生んだと主張した．カエサルはエジプトの強力な後ろ盾だったが，その同盟関係はカエサルの死とともに終わる運命にあった．カエサルは，元老院議員から23か所も刺されて死んだ．紀元前44年3月15日のことである．その後カエサルの妹の孫であるオクタウィアヌスが，アレクサンドリアとエジプトをローマの支配下に置いた．

ローマがギリシャを征服したことにより，ギリシャの遺産はローマの管理下に入った．ギリシャの伝統を受け継いだローマは，当時知られていた世界のかなりの部分をその支配下に収め，多くの技術的・工学的な問題に対処した．しかしローマの皇帝たちが，アレクサンドロスやエジプトのプトレマイオスたちのように数学を支援することはなく，またローマの文明からはピタゴラス，ユークリッド，アルキメデスのような数学者が生まれることもなかった．紀元前750年から1100年間におよぶローマ帝国の歴史には，ローマ人が証明したただひとつの定理も，ただひとりのローマ人数学者も記録されていない．ギリシャ人にとって距離を測定することは，三角形の合同や相似，そして視差と幾何学とを関連づける数学上の課題だった．それに対してローマの文書には，川の深さを測る方法を探すという

問題にも,「敵が川の向こう岸を占拠したとき」と書かれている[10]. 敵——数学においてこの概念にどんな用途があるのかはわからないが, ローマ人の思考の中心はこれだったのだ.

ローマ人は抽象数学に関して無知であり, その無知を誇りにさえしていた. キケロはこう述べている.「ギリシャ人は幾何学者に最高の名誉を与えた. そのせいで数学以外には大した発展がなかった. しかしわれわれはこの学問を, ものを測ったり数を数えたりすることに限定したのである」. では, ローマ人に対してはこう言うのがふさわしくはないだろうか.「ローマ人は兵士に最高の名誉を与えた. そのせいで破壊と略奪以外には大した発展がなかった. われわれはこの技術を, 世界征服以外には役立たないと判断するものである」.

しかしそれはローマ人が無学だったからではない. 彼らには教養があったし, ラテン語で専門書を書いてもいる. しかしそれらはギリシャ人から得た知識をねじ曲げたものだった. たとえば, ユークリッドをラテン語に翻訳したこの分野の第一人者は, 名門出身の元老院議員アニキウス・マンリウス・セウェリヌス・ボエティウスであるが[11], 彼はいわば"リーダーズ・ダイジェスト"の編集者のような人間だった. ボエティウスはユークリッドの研究を要約し, ○×式の試験を受けようとする学生向けの読み物にしたのである. 今なら彼の翻訳版は『サルでもわかるユークリッド』とでも題して, テレビで「フリーダイヤル, の一

なし，のーなし」などと宣伝されるかもしれない．しかしその当時，ボエティウスの翻訳は権威ある学問だったのだ．

ボエティウスは，ただ定義と定理を並べただけだった．また，正確な数値の代わりに近似値を使うことにも何らためらいはなかったようだ．しかしそれぐらいはまだマシである．場合によっては，彼は完全にまちがっていたのだから．ギリシャ人の知識を正しく伝えなかったにもかかわらず，ボエティウスは鞭打ちの刑にも処せられず，磔にもされず，火あぶりにも，あるいは中世の知識人たちに科されたどのような刑罰も科されることがなかった．彼が失脚したのは，政治に深入りしたせいだった．524年，彼は東ローマ帝国により「反逆罪」で斬首刑に処された．数学の質を落とすことに専念していれば，こんなことにはならなかっただろうに．

この時代によくあった犯罪的書物をもうひとつだけあげておこう．それはアレクサンドリアに住む旅慣れたローマ商人の手になるもので，そこには次のようなことが書かれていた．「地球は平らである．人が住む領域は長方形の形をしており，その長さは幅の二倍である．……，北部には円錐形の山があり，その周囲を太陽と月がめぐっている」．『キリスト教徒の地誌学』[12]というタイトルのこの本は，論理や観察ではなく，聖書にもとづいて書かれている．鉛の混じった美味しいローマワインを飲みながら読むにはよい本だろう．しかし『キリスト教徒の地誌学』は，ローマ

の栄光が過去のものになって久しい12世紀までベストセラーリストにその名をとどめていたのだ.

アレクサンドリアの図書館で仕事をした最後の偉大な学者は,ヒュパティアという女性だった[13].ヒュパティアは女性として最初の偉大な学者であり,彼女をめぐる出来事は歴史家により今日に伝えられている.彼女は紀元370年ごろ,有名な数学者であり哲学者でもあったテオンの娘としてアレクサンドリアに生まれた.父に数学を学んだヒュパティアは,そのいちばん身近な共同研究者となったが,ついにその力量は完全に父親を凌駕するまでになった.かつてヒュパティアの弟子であり,のちに辛辣な批判者となったダマスキオスは彼女について,「父親よりも優れた才能をもって生まれついた」と書いている.彼女の運命とその影響については,ヴォルテールや『ローマ帝国衰亡史』を著したエドワード・ギボンをはじめ,多くの著述家により何世紀にもわたって論じられてきた[14].

5世紀の初頭,アレクサンドリアはキリスト教信仰の最大拠点のひとつとなっていた.そのため,権力を競う教会と政府とのあいだに大きな軋轢が生じた.また当時は,ギリシャの新プラトン主義者やユダヤ教徒など非キリスト教徒とのあいだで,争いや騒動が絶えなかった.391年には,キリスト教の暴徒がアレクサンドリアの図書館を襲い,その大半を焼きつくした.

412年10月15日,アレクサンドリアの大司教が亡くなり,その甥であるキュリロスが後を継いだ.キュリロスは

権力欲が旺盛で，概して不人気だったと伝えられている．一方，世俗の世界では，オレステスという人物がアレクサンドリアの長官を務め，412年から415年のエジプトを支配した[15]．

ヒュパティアの学問はプラトンやピタゴラスから受け継いだもので，キリスト教会のそれではなかった．一説によれば，ヒュパティアはアテナイで勉強し，彼女はそこで，優秀な学生にしか贈られない月桂冠を授かり，その返礼として公衆の前に現れる際はつねに月桂冠を身につけていたという．また伝えられるところでは，彼女はギリシャの有名な二作品に，膨大な注釈を加えたとされる．この二冊，ディオファントスの『算術』とアポロニオスの『円錐曲線論』は，今日まで読み継がれているギリシャの名著である．

美貌のもち主でカリスマ的な話し手といわれたヒュパティアは，プラトンとアリストテレスに関する講演を行って多くの聴衆を集めた．ダマスキオスによると，街のみんなが「彼女に群がり，崇拝した」という[16]．一日の終わりには必ず，ヒュパティアは二頭立ての馬車を駆って学園の講堂まで乗りつけた．そこではランプに香油が焚かれ，丸天井にはギリシャ人芸術家による豊かな装飾が描かれていた．白いローブをまとい，月桂冠を身につけたヒュパティアは大群衆に向かい，その流麗なギリシャ語で彼らの心を虜にした．彼女に学ぼうとする者は，ローマやアテナイ，その他ローマ帝国中の都市からやってきた．そのなかのひ

とりに,ローマの長官オレステスがいた.

オレステスは,ヒュパティアの信頼する友人となった.ふたりは頻繁に会い,彼女の講演に関してのみならず,自治都市や政治の問題についても語り合った.しかしそのためにヒュパティアは,オレステスとキュリロスの争いに巻き込まれてしまったのだ.キュリロスの目にヒュパティアは大きな脅威と映ったにちがいない.というのも彼女の弟子たちは,アレクサンドリアでも他の都市でも,高い地位を得ていたからである.そこでキュリロスとその配下の者たちは,ヒュパティアは黒魔術をあやつる魔女であり,アレクサンドリアの人びとに悪魔のまじないをかけているという噂を流した.しかし彼女は勇敢にも講演をつづけた.

その後の出来事についてはいくつか説があるが,大筋は同じである[17].415年の四旬節期間中のある朝,ヒュパティアは馬車に乗り込んだ.事件が起きたのは彼女の屋敷の前だったという説もあれば,出先の路上だったという説もある.砂漠の修道院からやってきたキュリロスの手下の数百人の修道士たちがヒュパティアに襲いかかり,打ちのめし,教会に引きずり込んだ.教会内で彼らはヒュパティアの身ぐるみを剝ぎ,鋭利なタイルや陶器のかけらで肉をこそげとった.それから四肢をもぎとり,残りを焼いた.ある話では,バラバラになった彼女の遺体は市中にまき散らされたという.

ヒュパティアの研究はすべて抹殺され,ほどなくして図書館の焼け残っていた部分も打ち壊された.オレステスは

アレクサンドリアを離れたが,おそらくは呼び戻されたのだろう.その後の彼の消息はわからない.後年,帝国の役人たちはキュリロスが欲していた権力を彼に与え,最終的に彼はキリスト教の聖人に列せられた.

最近の研究によると[18],歴史上つねに,人口300万人にひとりの割合で優れた数学者が現れているという.今日,一篇の研究論文は広く世界のどこからでも入手できる.しかし4世紀には,巻物を書写するだけでも,粗末なペンで手間暇のかかる手作業をしなければならなかった.一巻の書物が失われるということは,そこに書き残された仕事そのものを絶滅危惧種のリストに載せることなのだ.図書館に収蔵されていた20万巻以上の書物が灰となったことで,永遠に失われたバビロニアとギリシャの数学がどれほどの宝の山だったかは,今では知る由もない.図書館には100点を超えるソフォクレスのギリシャ悲劇が所蔵されていたことがわかっているが,今日に残るのはわずか七作のみである.ヒュパティアはギリシャの科学と合理主義そのものだった.彼女の死とともに,ギリシャ文明は滅んだのである.

ローマ帝国が没落した476年ごろ,ヨーロッパには巨大な石造りの神殿や劇場,邸宅,街灯や給湯施設,下水道などの都市設備が残されたが,知的な業績には見るべきものがなかった.ユークリッドの『原論』のラテン語翻訳版の断片は800年まで存在した[19].測量の技術書に書き込まれたそれら断片には,式のみが記され,しばしば近似値が

用いられ，式を導こうという試みはまったくなされなかった．ギリシャの伝統であった抽象と証明は失われたかにみえた．イスラム文明が繁栄しはじめるころ，ヨーロッパは深い知的衰退のなかに滑り落ちていった．かくしてヨーロッパのこの時代は，暗黒時代と呼ばれるようになったのである．

やがてギリシャ思想はよみがえることになる．『キリスト教徒の地誌学』のような書物は人気をなくし，ボエティウスの翻訳は，より忠実なものに取って代わられた．中世末期には一群の哲学者たちが合理的思考の機運を生み出し，フェルマー，ライプニッツ，ニュートンら，16世紀に登場する偉大な数学者たちの活躍の場を用意した．そんな思想家のなかに，幾何学と空間理解に関する次なる革命の中核となる人物がいた．ルネ・デカルトである．

第 II 部
デカルトの物語

位置を知るにはどうすればいいだろう?
座標とグラフが発見され,
哲学と科学は大きく前進した.

7
位置の革命

 自分がどこにいるのかを知るにはどうすればいいだろう？ 空間それ自体の存在に気づいたら，次にわく疑問はおそらくこれだろう．その答えを知りたければ，地図学を学べばいいと思われるかもしれない．だが，地図学はほんの入り口にすぎないのだ．位置を決めるとはどういうことか？ それを学べば，「ミシガン州カラマズーの位置は，Fの3」といったレベルの知識とは比較にならないほど深いことがわかってくる．

 位置を決めるということは，単に場所に名前をつけることではない．異星からの訪問者が地球に降り立ったところを想像してみよう．その異星人は，酸素呼吸をするタコのようなやつでも，亜酸化窒素を好むサルのようなやつでもいい．彼らが辞書をもっていれば話し合いもできるだろう．しかしそれだけでいいのだろうか？「おれターザン，おまえジェーン」で事足りるなら辞書さえあればいい．だが，概念まで理解したければ，お互いの文法を学ばなければならない．数学においても「辞書」——この場合は，平面，空間，地球上の各点などに名前をつける体系——は，ほんのはじまりにすぎないのだ．位置の理論のほんとうの威力は，あの点とこの点，あの経路とこの経路，あの形とこの形を互いに関係づけ，式を使ってそれらを操作できる

ところにある．それはすなわち，幾何学と代数学を統合することだ．

この統合に関する古い教科書には次のように書いてある[1]．「比較的小さな努力で，学生はこれらの道具を使いこなせるようになるだろう」．もしも座標幾何学を使うことができていたら，偉大な天文学者にして物理学者であったケプラーやガリレオはどれほどすごい理論を生み出したことだろう．しかし現実には，彼らは座標幾何学なしに仕事をしなければならなかった．彼らの後継者たるニュートンやライプニッツは，座標幾何学の知識を使って微積分法と近代物理学を生み出した．もしも幾何学と代数学とが今も統合されていなかったら，現代物理学と工学の進歩はほとんどありえなかったろう．

第二の革命である「位置の革命」は，地図の発明とともにその第一歩を踏み出した．第一の革命であった「証明の革命」と同じく，それはギリシャ時代以前のことである．ギリシャ人は位置の革命においても独創性を発揮したが，彼らの文明の終焉とともに研究もまた未完に終わり，"位置"の威力が完全に解き放たれることはなかった．次の一歩であるグラフの発明がなされるのは，暗黒時代も終わり，知的伝統が復興したのちのことだった．そうして位置の革命は，1000年以上の時を隔て，ギリシャの偉大な数学者や地図製作者の足跡をたどりはじめるのである．

8
緯度と経度

　誰が，いつ，何のために最初の地図を作ったのかはわからない．しかし知られているかぎりもっとも古い地図が作られた目的は，エジプト人が幾何学を発明した目的と同じだったことがわかっている⁽¹⁾．紀元前2300年ごろの粘土板に刻まれていたのは，地形記号でも宗教的装飾でもなく，財産税に関する記録だったのだ．紀元前2000年ごろになると，エジプトでもバビロニアでも，地所の境界やその所有者などのデータを書き込んだ不動産地図が広く利用されていた．宝石で身を飾ったメソポタミアの女性が，手に持った粘土板の重さに顔をしかめながら一点を指し示し，荘重な古代の言葉で，位置の大切さを繰り返し説いているのが目に浮かぶようではないか．

　七つの海を探検しようという勇敢な人間が増えてくると，地図製作には人の命がかかってきた．1915年という最近になってさえ，サー・アーネスト・シャクルトンの船エンデュアランス号が冬の南極の流氷中で難破したとき，乗組員にとって何より危険だったのは，秒速90メートルに達する強風でもなければマイナス73度の低温でもなく，帰り道がわからなくなったことだった．帰路がわからなくなること——それは古今を問わない大いなる危機である．海上の船乗りや探検家にとって最大の課題は，道に迷わな

8 緯度と経度

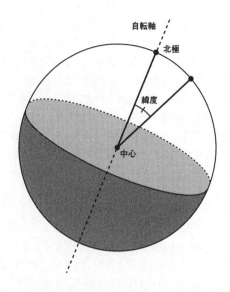

いことなのだ．もしも自分のいる場所がまるでわからなくなり，何の情報も何の計測装置もなく，無線で助けを呼ぶことしかできないとしたら，自分の居場所をどうやって救援隊に知らせればいいだろう？

今日，地球上の位置を指定するためには，緯度と経度というふたつの座標が使われている．それを思い描くために，頭のなかの道具箱に次のものを用意しよう．まず三つの点と二本の線，そして一個の球だ．道具箱から球を取り出し，それを空中に浮かばせる．これはもちろん地球である．それから三つの点を次のように配置する．ひとつを地

球の北極に,もうひとつを地球の中心に,そして残りのひとつを地球表面のどこかに.次に一本の線を使って,地球の中心と北極を結ぶ.これは地球の自転軸である.もう一本の線で,地球の中心と,表面に置いた三番めの点とを結ぶ.するとこの線は,自転軸とのあいだに,ある角度を作る.この角度が緯度である.

　緯度という考え方は,気象学者でもあったアリストテレスに端を発する.地球上の位置と気候との関係を調べていたアリストテレスは,南北の位置によって,地球を五つの気候帯に分割しようと提案した.これらの気候帯が,のちに緯度という形で地図に採り入れられたのである.アリストテレスの理論の通り,緯度は(少なくとも平均としてみれば)気候からもある程度は知ることができる.たとえば,いちばん寒いのは北極と南極で,赤道に近づくにつれて暖かくなるというふうに.もちろん,バルセロナよりストックホルムのほうが暖かい日もあるだろうから,この方法を使いたければ長い期間をかけてじっくり気温を測定しなければならない.もっとよい方法は,星を見ることだ.地軸の延長線上にうまい具合に星が見つかれば,この方法はかなり正確である.北半球では北極星がその役割をはたす.

　しかし,いつの時代も今の北極星が地軸の延長線上にあったわけではない[2].というのも,地軸は天空の星々に対して固定されてはいないからだ.地軸は,2万6000年の周期で,ほっそりした円錐を描きながら歳差運動をしてい

るのである．古代エジプトの大ピラミッドのなかには，竜座α星の方角に沿った通路をもつものがあるが，それは当時の北極星が竜座α星だったからなのだ．古代ギリシャ人はいくらか苦労を強いられた．というのも，その時代にはうまいぐあいに北極星になる星がなかったからである．現在から1万年ほどのちには，北極星を見つけるのはとても容易になるだろう．なにしろ北天でいちばん明るい星，琴座のヴェガが北極星になるのだから．

　北極星と北の地平線とを同時に見ることができれば，簡単な作図からわかるように，それらと自分とを結ぶ線の作る角度がおおよその緯度となる．しかしそれはあくまでもおおよその値でしかない．というのもこの方法は，北極星は正確に地軸の延長線上にあり，地球の半径は北極星までの距離にくらべて無視できるほど小さいという，ふたつの仮定の上に成り立っているからだ．どちらも十分によい仮定ではあるが，厳密ではない．1700年にはアイザック・ニュートンがこの方法で角度を測定し，緯度を求めるための道具として六分儀を考案した．道に迷った旅人は，二本の棒を分度器代わりにして，昔ながらの方法で角度を測ることもできる．

　一方，経度を決定するのはそれほど容易ではない．地球よりもずっと大きな球を思い浮かべよう．その中心に地球があるものとする．球の表面には星々が散らばっている．もし地球が自転していなければ，その星図を手がかりに経度を求めることができるだろう．しかし地球は自転してい

るから，ある時刻にあなたが見たのと同じ星の配置を，あなたの西どなりにいる人はちょっと遅い時刻に見ることになる．正確にいうと，地球は24時間で360度回転するので，15度だけあなたの西にいる人は，あなたよりも1時間後に同じ星の配置を見るわけである．赤道上では，この差はおよそ1600キロメートルになる．同緯度で撮影された星の写真を二枚見くらべても，撮影時刻がわからなければ，経度に関する情報は得られない．しかし，同緯度で同時刻に撮られた写真を比較すれば，それらの経度の差を求めることができる．ただし，そのためには時計が必要になる．

海上での揺れや温度変化，さらには塩気を含んだ湿気に耐え，なおかつ広大な海原で経度を決定できるほど正確な時計ができたのは，ようやく18世紀のことだった．この目的のために必要とされる精度はかなり高い．一日に3秒の狂いが，6週間の航海では0.5度以上の経度のズレをもたらすからだ[3]．19世紀ごろには，経度の決め方はいくつもあった．しかし1884年10月，一本の子午線が定められた．経度ゼロとなる子午線は，ロンドン郊外のグリニッジ王立天文台を通っている[4]．

ギリシャ人による最初の世界大地図は，タレスに学んだアナクシマンドロスによって紀元前550年ごろに描かれたものである．その地図では，世界はヨーロッパとアジアとのふたつの部分に分けられ，アジアには北アフリカも含まれていた．紀元前330年ごろになると，ギリシャ人は硬貨

に地図をあしらうようになった．そのひとつには浮き彫りが施され，「最古のレリーフ地図」と呼ばれている．

　地球は球形をしているとはじめて言明したことは，ピタゴラス派の数ある功績のひとつとされている．いうまでもないが，地球が丸いという知識は，正確な地図を作るためには必須である．幸いなことに，地球は丸いという説には，エラトステネスが地球を丸いと考えてその周囲の長さを測る以前から，プラトンとアリストテレスという強力な支持者がいた．世界を気候帯で区分するというアイディアを提案したのはアリストテレスだが，それらを等間隔に区切り，さらにそれらと直交する南北の線を加えることを思いついたのはヒッパルコスである．プラトンとアリストテレスの時代からおよそ500年後，そしてエラトステネスから400年後のプトレマイオスの時代には，これらの線には"緯度"と"経度"という名前が与えられていた．

　プトレマイオスは『地理学』のなかで，ステレオ投影法に似た手法で地球を平面上に表し，緯度と経度を座標のように使って位置を決めていたようである．彼は，自分がよく知っている土地については具体的にその緯度と経度を求め，その地点は8000か所にのぼった．またその著作には，地図の作り方も説明されていた．『地理学』は数百年にわたって地図製作の典範だった．幾何学と同じく地図作成法もまた，すぐにでも近代に入れる段階に達していたのである．ところがこの学問もまた，ローマ人のもとではまったく進歩しなかった．

ローマ人も地図を作りはしたが，幾何学では対岸の敵しか目に入らなかったように，地図もまた実利的なこと，それもたいていは軍事問題に関係したものだった．そして『地理学』は，キリスト教の暴徒がアレクサンドリア図書館を打ち壊した際，ギリシャの数学に関する書物とともに失われてしまった．ローマ帝国が没落したとき，新たな時代の文明は暗闇のなかにあった——位置を示すこともできず，位置に関する定理や，物体の相互の位置を記述する方法もわからなくなっていたのだ．いずれは位置に関する新しい理論が誕生し，幾何学も地図作成法も生まれ変わって急激な発展を遂げることになる．だがその革命を起こす前に，もっと大きな仕事が待っていた——西洋文明の知的復興である．

9
腐敗したローマの遺産

さて時は8世紀の末である．ギリシャの偉大な伝統や学問研究はとうに失われ，忘れ去られていた．時計やコンパスの登場は，ちょうどわれわれにとっての宇宙船エンタープライズ号のように，まだまだ先の話である．当時の人びとは，「この私が知識の探究を復活させなければ，知の衰退と停滞の時代はこれから1000年もつづいてしまう」とひとりつぶやくこともなく，ただ寒さに震え，あるいはまた暑さに汗をかきながら，ベッドや硬い床に横たわって眠りに落ちるのを待つばかりだった．しかしそんな時代にも，力強いひとりの男が学問の意義を認識していた．やがて彼は，ヨーロッパの知的伝統の復興へ向けて歩み出すことになる．

カール大帝，あるいはシャルルマーニュと呼ばれるその男は，遺伝的には穴馬の大当たりといったところだろう[1]．死後の骨格を調べたところ，身長は190センチメートルもあったことがわかっている．当時としては大男だ．彼の父親であるピピン3世は，754年にローマ教皇ステファヌスによりフランク王として戴冠された人物だが，短軀王と呼ばれる小柄な男だった．おそらくシャルルマーニュはその長身を，母である王妃ベルタから受け継いだのだろう．ベルタの死後にその骨格が調べられたわけではない

が,「大足女ベルタ」というあだ名からその体格は想像がつく.

シャルルマーニュはあらゆる面でスケールが大きかった. 体も大きく知性にも優れていたが, おそらくいちばん重要なことは, 軍隊のスケールが大きかったことだろう.

シャルルマーニュの王国経営哲学は「この壁をとっぱらってあっちに移せ」的なもので, 彼はその哲学をヨーロッパの地図に適用した. 隣り合う南イタリアのランゴバルド族, バイエルン人, そしてザクセン人の国々との境界を取り払い, フランク王国の領土を拡大していったのである. そうしてヨーロッパ随一の勢力をもつようになったシャルルマーニュは, 行く先々にローマ・カトリックを押しつけた. もしも彼のやったことがこれだけだったなら, 世界征服を趣味とする王たちのひとりで終わっていたかもしれない. だが彼は, アレクサンドロスを彷彿とさせる教育の奨励者でもあった. 自分が受け継いだ王国には教育者がいないことに気づいたシャルルマーニュは, 国の内外を問わず第一級の教育者たちをアーヘンの王宮に招き, 宮廷学校を創設した. 彼はたいへんに教育熱心で, ラテン語でミスをした少年を自ら鞭打ったこともある. 彼自身, 何度か読み書きを学ぼうとしたが, それはついにはたせなかった——彼が自分をも鞭打ったかどうかは知られていない(鞭打ちは, 当時の刑罰としてはそれほど厳しいわけではない. なにしろ金曜日に肉を食べた者は死刑になったほどなのだ).

シャルルマーニュのもと, キリスト教会は学問の推進力

となった．教会は読み書きのできる大勢の修道士を動員して任務にあたらせた．司教座聖堂や修道院には棟続きの学校が設けられ，たいていはドミニコ会やフランシスコ会などの上級聖職者が教育を担った．彼らは司祭を育成し，貴族に読み書きを教え，古典への敬意を取り戻させた．書字生たちは膨大な量の写本を生み出し，教科書，事典，論文集などが次つぎと書庫に収められていった．筆写の効率を上げるために，修道士たちはカロリング小文字体と呼ばれる新しい書体を開発した[2]．これは今日も使われているアルファベット筆記体の基礎となっている．シャルルマーニュは教育のみならず，自らの健康管理という面でも行動的だった．いかにもこの時代らしいところは，長生きするために錬金術師を大勢雇ったり，医師団をはべらせたりしたわけではなかったことだ．シャルルマーニュは，自分の健康のためだけに祈りを捧げてくれる聖職者を大勢抱えたのである．ひとつの修道院だけでも，300人もの修道士と100人ほどの祈禱者が三交代制で24時間絶えることなく彼のために祈りを捧げた．しかしそうまでしても彼は死んだ．814年のことである．

シャルルマーニュによる文化復興は，独創的な仕事という点ではほとんどみるべきものを生まなかった．彼の死により王国の版図は縮小し，後継者たちが文化復興をさらに押し進めたわけでもない．しかしそれでも，人びとの読み書き能力がカロリング朝以前（つまりシャルルマーニュ以前）のレベルに落ちることは二度となかった．彼が育成し，

た教会学校は,言論の自由の拠点とまではいえなくとも,ヨーロッパ中に野草のように広がり,やがてそこから大学が誕生した.1088年に設立されたボローニャ大学を最古の大学と考える歴史家は多い.こうして生まれた大学によって,ヨーロッパはついには知の権力を握り,とくにフランスは数学の中心地となっていく.暗黒時代は11世紀の幕開けとともに終わりを告げたが,いわゆる中世はこれからまだ500年ほど続くことになる.

ヨーロッパの人々は,交易や旅行,十字軍などを通して,地中海沿岸および近東のアラブ人や,ビザンティン(東ローマ帝国)の人びとと接触するようになった.十字軍に関して言えば,アラブの人びとにとってヨーロッパ人との出会いは,H. G. ウェルズのSF小説『宇宙戦争』にみる火星人との出会いのようなものだった.ヨーロッパ人はアラブの人びとの土地を荒らし,イスラム教徒やユダヤ教徒を情け容赦なく殺しまくった.それと同時にアラブの知識も求めた.西ヨーロッパでは数学と科学が衰退していたのに対し,イスラム世界では,ユークリッドやプトレマイオスをはじめ,ギリシャの学問の少なからぬ部分がきちんとした形で保存されていたのである.抽象数学に関してはイスラム世界でもほとんど進展はなかったが,計算法は大きく進歩していた.宗教上の理由から時間を計測し,暦を作る必要のあったイスラムの人びとは,六つの三角関数をすべて作り出し,恒星や惑星の高度を正確に測ることのできる天球儀(アストロラーベ)を完成させていたのだ.

ヨーロッパの学者たちは敵の知識をあさり，原典であれアラビア語への翻訳版であれ，自分たちがすでに失ってしまったギリシャの知的宝物を手に入れようとした．教会と世俗の指導者たちがともにそれを支援した．12世紀のはじめ，バース（現イングランド，エイヴォン州にある温泉都市）のアデラードというイングランド人がイスラムの学生を装ってシリアに旅した．のちに彼は，ユークリッドの『原論』をラテン語に，それもきちんと証明を含めて翻訳する．それから100年後には，フィボナッチの名で知られるピサのレオナルドが，ゼロの概念と今日も用いられているアラビア数字を北アフリカの地からもち帰った．新しく生まれた大学に，古代ギリシャの知識が流れ込んできたのである．

 こうして，ギリシャ人たちの黄金時代に匹敵する黄金時代のための舞台は整った．当時の人びとも，自分たちの時代と古代ギリシャとの類似性を見逃しはしなかった．バーソロミューという名のイングランドの修道士はこう書いている[3]．「かつてはアテナイが自由学芸と文学の母であり，哲学やあらゆる学問の乳母であったが，われわれの時代にはパリがそれにあたる」しかし不幸にも，その道のりにいくつかの現実的な障害が立ちふさがったのである．

 数学者アンドリュー・ワイルズはフェルマーの最終定理の証明に取り組むにあたって（彼はそれに成功した），ひとり静かに考え抜くというライフスタイルをつらぬいた．ワイルズがこの難題に取り組んだのは，フェルマーが生き

た時代からおよそ350年後のことだった．フェルマーの時代からそれと同じ年数だけ時間をさかのぼれば，中世ではもっとも数学に実りの多かった時代にいきあたる．中世の大学教授の日常には，クッキーをつまみながらのセミナーもなければ，静かに考えにふけってはキャンパスを散策するひとときもなく，一流の数学者が客員として来てくれることもなければ，同僚研究者とともに中華料理店で食事をすることもなかった．中世ヨーロッパがエデンの園でなかったことは周知の事実である．それでも，もしもあなたが安っぽいSF映画に入り込み，マッドサイエンティストがタイムマシンのダイヤルを適当に回しはじめたなら，13世紀と14世紀にだけは行かないようにお祈りしたほうがいい．

中世の数学者は，うだるような夏の暑さと凍てつく冬の寒さに耐え，日没後には照明もなく，暖房も不十分な家で過ごさなければならなかった．路上では野生の豚が走り回ってゴミをあさり，肉屋からは処理されたばかりの動物の血が流れ出し，鶏肉屋の店先からは，はねられた鶏の頭が飛んできた．フランス王ルイ9世ですら，ここには詳しく書けないようなものを通りの窓からお見舞いされたのだ[4]．

お天気の神様たちもご機嫌が悪かった．当時のヨーロッパは，今日では小氷期と呼ばれる時期に突入していた[5]．アルプスでは8世紀以来初めて氷河が延び，スカンジナビアでは浮氷のために北大西洋の航路が塞がれた．穀物は実らず，農業の生産性は急落して，いたるところで飢饉がみ

られた.イングランドの庶民は犬や猫,そしてある記録には「食用に適さないもの」とのみ書かれたものを食べていた.貴族階級も相応に苦しみ,持ち馬を食べるところまで追い込まれた.ラインラントの飢饉に関する文書によれば,マインツとケルン,そしてストラスブールの絞首台に軍隊を配備しなければならなかったという.飢えきった市民が死体を切り刻んで食べるのを防ぐためである.

1347年10月,シチリア島の北東部にオリエントからの船団がやってきた.ヨーロッパ大陸にとって不幸なことに,船員たちは港に進航できるだけの幾何学の知識はもっていたわけである.彼らに足りなかったのは医学の知識だった.乗組員は死んでいるか,あるいは今にも死にそうな状態だった.死にかけていた乗組員は隔離されたが,ペスト菌をもったネズミはヨーロッパの沿岸に逃げ出した.1351年までには,ペストのためにヨーロッパの人口の半分が失われた.フィレンツェの歴史家ジョヴァンニ・ヴィラーニは次のように書いている[6].「この病気にかかった者は鼠蹊(そけい)や腋窩(えきか)が腫れ,血を吐き,三日のうちに死んでいった.……そして多くの国や都市から人影が消えた.この疫病が治まったのはようやく××××のことであった」.ヴィラーニは日付を入れずにおいた.ペストが終息したらその年を書き入れようとしたのだろう.なにやら縁起が悪いと思うなら,その直感は当たりである.ヴィラーニはペストに感染し,1348年に死んだ.

大学もまた,この悲惨な状況から逃れることはできなか

った⁽⁷⁾．当時はまだ大学キャンパスという概念もなく，大学といっても建物すらないのが普通だった．学生たちは共同住宅に住み，教授たちは賃貸の部屋や下宿屋，教会，はては売春宿などで講義をした．住居も教室も，暖房設備もなければろくに照明もなかった．いくつかの大学では，教授が学生から直接，授業料をもらうという，なんとも中世的な給与システムがとられていた．ボローニャ大学では，学生が教授を雇ったり首にしたりしたばかりか，無断欠勤したの遅刻したの，はたまた難しい質問に答えなかったのといっては罰金を科した．講義がおもしろくなかったり，進み方が速すぎたり，遅すぎたり，あるいは単に声が小さかったりしただけで，学生はヤジを飛ばしたり物を投げつけたりした．ライプツィヒではついに，教授に石を投げてはならないという規則を設ける必要に迫られたほどだった．ドイツでは1495年になってもまだ，大学の新入生を尿で濡れねずみにしてはならないという規則が設けられている．学生たちはあちこちの都市で暴動を起こし，市民とのあいだにはいざこざが絶えなかった．映画「アニマルハウス」がマナーを教えるための教育的ビデオに思えるほどの暴挙に対処するのが，ヨーロッパ中の大学教授の宿命だったのだ．

その当時の科学は，古代の知識に，宗教や迷信，超常現象をミックスしたような代物だった⁽⁸⁾．占星術や奇跡は広く信じられていたし，聖トマス・アクィナスのような大学者でさえ魔女の存在を信じて疑わなかった．シチリア島で

は1224年,神聖ローマ皇帝にしてシチリア王であるフリードリヒ2世がナポリ大学を創設した.聖職者ではない人物が創設し,運営にあたった最初の大学である.フリードリヒは倫理問題にわずらわされることなく,随時人体実験もやりながら科学への愛に身をまかせた[9].たとえばあるときなど,フリードリヒは幸運なふたりの囚人にまったく同じ豪勢な食事を与えた.そして幸せな気分になったふたりのうちの一方をそのまま寝かせ,もう一方を猟に連れ出してへとへとに疲れさせた.それからふたりの腹を開き,どちらがよりよく消化しているかを調べたのだ(お菓子を食べながら寝ころんでテレビやビデオを見てばかりいる人には朗報だが,すぐに寝た男のほうが消化が進んでいた).

　時間というものも漠然とした概念でしかなかった[10].14世紀に入るまでは,正確な時刻を知る者はいなかったのである.昼間は太陽の動きをもとに12等分されていたが,その間隔は季節により変化した.北緯51.5度のロンドンでは,日の出から日の入りまでの時間間隔が,6月には12月の2倍以上長くなる.今日の尺度でいえば,中世の1時間はおよそ38分から82分までの幅で変化したわけだ.一定時間ごとに時を知らせる時計として記録に残る最初のものは,1330年代に作られたミラノのサン・ゴッタルド教会の鐘鳴時計である.1370年にはパリに公共時計が現れ,王宮の塔のひとつに据えつけられた(この時計は,パリはシテ島の裁判所大通りと大時計河岸の角に現存している).

短い時間間隔を測ろうにも、そんな技術はなかった。ものごとの変化率（速度など）もおおまかにしか測れなかった。ものを測るための基本的単位（秒など）が、中世哲学に登場することはまずない。連続量（ひとつ、ふたつと数えることのできない、つながったもの）は、おおざっぱな「大きさ」で表されるか、あるいは何かとくらべて示された。たとえば、この銀塊は羽根をむしった鶏の3分の1であるとか、ネズミ一匹の2倍であるといった具合に。ただでさえ不便なこの方法は、「比」に関する中世随一の権威ある書物がボエティウスの『算術』だったせいでますます使いにくくなった。中世の学者にとって、量を表すような比は数ではなく、したがって算術で扱える対象ではなかったのだ。

　地図作成法も原始的なレベルにとどまっていた[11]。中世ヨーロッパの地図は、幾何学的・空間的関係を正しく表すために作られたわけではなかった。幾何学的な原理もなければ、縮尺の概念もなかったと言っていい。たいていの地図は、象徴的、歴史的、装飾的、もしくは宗教的なものだったのだ。

　以上のような状況はどれもみな知性の進歩の妨げになるが、なにより大きな障害は、もっと直接的な圧力がかかったことだった。カトリック教会は学者たちに対し、聖書に書かれていることは文字通りの真実だと認めるよう命じたのだ。教会は、すべてのネズミ、すべてのパイナップル、すべてのイエバエは、神の計画された目的に奉仕するため

にあると説き,その計画は聖書によってのみ理解できると教えた.それに異議を唱えることは身の危険を意味した.

教会は論理的思考の復活を恐れていた.それも無理はないだろう.聖書が神の啓示によって書かれたものだとすれば,自然に関する記述であれ,道徳に関する記述であれ,聖書をそのまま認めるかどうかに教会の権威がかかってくる.ところが聖書に描かれる自然の姿は,観察や数学的な論証から得られる自然概念と相容れない場合が多いのだ.そんなわけで教会は,大学の成長を促すことによって,はからずも,自然と道徳に関する自らの権威を失墜させることになったのである.しかし教会は,権威が切り崩されていくのを指をくわえて見ていたわけではなかった.

●■▲

中世末期の自然哲学の動きのなかで最大のものは,オックスフォード大学やパリ大学など,新興の大学を中心としたスコラ哲学の興隆である[12].スコラ哲学者たちは,自分たちの自然学と宗教とを折り合わせることに多大なエネルギーを注いだ.いわば学問上の休戦の道を模索したわけである.彼らの哲学の中心課題は,宇宙の性質を明らかにすることではなく,聖書に書かれていることを,論理的に導き出したり,説明したりできるかという,「メタレベルの問題」になっていった.

最初の偉大なスコラ哲学者は,12世紀のパリで活躍したピエール・アベラールである.アベラールは,ものごと

の真偽は論理的な吟味によって裁定できると論じた．だが中世のフランスにおいては，それは危険な説だった．アベラールは破門され，著書は焼かれた．もっとも著名なスコラ学者である聖トマス・アクィナスもまた論理の大切さを説いたが，教会は彼を受け入れた．アクィナスは，聖書に書いてあることは毫も疑わない立場に立ち（少なくとも，自分の著書が火にくべられ，冬の寒空にこごえる修道士たちがそれで暖をとるさまは見たくないという立場をとったことはたしかだ），そこから真理に到達しようとしたのだった．論理の向かうところどこまででも行くのではなく，カトリック教会が真理と認めたものをまずは受け入れ，それを証明する道を探ろうというのである．

アクィナスは教会からは非難されなかったが，同時代のスコラ哲学者ロジャー・ベーコンからは厳しい攻撃を受けた．ベーコンは，実験に大きな価値をおいた最初の自然哲学者のひとりである．アベラールは聖書よりも論理的思考を重視したためにトラブルに陥ったが，ベーコンは自然観察から得られる真理を重んじたために異端の烙印を押された．1278年に投獄されたベーコンは獄中で14年間を過ごし，出獄後ほどなくしてその生涯を閉じた．

オッカムのウィリアムは，はじめはオックスフォード，のちにパリで活動したフランシスコ会士である．彼は「オッカムのかみそり」という，今日の自然科学にも適用される一種の審美的判断基準によってその名を知られている．「オッカムのかみそり」を簡単に言えば，「理論を作る際，

仮定はできるかぎり少なくせよ」ということだ.たとえばひも理論を作る動機のなかには,電子の電荷のような基本定数や,素粒子の種類とタイプ,空間の次元数といったことを理論的に導きたいという願望があった.それまでの理論では,そうした情報は公理のようにあらかじめ設定されていた.つまり,理論のなかで与えられていたのであって,理論から導かれるものではなかったのだ.数学の分野でも,幾何学の定理を作るときにはこれと同様の審美的判断基準が適用され,公理はできるかぎり少なくすることになっている.

オッカムは,フランシスコ会と法王ヨハネス22世とのあいだの論争に巻き込まれて破門され,神聖ローマ皇帝ルイのもとに逃れてミュンヘンに落ち着いた.そして1349年,ペストが猛威をふるうなか,その生涯を閉じた.

アベラール,アクィナス,ベーコン,オッカムのなかで,無傷でいられたのはアクィナスだけだった.アベラールは破門されたうえに,恋人の叔父と結婚観が合わなかったせいで去勢されてしまった.ちなみに,その叔父はカトリックの聖堂参事会員だった.

スコラ哲学者たちの貢献により,ヨーロッパの知的復興は大きく前進した.その恩恵を受けた者のひとりに,ノルマンディーはカーン近郊のアルマーニュという村に生まれたフランス人聖職者がいた[13].彼の研究には数学的にみて大いに将来性があった.だが,リジューの司教となったこの男の名を,今日の天文学や数学の本のなかに見いだす

ことはまずない．出身校であるパリ大学でも，彼はそれほど評価されていない．ノートルダム大聖堂には，きょうだいのアンリが彼を記念して立てたろうそくがあるが，その明かりも消えて久しい．この地球上には，彼を記念するものはないに等しい．しかしなんとも彼にふさわしいことに，月に旅行すれば彼の名を冠したクレーターを見ることができるだろう．その名をオレームという．

10
オレームが見つけたグラフの魅力

 ジャングルの奥深く,吸血魚や蚊が群れをなすアマゾン川の支流を,川を知り抜いたたくましい女がひとりボートをこいで下っていく.向かう先は,わずかばかりの原住民以外には知る人もない森の小屋だ.彼女は中世の人間ではない.現代の人間だ.この女はいったい何者だろう? 医者か? 海外援助隊か? そのいずれでもない.彼女は,クリームや香水や化粧品を売り歩く,エイボン化粧品の訪問販売員なのである.

 ニューヨークのエイボン本社ではスーツ姿の経営陣が,ある男の発明したテクニックを駆使して,乾燥肌に立ち向かうための世界戦略を分析している——その男が何者なのか,いつの時代の人間なのかなどと,経営陣は考えたこともないにちがいない.それでも海外収益は青,国内収益は赤,などと色分けされたグラフを見れば,各部門ごとの売り上げを年ごとに比較することができる.年次報告書には,棒グラフや円グラフはもちろんのこと,ありとあらゆるタイプのグラフが使われ,累積収益,純販売額,ビジネスユニット営業益,その他諸々が分析されている.

 中世の商人がこんなデータを示せば,お客は目をまるくするだろう.この色とりどりの図形は何なのだ? 図形と数字がいっしょくたに書き込まれているのはどういうこと

なのか？ その当時，マカロニチーズはすでに発明されていたが（14世紀のイギリスのレシピが残っている)[1]，数字と図形が結びつくのはまだ先のことである．今日では，グラフはあまりにも日常的に使われているため，それが数学的な工夫だなどとあらためて意識することはない．エイボン社でいちばん重度の数学恐怖症をわずらう取締役でさえ，収益グラフが上向きになればうれしいだろう．しかし収益グラフが上を向こうが下を向こうが，グラフの発明は，位置の理論への大きな一歩だったのだ．

　数と幾何学を結びつけるということは，ギリシャ人がつかみ損なった唯一の概念である．この場合には，哲学が躓きの石となった．今日では，子どもたちはみんな学校で数直線を習う．数直線とは，おおざっぱに言うと，直線上に等間隔に置かれた点に自然数を対応させ，その点と点のあいだに分数や「その他の数」を対応させたものである．ここで「その他の数」と表現したものが，自然数でもなければ分数でもないのに，どうしても出てきてしまう（そのことをピタゴラスは断固として認めようとしなかった）無理数である．数直線には絶対に無理数が含まれなければならない．さもないと，数直線には無数の穴があいてスカスカになってしまうのだ．

　すでにみたように，ピタゴラスは一辺の長さが1であるような正方形の対角線の長さは$\sqrt{2}$という無理数になることを発見した．この対角線を数直線上に置き，一端を0のところに合わせれば，もう一端は$\sqrt{2}$を示すことになる．

「すべての数は自然数もしくは分数だ」と考えていたピタゴラスは，それに反する無理数について論じることを禁じた．そしてそれを禁じるからには，数と直線とを結びつけてもいけないことを彼は理解していたのだ．こうしてピタゴラスは「くさいものに蓋」をし，人類の思想史上もっとも実り多い概念のひとつを封印してしまった．彼もまた欠点をもつ人間だったのである．

ギリシャの研究が失われたことで，わずかながら良いこともあった．そのひとつが，無理数に対するピタゴラスの思想の影響力が失われたことだ．無理数の理論に堅固な基礎が与えられるのは，ようやく 19 世紀も末になり，ゲオルク・カントルやリヒャルト・デデキントの研究がなされてからのことである．しかし中世から 19 世紀末に至るまで，ほとんどの数学者や科学者は，無理数の存在をめぐるあやふやな部分には目をつぶり，あっけらかんと（いささかおよび腰ではあったが）無理数を利用していた．存在しない数を使うことの気持ち悪さよりも，正確な答えが得られることのメリットのほうが大きかったのだろう．

今日では，科学の分野で数学の「反則技」を使うのはごく普通のことだし，とくに物理学ではそうである．たとえば，1920 年代から 30 年代にかけて作られた量子力学は，イギリスの物理学者ポール・ディラックが考案したデルタ関数に大きく依拠していた．当時の数学によれば，デルタ関数はゼロそのものである．しかしディラックによれば，デルタ関数とは，値が無限大になる一点を除いてゼロであ

るような関数で,積分とともに使えば,有限かつ（一般には）ゼロでない値を生じるようなものだった. その後, フランスの数学者ローラン・シュワルツが, 数学の規則をいくつか再定義すればデルタ関数を数学的に認められることを示し,そこから新しい数学の一領域が誕生することになった[2]. 現代物理学の場の量子論もまた, 数学的には反則技を使っているのかもしれない. いずれにせよ, この理論が数学的に問題がないことはまだ示されていない.

中世の哲学者たちは, 言うことと書くことが食いちがうぐらいは平気だった. それどころか自分の身を守るためならば, 互いに相矛盾することを書きさえした. そんなわけで, 14世紀中葉, のちにリジューの司教となるニコル・オレームがグラフを発明したときも, 無理数によって引き起こされる矛盾のことは, とくに気にかけなかったようである. オレームは, グラフの下部に引く線分を自然数と分数だけで満たせるのか, という問題には目をつぶった. そして, 量の関係を調べるためにはグラフがとても役立つという点に注目したのである[3].

グラフとは, いわば関数を絵にしたものである. 関数をグラフ化することで, 一方の量が変化するとき, もう一方の量はどう変化するかが見えるようになる. エイボン社の第三世界戦略なら収益と時間との関係, あなたの散歩ならカロリー消費量と歩く距離との関係, 各地の気候なら日中の最高気温と地理的な位置との関係などは関数の例である. いずれの場合も, グラフを使ったほうがふたつの量の

関係はずっとわかりやすくなる．とくに最後の例には，天気"図"（ウェザー・マップ）という，地図とグラフとの深い関係性をほのめかす名前がついている．

地図はどれもみな，一種のグラフである．たとえばごく普通の地形図は，国名や都市名などのデータを，地理的な位置との関係で表したものである．ギリシャ人もその他の文明の人たちも，何千年もの長きにわたり，グラフだと意識することなく地図を利用してきた．オレームがそのことに気づいていたかどうかはわからないが，彼は次のような根本的問題に到達した．それは，「グラフに描き出される図形には，地理的な，あるいは幾何学的な意味があるのだろうか？」という問題である．

高度と位置との関係をグラフにすれば，実際の地形との対応をつけやすいおなじみの地形図になる．地形模型や立体地図ならば，アヒルの形をした山はアヒルの形で表される．天候と位置の関係をグラフにしたものは，天候の「形」とはいえないにせよ，天候の特徴をよくとらえた図形になる．このように関数を幾何学に結びつければ，関数のタイプと図形のタイプに対応がつく．つまり，線や面を研究することが関数を研究することになり，その逆もまた成り立つということだ．幾何学と数とが統合されたのである．ここに至ってオレームによるグラフの発明に大きな意義が生じる．

数学者ではない一般の人びとにとっても，データのパターンを分析するためにはグラフが大いに役立つが，それは

データと幾何学が結びついたおかげなのだ．人間の頭脳は，線や円などの簡単な図形を容易に認知する．点の集合を見れば，われわれの頭脳はそれらを何かおなじみの図形として解釈しようとするのである．その結果，数表を眺めただけでは見過ごしてしまうような特徴でも，グラフ化された幾何学的パターンを見れば気づくことになる．エドワード・タフトの古典的名著『量的情報の視覚表示』は，この観点からグラフ化の技術を分析したものである．

ただ数字が並ぶだけの次ページの表を見てみよう．

各行はそれぞれ測定を表し，測定値には実験誤差が含まれている．一列めのデータはアレクセイという生徒が測定したものとしよう．二列めはニコライのデータ，三列めは母さんのデータである．さて，このデータを時間の関数としてみたとき，それぞれのデータには何かパターンがあるだろうか？ あるとすればそれはどんなパターンだろうか？

数字を眺めただけでパターンを見抜くのは難しいが，データをグラフ化すれば一目瞭然となる（114ページ）．アレクセイのグラフでは，データが直線上に並んでいる．時刻2のところが直線からはみ出しているのは，アレクセイがくしゃみをしたか，テレビゲームをしている友だちに気を取られたせいだろう．ニコライのグラフは，"放物線"と呼ばれるよく知られた形になっている．グラフが放物線になる例には，バネの伸びとエネルギーの関係や，大砲の弾の高度と到達距離の関係などがある．数学的にいえば，

時間	アレクセイのデータ	ニコライのデータ	母のデータ
0	0.2	4.0	9.0
1	1.6	5.0	8.9
2	5.0	6.2	8.7
3	4.4	7.2	8.3
4	5.8	8.1	8.1
5	7.2	8.5	7.6
6	8.8	8.3	6.6
7	10.5	7.8	5.6
8	11.8	6.6	4.1
9	13.3	5.6	0.1
10	14.8	4.0	–

測定値が時間(もしくは距離)の2乗とともに増加する場合だ.母さんのグラフは円周の4分の1(右上の部分)になっており,これは日常目にするもっともありふれた形のひとつである.円はアレクセイの直線と同じくユークリッドの基本図形のひとつだが,数字を見ただけではとてもそうとはわからない.

オレームは,自ら開発した強力な幾何学のテクニックを用いて,当時もっとも有名な物理法則であった"マートンの法則"を証明した[(4)]. 1325年から1359年にかけて,オックスフォード大学マートンカレッジの数学者グループが,運動を定量的にとらえるための考え方を提唱したのである.古代にも,距離や時間などは定量的に表せると考え

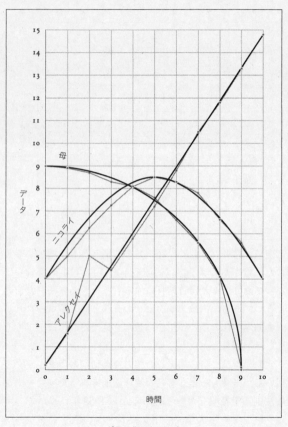

グラフ化したデータ

られていたが,「すばやさ」つまり「速度」が定量的に表されたことはなかった.

マートン学派の重要な予想であるマートンの法則は,いわば,ウサギとカメの競争で勝敗を判定する基準のようなものである.架空のカメが,たとえば時速1キロメートルで1分間だけ走るものとしよう.ウサギはもっとずっとゆっくり走り出すが,一定の割合で加速していき,1分後にはカメよりもずっと大きな速度になっている.マートンの法則によれば,一定の割合で加速したウサギが1分後にカメの2倍の速度になっているなら,両者は同時にゴールインする.そして,ウサギがカメの2倍よりも速い速度になっていればウサギが勝ち,2倍に達しなければカメが勝つ.

これを少し学問的に言えば,「ある物体が静止状態から動きだして均一に加速しながら移動する距離は,最高速度の半分に相当する一定速度で,同じ時間だけ移動したときの距離に等しい」となる.当時は,位置や時間や速度に関する知識があやふやだったことを思えば,マートンの法則は実に立派な業績である.しかし,微積分や代数という道具をもたなかったマートン学派の人たちには,この予想を証明することはできなかった.

オレームはグラフの手法を用いて,マートンの法則を幾何学的に証明した.彼はまず,時間を横軸に,速度を縦軸にとった.そうすると,一定速度は水平な線で表され,均一に加速された速度は,ある角度をもって上向きに伸びる線になる.それらの線の下にできる領域,つまり長方形と

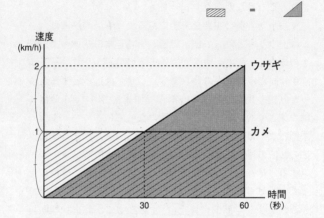

三角形が，移動した距離を表すことにオレームは気づいたのだ．

等加速度運動をする物体の移動距離は，底辺が移動時間，高さが最高速度に対応する直角三角形の面積になる．一方，等速運動をする物体の移動距離は，底辺はさっきの直角三角形と同じで，高さは半分であるような長方形の面積となる．ここまでわかってしまえば，あとはふたつの図形の面積が同じになることを証明しさえすればよい．たとえば次のようにしてみよう．まず，直角三角形の斜辺を軸にして図形を反転させ，面積を2倍にする．次に，長方形の上辺を軸として図形を反転させ，面積を2倍にする．こ

うするとふたつの図形がまったく同じになることがわかるだろう．

　オレームは図形を利用して，普通はガリレオが最初に発見したとされる法則も導いた[5]．「等加速度運動をする物体の移動距離は，時間の2乗に比例する」というのがそれである．なぜそうなるかを理解するために，もう一度さっきの直角三角形（等加速度運動を示すグラフの，直線の下の領域）を考えよう．その面積は底辺と高さの積に比例するが，底辺も高さもそれぞれ時間に比例しているから，結果として面積は時間の2乗に比例することになる．

　空間の性質についても，オレームは驚くべき洞察力を示した．彼がガリレオに先んじたもうひとつの点は，「相対運動にしか意味はない」と気づいたことだったが[6]，これはアインシュタインの相対性原理にもかかわる重要な認識である．パリでオレームを指導したジャン・ビュリダンは，地球は回転していないと主張した．もしも地球が回転しているなら，真上に射た矢は別の地点に落ちてくるはずだというのである．オレームはこれに対し，次のような例を挙げて反論した．海上の船乗りが帆を引き下げるとき，彼はまっすぐ下に腕を引き下げているつもりだろう．ところが陸上でそれを見ている人にとっては，船が動いているのだから，船乗りの腕の動きは斜めに見えるはずである．正しいのは船乗りなのか，それとも陸上にいる人なのか？　オレームは，そもそも問題の立て方がおかしいと述べ，物体が動いているかどうかは，他の物体と比較しなけ

ればわからないと主張したのだった．これは今日,「ガリレイの相対性原理」と呼ばれている考え方である．

　オレームはその研究の多くを発表しなかったし，論理をとことん突き詰めたわけでもなかった．彼は多くの領域で革命前夜にまで迫ったが，教会がそれを押し戻したのだ．たとえば相対運動を研究した彼は，地球が自転し，さらには太陽の周りをめぐっているような天文理論を作れないだろうかと考えた．これはのちにコペルニクスとガリレオが公にする革命的な理論である．しかしオレームは周囲の人びとを納得させられなかったばかりか，ついには自らその説を否定した．彼は論理によってではなく，聖書の記述にしたがって考えを変えたのである[7]．詩篇93篇1節にいわく,「世界は固く据えられて，決して揺らぐことはない」．

　このほかにもオレームは，世界の性質についてみごとな洞察を得たのちに，つかんだ真実を手放して後ずさった．一例を挙げると，彼は「悪魔の存在を自然法則から証明することはできない」として，キリスト教の教えに反する懐疑心をもった．しかし善きキリスト教徒であった彼は，信仰上の存在として悪魔を認めたのである．おそらくは自らのご都合主義にとまどったのだろう，オレームはソクラテスに倣ってこう書いた[8]．「自分は何も知らないということを知っている以外，私は真実何も知らない」．貧しい家の出だった彼は，体制への忠誠の見返りとして，王家の相談役となり，大使となり，シャルル5世の個人教師となった．国王の後ろ盾を得たオレームは，1377年，司教に取

り立てられた．死の5年前のことである．

　ガリレオがどれかひとつでもオレームの研究結果を直接的に利用したという証拠はないが，彼はオレームの知的後継者だった．しかし，数学におけるオレームの革命は実を結ばなかった．教会の力が弱まり，ふたりのフランス人が注意深く彼の後を引き継いで数学の世界を永遠に変えるのは，それから200年後のことである．

11
病弱な兵士デカルトの座標

 1596年3月31日，あるフランス高官の夫人が，結核の徴候であろう軽い咳をしながら三人めの子どもを産み落とした[1]．弱々しい赤ん坊だった．母親はそれからおよそ1年後，四人めの子どもを死産し，自らもその数日後に死んだ．三番めの子どもも，とても育つまいというのが医者たちの見立てだった．父親にはつらい時期だったにちがいない．だが彼は諦めなかった．彼はその子を外で遊ばせず，ほとんどの時間をベッドで過ごさせ，保母を付き添わせ，そして父親自らの愛情を注いで大切に育て上げた．その子は，もって生まれた肺の弱さがその命を奪うまで，53年間を生き抜くことになる．こうして世界は，もっとも偉大な哲学者のひとりにして数学に革命を起こした男，ルネ・デカルトを失わずにすんだのである．

 デカルトが10歳のとき[2]，父は彼をラ・フレーシュ学院に送った．創設まもないイエズス会のこの学校は，やがて広く名を知られるようになった．校長は，デカルトの体調が整うまでベッドに寝ていてもよいと言ってくれた．許されることならやってみたい習慣だが，デカルトはこれを死の数か月前まで続けることになる．成績はりっぱなものだったが，やがて彼は，のちにその哲学の特徴となる懐疑を抱くようになった．デカルトは，ラ・フレーシュで学ん

11 病弱な兵士デカルトの座標

だことはすべて，役に立たないか，あるいはまちがいだと確信したのである．それでも彼は，父の希望に沿って法学の学位を得るために，さらに2年のあいだ意味の見いだせない勉強をつづけた．

しかしついにデカルトは机上の学問を捨ててパリに出た．パリでの彼は，夜は社交界に顔を出し，日中は（といっても，昼過ぎからだが）ベッドのなかで数学を勉強した．彼は数学が好きだったし，数学はときに金儲けにもつながった．デカルトは数学をギャンブルに応用したのである．しかしまもなく彼はパリに飽きた．

デカルトの時代，金に困らない若い男が旅行や冒険をするときはどうしただろうか？ 軍隊に入ったのである．デカルトはオレンジ公マウリッツ・ファン・ナッサウの軍隊に入った．これは文字通りの志願兵(ボランテイア)だった．ひらたく言えば無給である．実際デカルトはそれだけの働きしかしなかった．一度も戦闘を経験しなかったばかりか，翌年には，敵であるバイエルン公の軍隊に加わったのである．これはかなり奇妙な行動に見えるかもしれない．一方の軍隊に入って戦わず，次には敵の軍隊に入ってやはり戦わないというのだから．しかし当時のフランスとオランダは，ハプスブルク家のスペイン-オーストリアと休戦していた．デカルトは旅をするために入隊したのであり，政治的な理由はなかったのである．

デカルトは軍隊生活を楽しんだ．さまざまな国の人びとと出会う一方で，ひとり静かに数学や科学の勉強をした

り，宇宙の性質について深く考えをめぐらせたりすることもできた．そしてこの旅行はまもなく実を結んだ．

1618年のある日，兵士デカルトがオランダのブレダという小さな町に着くと，通りの掲示に人びとが群がっていた．そこに近づいた彼は，年輩の見物人にそれをラテン語に訳してくれるよう頼んだ．今日の街頭にもさまざまな掲示がある——広告や駐車禁止，指名手配，等々．しかしその当時は，今日ではおよそお目にかからないタイプの掲示があったのだ——数学の問題である．デカルトの見た掲示はまさにそれだった．

その問題を少し考えてみたデカルトは，即座に，これはそんなに難しい問題ではないと思うとつぶやいた．ラテン語に訳してくれた年輩の男は，それを不快に思ったか，あるいはおもしろいと思ったかはわからないが，大口を叩いたデカルトに問題を解くよう求めた．そこでデカルトは問題を解いた．これは些細なことではない．なにしろ翻訳してくれたその見物人は，当時のオランダでは最高の数学者のひとり，イサク・ベークマンだったのだから．

ベークマンとデカルトは親交を結び，のちにデカルトはベークマンのことを「私の霊感と精神の父」と書いている[3]．デカルトが自らの革命的幾何学をはじめて明かしたのもこのベークマンであり，それは出会いから4か月後のことだった．それからの2年間にデカルトがベークマンに宛てた手紙には，数と空間の関係についての発見が惜しみなく綴られている．

デカルトは生涯にわたり，ギリシャ人の学問全般に対してたいへん手厳しかったが，とくにギリシャの幾何学にはうんざりしていたようである．彼にとってギリシャの幾何学は，不器用で小難しくみえたのだ．ギリシャ人のせいで，しなくてもいい苦労を強いられることにデカルトは腹を立てていた．古代ギリシャの数学者パッポスの名を冠する問題について調べたとき，彼は次のように書いた．「こんなにたくさん書くだけでうんざりだ」[4]．デカルトはギリシャ人の証明方法も批判した．というのも個々の証明がバラバラの問題のようにみえたからである．その困難を乗り越えるためには「想像力をすり減らすしかない」と彼は書いている[5]．デカルトはまた，ギリシャ人による曲線の定義にも不満だった．ただひたすら冗長で，証明が面倒になるばかりだというのである．現代の学者は「数学におけるデカルトのものぐさは悪名高い」と書いているが[6]，デカルトはなんら恥じることなく，幾何学の問題を楽に証明する方法を見いだそうとした．毎日ベッドでごろごろしていたデカルトが，彼を批判する勤勉な学者たちよりも大きな仕事を残せたのは，そのおかげだったのだ．

たとえば，ユークリッドによる円の定義と，デカルトによるそれとをくらべてみよう．

ユークリッド：円とは，一本の線に囲まれた平面図形で，その図形の内部にある一点からそれへ引かれたすべての線分の長さが互いに相等しいものである

デカルト：円とは，定数rに対し，$x^2+y^2=r^2$を満たすすべてのxとyである．

　方程式がわからない人でも，デカルトの定義のほうが簡潔なのは見て取れるだろう．ここで大切なのは，方程式とは何かということではなく，デカルトの方法によれば円はひとつの式で定義されるということだ．デカルトは空間を数に翻訳し，さらに幾何学を代数学の言葉で表したのである．

　デカルトはまずはじめに，"x軸"と呼ばれる横軸と，"y軸"と呼ばれる縦軸を引き，平面を一種のグラフにした．こうすれば（ある重要な問題を棚上げすると），平面上のすべての点はふたつの数で表される．すなわち，横軸からの距離yと，縦軸からの距離xである．このふたつの数を(x,y)のように書こう．

　さて，棚上げした問題は，今述べた方法で距離を測ると，座標(x,y)で表される点はひとつではなくなることだ．たとえばy軸から両側にそれぞれ2だけ離れ，x軸からは上側に1だけ離れたふたつの点を考えよう．このふたつはどちらもx軸から1，y軸から2の距離にある．したがって，さっき述べた方法によれば，どちらも$(2,1)$という座標で表されてしまうのだ．

　同様の問題は，住所の番地にもみられる．80番通り137番地に住むふたりは，どちらもすましてこう言うかもしれ

ない.「あの地区には住みたくないね」と,それというのも西と東では大ちがいだからだ.数学者は座標に関するあいまいさを,都市計画の立案者と同じ方法で解決した.ただし東と西,南と北を使う代わりに,数学者はプラスとマイナスを使った.y軸の左(街でいうならウェストサイド)にあるすべての点のx座標と,x軸の下(同じくサウスサイド)にあるすべての点のy座標にはマイナス符号をつける.さっきの例でいえば,一方の点はそのまま(2, 1)となり,他方は(-2, 1)になる.これは平面を四分割して,北東,北西,南東,南西と呼ぶのと同じことである.「南」にある点はyの値がマイナスになり,「西」にある点はxの値がマイナスになる.今日,点を指定するこの方法は"デカルト座標"と呼ばれている(実は,ほぼ同じ時期にこの方法を考えついた人間がもうひとりいた.ピエール・ド・フェルマーである.デカルトには,発表した論文に参考文献を書かないという悪い癖があったが,フェルマーには,結果を発表しないという,もっと悪い癖があった).

もちろん,すでにみたように,座標を使うこと自体は目新しいことではない[7].プトレマイオスはすでに2世紀の段階で,地図のなかで座標を使っていた.しかしプトレマイオスの研究はあくまでも地理学的なもので,それを越える座標の意味に気づいたわけではない.座標というデカルトのアイディアの真に先進的なところは,座標そのものではなく,それをどう使ったかなのだ.

ギリシャ人による曲線の定義を見下していたデカルトだったが,彼はそういう曲線を調べるうちに驚くべきパターンを見いだした.たとえば直線の場合ならば,どんな直線についても,その線上にあるすべての点のx座標とy座標は同じ関係を満たすことに気づいたのだ.その関係を式で表せば,$ax+by+c=0$ となる.ここでa,b,cは,3や4や5といった定数で,直線ごとに異なった値をとる.つまり,$a \times x$と$b \times y$とcの和がゼロになるような座標(x,y)で表された点は,すべて同じ直線上に乗っているということだ.これは直線に対する代数的定義である.

デカルトの考えによれば,直線は点の集まりで,座標の一方をある量だけ大きくすれば,他方の座標もある決まった割合で増やさなければならない.デカルトは,これと同じ考え方で円(あるいは楕円)を定義した.そのためには,座標そのものの和ではなく,座標の2乗の和(楕円の場合には軸方向の拡縮率をかける)が一定になるようにすればよい.

これより300年前,座標の関係によって曲線を定義できることに気づいたオレームは,直線の方程式を得ていた.しかしオレームの時代には代数学は普及しておらず,優れた記法もなかったため[8],彼はそのアイディアを深めることができなかった.代数学と幾何学を結びつけるというデカルトの方法は,オレームのアイディアを一般化したものであり,それによってギリシャ数学に現れるすべての曲線を簡潔に表せるようになった.楕円,双曲線,放物線の

すべてが，x座標とy座標の簡明な方程式で定義できることが示されたのである．

曲線のグループが方程式で定義できるとなれば，科学にも大きな影響が出る．たとえば，右の表は113ページのニコライのデータの数値を10倍したものだが，実はこれはニューヨーク市の毎月（1月を除く）15日の

日付	平均最高気温
2/15	40
3/15	50
4/15	62
5/15	72
6/15	81
7/15	85
8/15	83
9/15	78
10/15	66
11/15	56
12/15	40

最高気温の平均値なのである[9]．科学者ならば，このデータに何か簡単な関係性はないかと考えてみるだろう．

前章で見たように，このデータをグラフ化すれば放物線が得られる．放物線を定義する方程式がわかれば，われわれは一種の予知能力をもつことになる．つまり，ニューヨーク市の「平均最高気温の法則」が得られるのだ．それを文章で言い表せば，「華氏85度との差をyとし，7月15日から何か月隔たっているかをxとすると，yはxの2乗の2倍に等しい」となる．

この法則がたしかに成り立っているかどうか調べてみよう．10月15日のニューヨークの平均最高気温を知りたければ，次のようにすればいい．10月は7月の3か月後だか

ら，xは3となる．3の2乗は9，その2倍は18，これを7月15日の気温から引いたものが，10月15日の気温である．こうして「平均最高気温の法則」から得られる気温は，華氏67度となる．実際の気温は華氏66度である．この法則はたいがいの月でうまく成り立ち，小数計算を苦にしなければ，15日以外の日にも使うことができる．

「平均最高気温の法則」は，xとyの関係を定義する．このような関係は，数学者が関数と呼ぶものの一例である．今の場合，グラフは放物線になる．自然科学は，今われわれがやったことと深く関係している．すなわち，データの規則性に注目すること，関数関係を見いだすこと，そして（ここではやらなかったが）その理由を説明することだ．

デカルトの方法を採用すれば，グラフから自然法則を引き出すことができる．また，ユークリッドの幾何学の定理にも代数的な意味がある．一例として，ピタゴラスの定理をデカルト的に考えてみよう．まずはじめに直角三角形をひとつ思い浮かべる．垂直な辺はy軸に沿って原点から点Aまで，水平な辺はx軸に沿って原点から点Bまで延びているものとする．このとき，垂直な辺の長さは点Aのy座標，水平な辺の長さは点Bのx座標で表される．

ピタゴラスの定理は，「水平な辺の長さの2乗と，垂直な辺の長さの2乗の和（すなわちx^2+y^2）は，斜辺の長さの2乗になる」と述べている．「二点間の距離は，それらを結ぶ直線の長さである」という定義を認めれば，点A

と点Bの距離の2乗はx^2+y^2となる．これで終わりである．次に，平面上の任意の二点，AとBについて考えよう．今の説明と同じ状況になるようにx軸とy軸を描く．つまり縦軸上に点Aを，横軸上に点Bを置くのである．ここからわかるように，任意の二点間の距離の2乗は，横軸上の距離と，縦軸上の距離の2乗の和に等しい[10]．

●■▲

　距離に関するデカルトの公式は，後の章でみるように，ユークリッド幾何学と深く結びついている[11]．しかし，距離を座標の差の関数とみなすデカルトの方法は，より一般的に成り立ち，ユークリッド幾何学だけでなく非ユークリッド幾何学の性質を知るうえでも重要な概念となっている．

　デカルトは幾何学的直観をフルに活用し，物理学のさまざまな分野ですばらしい仕事を成し遂げた．光の屈折法則を，今も使われている三角関数の形に表したのは彼だし，虹に対してはじめて満足のいく説明を与えたのも彼だった．デカルトの思考にとって幾何学的方法がどれほど重要だったかは，彼自らが「私の物理学のいっさいは幾何学にほかならない」[12]と述べていることからもわかる．にもかかわらず，デカルトは19年間の長きにわたって座標幾何学を公表しなかった．それどころか彼は40歳になるまで何も出版していないのだ．いったい彼は何を恐れていたのだろう？　そういう場合にまず思い当たるのは，カトリッ

ク教会の存在である．

1633年のこと，友人たちから数年越しの説得を受けていたデカルトは，いよいよ著作を世に問おうとしていた．ところがちょうどそのころ，ガリレオという名前のイタリア人が『天文対話（「二つの主要な世界体系——プトレマイオスとコペルニクス——についての対話」）』という著書を出版した．それは三人の登場人物が天文学について対話するという，気の利いた作品だった．どうみてもオフブロードウェイである．ところがどういうわけか神父たちがこの本を調べはじめたのだ．彼らはこの本にあまり良い印象を受けなかったようである．おそらく，天動説を支持する——つまり，教会の立場を代弁する——人物のセリフが良くないとでも思ったのだろう．あいにくその当時，教会が書物を検閲するということは，著者を検閲することでもあった．そして場合によると，著者も書物ともども焼かれることになったのだ．ガリレオの場合，焼かれたのは書物だけですんだが，彼は自説を公に擁護することを禁じられ，宗教裁判で無期禁固の判決を受けた．デカルトはガリレオのファンだったわけではない．彼はある手紙のなかで，ガリレオの研究について次のように述べている．「彼（ガリレオ）には大きく欠けたものがあるように思えます．彼はしばしば本題から外れ，ひとつのテーマについて完全な説明をしようとしません．それは，彼がきちんとした方法で問題を検討していないことの表れであり……」[13] それでも，地動説をはじめとする論理的な思考法はデカルトのも

のでもあったので，彼はガリレオの有罪判決を深刻に受け止めた．そして，プロテスタントの国オランダに住んでいたにもかかわらず，出版をとりやめたのである(14)．

ようやく1637年になって勇気を取り戻したデカルトは，教会を刺激しないように配慮しつつ，それまでの研究成果をはじめて世に問うた．40歳を越えていたデカルトは，幾何学だけにとどまらず，世に伝えるべきことをたくさんもっていた．それを一冊の本に詰め込んだせいで，序文だけで78ページにもなってしまった．オリジナルの原稿タイトルは，だらだらと長たらしいものだった(15)．『われわれの本性をその最高度の完成に高めることのできるような普遍学の構想案．加えて屈折光学，気象学，ならびに幾何学．そこで著者みずから提唱する普遍学を証拠だてるために，選び得たかぎりの新奇な素材が説明され，勉強したことのない人たちでもわかるようになっている』．出版に際してタイトルはいくらか縮められた．おそらく17世紀の出版社にもマーケティング部門のようなものがあったのだろう．しかしそれでもまだ少し長すぎた．時とともにしだいに短くなったタイトルは，今日一般に『方法序説』と呼ばれている．

『方法序説』は，デカルトの哲学と，科学の諸問題を解くための合理的な方法論に関する長大な論考である．第三試論の「幾何学」は，彼の方法論により得られた結果を示すことを目的としていた．デカルトは本の扉に自らの名を記さなかった．それは余白が足りなかったせいではなく，

なおも迫害を恐れていたからだった．しかしあいにく友人のマラン・メルセンヌによる前書きのために，著者が誰なのかは明らかになってしまった．

デカルトが恐れたとおり，教会へのそれとわかる挑戦は激しく攻撃された．彼の数学でさえも不快な批判にさらされた．デカルト同様に幾何学の代数化を考えていたフェルマーは，些細な点に異議を唱えた．高名なもうひとりのフランス人数学者ブレーズ・パスカルは，デカルトの著作を頭から否定した．しかしそうした個人的な確執は，科学の進歩をほんの一時的に後退させたにすぎなかった．デカルトの幾何学は数年のうちにほぼすべての大学のカリキュラムに取り入れられたのである．しかし彼の哲学は，それほど容易には受けいれられなかった．

もっとも悪意ある攻撃を向けてきたのが，ユトレヒト大学の神学部長ヴォエティウスである[16]．ヴォエティウスによれば，論証と観察から真実が理解されるというデカルトの説はありがちな異端だという．しかし実際には，デカルトはもっと深く踏み込み，自然は人の手によってコントロールでき，あらゆる病は癒され，永遠の命の秘密もじきに見つけられると信じていたのである．

デカルトにはほとんど友人がなく，結婚もしなかった．しかし生涯に一度だけ，ヘレナという女性を愛したことがある[17]．1635年，その女性とのあいだに娘が生まれ，フランシーヌと名づけられた．三人は，1637年から1640年までともに暮らしたと考えられている．1640年の秋，ヴ

ォエティウスとの争いのさなか，新しい研究の出版を考えたデカルトはふたりと別に暮らすようになった．その後フランシーヌが病気になり，体中に紫色の発疹ができた．デカルトは飛んで家に帰ったが，間に合ったかどうかはわからない．娘は発症から三日めに息をひきとった．ほどなくしてデカルトとヘレナとの関係も終わった．デカルトが所有する一冊の本の遊び紙に，その生死の記録が書き込まれていなかったならば，フランシーヌが彼の娘だとはわからず，スキャンダルを避けるためにデカルトが語った通り，彼の姪だと考えられていただろう．その生涯を通してデカルトが常に冷静だったことはよく知られているが，この喪失は彼を打ちのめした．それから10年後には，彼もまた世を去ることになる．

12
氷の女王に魅入られて

　フランシーヌの死から数年後，23歳のスウェーデン女王クリスティナがデカルトを王宮に招いた[1]．1933年の伝記映画ではグレタ・ガルボがクリスティナを演じたこともあり，若く優雅なスウェーデン女性といわれれば，すらりと背が高くて快活な金髪美女のイメージが浮かぶかもしれない．しかし例によって，ハリウッド映画はそれほど史実に忠実ではなかった．実際のクリスティナは背が低く，肩の釣り合いが悪く，男性的な低い声のもち主だった．普通の婦人服を嫌い，騎兵隊の将校のようだといわれることさえあった．幼少時には号砲の音が好きだったともいわれている．

　23歳になるころには，軟弱者にはがまんのならない厳しい支配者になっていた．一日に5時間しか眠らず，ホースで水をまけばアスファルトの上でホッケーができるような（ホースとホッケーとアスファルトが発明されていればだが）スウェーデンの長い冬を思っても身震いもしないような人間だった．何百年も後のわれわれでさえ，クリスティナの氷の王宮がデカルトの趣味に合わないであろうことは容易に想像がつく．それでも彼は招待を受けた．いったいそれはなぜだろう？

　クリスティナは学問をこよなく愛する聡明な女性で，北

の国で孤独を感じていた．雪の国を知の楽園に，ヨーロッパの辺地を学問の都に変えようと考えた彼女は，壮麗な図書館に多数の書物を集めるべく大金を投じた．彼女はあたかもプトレマイオスのように書物を集めたが，エジプト王とのちがいは，その著者をも集めたことである．デカルトの運命を決めたのは，1644年のピエール・シャニュとの出会いだった．翌年，シャニュはフランス公使としてスウェーデンに向かった．彼はその土地で友人デカルトを大いに売り込み，友人に向けては雪の女王の賛歌を送った．デカルトこそ手に入れるべき最高の人材だという点でシャニュと意見が一致したクリスティナは，海軍大将をフランスに送り，デカルトの説得にあたらせた．彼女はデカルトにとって重要な約束をした．彼のための学院を創立し，彼を学長とすること，そしてスウェーデンではいちばん暖かい地域に家をもたせることである（今にして思えば，この最後の約束はそれほど期待のもてる話ではなかった）．デカルトの心は揺れたが，結局この申し出を受けることにした．彼は世界各地のお天気サイトにアクセスするわけにいかなかったのだ．だが，彼を待ちかまえる気候と人間について，多少の情報は得ていたにちがいない．出発の前日，彼は遺言を書いた．

1649年の冬にデカルトを襲ったのは，スウェーデンの歴史上でも有数の寒さだった．一日中，何枚もの分厚い毛布にくるまって，凍える寒さから守られて気持ちよく宇宙の性質に思いを馳せることができるものと期待していたデ

カルトは，じきに乱暴なモーニングコールを受けるようになった．毎朝5時に王宮を訪れ，クリスティナに道徳と倫理を5時間教えるよう命じられたのである．デカルトは友人に宛ててこう書いている．「ここでは冬になると，水ばかりか人間の思考も凍るようだ……」．

1月に入ると，デカルトとともにスウェーデンに滞在していたシャニュが肺炎にかかった．デカルトは友人を看病したが，そのせいで彼自身も同じ病に倒れてしまった．デカルトの主治医が不在だったため，クリスティナは別の医者を彼のもとに遣わした．ところがその医者はたまたまデカルトを敵と公言してはばからない男だった．デカルトはスウェーデンの廷臣たちの多くを嫉妬に駆り立てていたのである．デカルトはその医師の治療を拒んだ．どのみちデカルトを救ってはくれないだろうし，実際その男の処方は単なる瀉血だった．デカルトの熱はじりじりと上がっていった．それから一週間にわたり，彼の意識は混濁しがちだった．しかし意識が戻れば，デカルトは死と哲学について語った．それから兄弟に宛てた手紙を口述し，彼の病弱だった幼少期に面倒をみてくれた乳母の世話を頼んだ．その数時間後，デカルトは息をひきとった．1650年2月11日のことである．

デカルトはスウェーデンの地に埋葬された．1663年，ヴォエティウスの攻撃はついに目的を達した．教会がデカルトの書籍を発禁処分にしたのである．しかしそのころには教会の力もかなり弱まっており，発禁処分はあちこちの

学者サークル内でデカルトの評判を高めただけだった．フランス政府はデカルトの遺骨の返還を求めた．1666年，スウェーデン政府は度重なる求めに応じて彼の遺骨を船で送り返した．だが，その遺骨に頭蓋骨は含まれていなかった[2]．デカルトの遺骨はその後も何度か移動させられ，現在はパリのサンジェルマン・デ・プレ教会に収められている．頭蓋骨はようやく1822年になってフランスに返還された．今日では，自然史博物館のガラスのケースに入った頭蓋骨を見ることができる．

　デカルトの死から4年後，クリスティナは自ら王位を捨てた．デカルトとシャニュの教えを信じ，カトリックに改宗したのである．最終的に彼女はローマに居を定めた．あるいは温暖な気候の良さもデカルトから学んだのかもしれない．

第 III 部
ガウスの物語

平行線は交差するのだろうか？
ナポレオンも讃える天才が,
ユークリッドに戦いを挑んだ.
ギリシャ人が幾何学を創始して以来,
最大の革命が今はじまる.

13
曲がった空間の革命

 ユークリッドがめざしたのは,空間の幾何学を基礎として,首尾一貫した数学の体系を構築することだった.彼の幾何学から導かれた空間の特性は,すなわちギリシャ人が理解していた空間の特性にほかならない.しかし空間はほんとうに,ユークリッドが描き出し,デカルトが数量化したような構造をもつのだろうか? あるいは別の構造がありうるのだろうか?

 『原論』が2000年ものあいだ侵すべからざる聖典だったと聞かされたら,ユークリッドが驚いて眉を上げるかどうかはわからない.しかし今日のソフトウェア業界でなくとも,バージョンⅡが出るまでに2000年は長すぎる.その間には多くの変化があった.太陽系の構造が明らかになり,大海原をわたる技術が生み出され,地図や地球儀が手に入るようになり,朝食に薄めたワインを飲むこともなくなった.そして西ヨーロッパの数学者たちは,ユークリッドの第五公準,すなわち平行線公準に対して嫌悪感を募らせていた.彼らは第五公準の内容が気に入らなかったのではない.そうではなく,それが定理ではなく仮定(つまり公準)だという点が気に入らなかったのだ.

 長い年月のうちには,何人もの数学者が平行線公準を定理として証明しようと試みた.そしてそのつど,わくわく

13 曲がった空間の革命

するような奇妙な空間を発見する一歩手前までたどりついた.しかしそうした数学者たちはひとり残らず,「第五公準の内容は,空間にとって必要欠くべからざる性質であり,正しいはずだ」という思い込みが足枷となって,その空間を発見するには至らなかった.

しかしそんな思い込みにとらわれない人間がひとりだけいた.後年ナポレオンの尊敬を勝ち得ることになる,カール・フリードリヒ・ガウスという15歳の少年である.1792年,この若き天才のひらめきによって新しい革命の種が蒔かれた.デカルトの革命とは異なり,ガウスの革命はユークリッド幾何学を革命的に発展させるものではなかった.むしろそれは,(今日のコンピュータ業界でいえば)まったく新しいOSを作るようなものだった.やがて何世紀も見過ごされてきた不思議な空間がいくつも発見され,数学的に記述されることになる.

曲がった空間が発見されれば,当然ながら次のような疑問がわき起こる.われわれの住むこの空間はユークリッド空間なのだろうか? それとも別の空間なのか? やがてこの疑問が,物理学に革命を起こすことになるのである.数学もまた難問を突きつけられた.ユークリッド幾何学の空間構造がこの世界の真の姿でないとしたら,それはいったい何なのだろう? 平行線公準があやしいというなら,ほかの公準はどうなのか? 曲がった空間が発見された直後,ユークリッド幾何学のいっさいがひっくり返った.そしてそれにつづいてとんでもないことが起こった.それ以

外の数学もすべてひっくり返ったのである．倒壊の粉塵が落ち着くころには，空間の理論ばかりか，物理学と数学もまた新しい時代に入っていた．

　ユークリッドに刃向かうことがどれほど困難な思考の飛躍だったかを理解するためには，当時の人びとがどれほど彼の空間概念に浸りきっていたかを知らなければならない．ユークリッドの生きていた古代世界においてさえ，『原論』はすでに古典だった．ユークリッドは数学の性格を規定したが，『原論』は数学だけにとどまらず，教育や自然哲学の分野においても論理的思考の規範として中心的な役割をはたし，中世の知的復興のてこともなった．『原論』は，1454年に印刷術が発明されたのち，もっとも初期に出版された本のひとつであり，1533年から18世紀までのあいだに，原語であるギリシャ語で印刷された唯一の本でもあった[1]．19世紀になるまでは，建築も画法も絵画も，そして科学で用いられる定理や方程式も，いっさいはユークリッド幾何学だったといってよい．実際，『原論』はそれだけの価値をもっていた．ユークリッドは，空間についてわれわれが直観的に理解していることを，筋道だった議論のできる抽象的かつ論理的な理論に仕立て上げた．そしておそらく彼のもっとも偉いところは，自分の理論の基礎をさらけ出したこと，そして，証明された定理は，証明されていない少数の公準や公理から論理的に導かれた以上の何ものでもないことを明らかにしたことだろう．しかし第Ⅰ部でみたように，前提のひとつである平行

13 曲がった空間の革命

線公準は、ユークリッドを研究した学者のほぼ全員を困惑させた。それというのもこの公準は、ユークリッドの他の公準のようには簡明でも直観的でもなかったからである。ここで第五公準の文面をもう一度みておこう。

　一直線が二直線に交わるとき、同じ側の内角の和が二直角より小さいならば、この二直線は、かぎりなく延長されたとき、内角の和が二直角より小さい側において交わる。

　ユークリッドは『原論』のはじめの 28 の定理を証明するにあたって、この平行線公準をただの一度も使っていない。当時彼はすでにこの公準の逆を証明しており、公準としていっそう適格だと思える命題もいくつか証明していた。たとえば、「三角形の任意の二辺の長さの和は、残る一辺よりも長くなる」という基本的な事実などがそれである。それでは、なぜいまさら、わかりにくくて技巧的な平行線公準をあえてもち込んだのだろう？　原稿の締め切りが迫ってでもいたのだろうか？

　2000 年の時の流れのなかで、交替した世代は百を数え、国境が変わり、さまざまな政治体制が興亡し、地球は太陽のまわりを猛スピードで回りつづけた。その間、世界中の優れた頭脳が変わることなくユークリッドを信奉し、『原論』の説くところに何ら疑問を抱かなかった。ただひとつ、小さなひっかかりを別として——このぶさいくな平行

線公準は，ほかの公準から証明できるのではないだろうか，と．

14
プトレマイオスの過ち

　平行線公準を証明しようという試みのなかで，知られているかぎりもっとも古いのは，2世紀のプトレマイオスのものである[1]．彼の論証は込み入っているが，その本質は単純だ．彼は平行線公準を別の形に表しておき，そこからもとの公準を導いたのである．プトレマイオスは何を考えていたのだろう？　脳みそはあったのだろうか？　友人たちのところに走っていって，「みつけたぞ！　新しい論法だ．名づけて循環論法！」などと言ったのだろうか？　しかしその後，数学者は同じ過ちを二度犯すことはなかった——同じ過ちを何度も犯したのである．それというのも，およそ罪のなさそうな仮定や，あまりにもあたりまえなのでわざわざ述べるまでもないと思っていたことが，実は仮面をかぶった平行線公準だったりしたからだ．この公準は，ユークリッド幾何学の他の部分と微妙に絡まり合っているのである．プトレマイオスから200年後，"後継者プロクロス"と呼ばれる人物が注目すべき証明を試みた．プロクロスは5世紀のアレクサンドリアで教育を受け，その後アテナイに移り住んで，プラトンが設立したアカデメイアの学頭となった人物である．彼はユークリッドの研究を調べることに多大な時間を費やしたのみならず，ユークリッドの同時代人であるエウデモスの『幾何学史』をはじめ，われ

われにとっては失われて久しい書物にも親しく接していた．彼が『原論』の第1巻について残した注釈書は，古代ギリシャの幾何学に関する貴重な情報源となっている．

　プロクロスの論法をわかりやすくするために，次の三つの手順を踏もう．第一に，平行線公準の代わりに，それと同等の「プレイフェアの公理」を使うこと．第二に，プロクロスの論法を少しかみ砕くこと．第三に，ギリシャ語から翻訳することである．プレイフェアの公理は次の通りである．

　　任意の直線と（その線上にない）一点があるとき，その点を通りもとの直線に平行な直線が一本だけ存在する．

　われわれとしては，aだのλだのという妙な記号のついた直線を考えるよりも，道路地図を見た方がわかりやすい．そこでプロクロスの論法をかみ砕くために，ここではニューヨークの5番街を思い浮かべよう．次に，5番街に平行に通っている6番街を思い浮かべる．ここで平行というのは，ユークリッドによると，「交わらない」という意味である．つまりわれわれは，5番街と6番街は交差しないと仮定したわけである．

　コーヒー売りやホットドッグの屋台が並ぶ6番街に沿ってはるか向こうを眺めれば，最高の本しか出さない一流出版社のフリープレス社（ちなみに本書の出版社もフリープ

レスだ）をテナントとする立派なビルが見える．ここでは
フリープレス社に，「その線上にない一点」を演じてもら
おう（他意はない）．

　さて数学の流儀にしたがい，今ここで取り決めたこと
が，これら二本の道路について仮定できるすべてだという
ことを頭にたたき込んでおこう．イメージしやすいように
具体的な街路を例にとったが，数学者の立場からいえば，
明確に述べられたこと以外のものを証明に使ってはならな
いのである．それゆえ，本書の版権を取り損なったランダ
ムハウス社が近くにあるとか，5番街と6番街のあいだは
何百メートルだとか，へんなおじさんが住みついている場
所があるといったことをたまたま知っていたとしても，そ
れを証明に使ってはいけない．数学的証明には，明示され
たこと以外は使ってはならず，実際ニューヨークの街の事
情などは，ユークリッドの『原論』には一切触れられてい
ない．それどころか，うっかりもち込んでしまう仮定こそ
が，以下に述べるプロクロスの論法を誤らせるもとなので
ある．

　それではいよいよ，ここでの取り決めにしたがったプレ
イフェアの公理を示そう．

> 5番街があり，また6番街沿いにフリープレス社があ
> るとき，フリープレス社を通り5番街に平行な道路は
> 6番街だけである．

この命題は，プレイフェアの公理と厳密に同じではない．というのも，与えられた直線（5番街）に対し，少なくとも一本の平行線（6番街）が存在することを，プロクロス同様われわれも仮定しているからである．実際にはこれは証明されるべきものなのだが，プロクロスはユークリッドの定理のひとつがそれを保証しているものと解釈した．ここではわれわれも当面それを受け入れて，彼の論法を追いながら，この公理が証明できるかどうかみていくことにしよう．

平行線公準を証明するには——すなわちこの公準を「定理にする」ためには——フリープレス社を通る6番街以外のすべての道路は5番街と交差することを示さなければならない．これは日常の経験からはあたりまえのように思われる．われわれとしては，平行線公準を用いずにこれを証明しさえすればいいのである．そこでまずはじめに第三の道路を想定しよう．その道路は直線で，フリープレス社を通る．その道路をブロードウェイと名づけよう．

プロクロスの証明法によれば，彼はフリープレス社を出発して，ブロードウェイに沿って街を歩いていく．ここで，彼がたまたま立っている地点から，6番街に直交するように伸びている道路を考えよう．この新しい道路をニコライ通りと名づける．

次ページの図からわかるように，ニコライ通りとブロードウェイと6番街とは，直角三角形を形成する．ブロードウェイに沿ってプロクロスがさらに歩きつづければ，こう

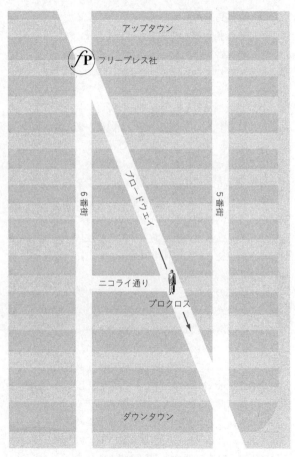

プロクロスの証明

してできる直角三角形はどんどん大きくなる．つまり，ニコライ通りの長さはどこまでも伸びる．そして，5番街と6番街のあいだの距離よりもニコライ通りのほうが長くなったとき，プロクロスは言うだろう．ブロードウェイと5番街は交差することが証明されたと．

この議論は簡単だが，まちがっている．まず，「どんどん大きくなる」という概念に微妙な誤用がある．ニコライ通りは1ブロックの長さを越えることなく，なおかつどんどん長くなりうるからだ．たとえば $\frac{1}{2}, \frac{2}{3}, \frac{3}{4}, \frac{4}{5}, \frac{5}{6}, \ldots$ という数列はどこまでも大きくなるが，1を越えることはない．しかしこの欠陥は修復可能だ．本質的な欠陥は，プトレマイオス同様プロクロスもまた，使ってはならない仮定を使ってしまったことである．彼の論法は，直観的には正しそうに思えるが，証明されていない道路の特性が使われているのだ．その特性とは何だろう？

プロクロスの誤りは，「5番街と6番街のあいだの距離」を使ったことである．さっきの注意を思い出そう．「5番街と6番街のあいだは何百メートルだとか……をたまたま知っていたとしても，それを証明に使ってはいけない」．プロクロスは，このふたつの通りの距離を具体的に示してはいないが，それは一定の長さだと仮定している．これは，平行線に関してわれわれが経験的に知っていることからいっても，また現実の5番街と6番街との関係からいっても，正しそうに思える．しかし数学的には，平行線公準を用いずにそれを証明することはできないのだ．つまり，

14 プトレマイオスの過ち

この仮定は平行線公準と等価なのである.

9世紀のバグダッドで研究を行った大学者,サービト・イブン・クッラも同様の過ちを犯した.その論証を追うため,サービトが5番街に沿ってまっすぐ歩いていくものとしよう.彼は,1ブロックの長さの物差しを5番街に対して垂直になるように支えている.彼が歩くにつれて,物差しの端はどんな軌跡を描くだろうか? サービトは,その軌跡は6番街のような直線になると主張した.こう仮定することにより,彼は平行線公準を「証明」したのである.もちろん,物差しの端は何らかの線を描くだろう.しかしどういう根拠にもとづいて,それが直線になると主張できるのだろうか? そう主張できる唯一の根拠は,ご想像のとおり,平行線公準なのである.ある直線から等距離にある点の集合が直線になるのは,それがユークリッド空間だからなのだ.サービトもまた,プトレマイオスの過ちを繰り返したのである[2].

サービトの分析は,空間概念の深いところにかかわっている.ユークリッド幾何学の体系は,図形を自在に動かし,重ね合わせられるかどうかに依拠している.ユークリッド幾何学においては,図形を動かして重ね合わせることにより,それらの図形が等しいかどうかを確かめるのだ(図形が等しいことを合同という).ある三角形を移動させたければ,三辺を構成する三つの線分を,同じ方向に同じ距離だけ移動させるのが自然だろう.しかし,ある直線から等距離のところにある点の集合が直線にならなければ,

この方法で動かした三辺は直線ではなくなる．移動させることで図形が歪むのである．そんな性質をもつ空間があるものだろうか？　残念ながら，サービトはこの論証をとことん突き詰めて突破口を開くのではなく，歪みという亡霊が出現した時点で，二直線の等距離性に関する彼の仮定の正しさが「証明」されたと考えてしまったのだ．

サービトの時代から時を置かず，イスラム世界は科学研究を支援しなくなった．ある地方では，数学者を殺しても罪に問われないという現実を嘆く学者がいたほどである（これはおそらく勉強好きな人間を蔑んだからではなく，数学者は占星術を研究することが多かったためだろう．歴史上，占星術はしばしば黒魔術と結びつけられ，今日のように人気があったわけでもなく，むしろ危険視されていたのだ）．

サービトとその後継者たちの幾何学研究がようやくよみがえったとき，キリスト教の年号はほぼ倍になっていた．1663年，イギリスの数学者ジョン・ウォリスが，サービトの後継者のひとりであるナシール・アッディーン・アルトゥーシーの研究を講義で取り上げたのである．

ウォリスは1616年，ケント州アッシュフォードに生まれた．15歳のとき，兄が算術の本を読んでいるのを見てこの分野の虜になった．彼はケンブリッジ大学エマニュエル・カレッジで神学を学び，1640年に叙階されて司祭となったが，数学への情熱を失うことはなかった．当時は「イギリス大内乱」の時代と呼ばれ，宗教上の問題でチャ

14 プトレマイオスの過ち

ールズ1世とイギリス議会とが争っていた.通信文の解読にかかわる数学の一領域である暗号学に通じていたウォリスは,その技術を生かして議会派を助けた.1649年,王党派だったために解任された前任者ピーター・ターナーに代わり,ウォリスがオックスフォード大学のサヴィル幾何学教授職に就いたのは,そのおかげだとも言われている.いずれにせよオックスフォードにとっては良い人事だった.

ターナーはカンタベリーの大司教に取りついたダニのような人間で,政治的ごたごたを巻き起こすばかりで,数学の論文は一本たりとも発表しなかった.それに対してウォリスは,ニュートン以前のイギリスを代表する数学者となり,ニュートンにも多大な影響を与えた.今日,ウォリスの研究のある部分は,数学者以外にも(とくにあるメーカーの高級車を所有する人たちに)親しまれている.彼は無限を表す記号∞を考案したのだ.

ユークリッド幾何学を改革するためにウォリスが考えたのは,すっきりしない平行線公準を,もっと直観的にわかりやすいもので置き換えることだった.その新しい公準は次のように述べることができる.

> 任意の三角形の任意の辺が与えられたとき,三角形を拡大または縮小してその辺の長さを自由に変えることはできるが,その三角形の角度を変えることはできない.

たとえば,三つの内角がみな60度で,各辺の長さが1であるような三角形があるとしよう.このとき,内角はみな60度だが,辺の長さはさまざまであるような三角形(10, 10, 10でも,0.1, 0.1, 0.1でも,100, 100, 100でもよい)をいくらでも考えることができる.このように,辺の長さは一律に長かったり短かったりしても,対応する角度は等しい三角形のことを"相似三角形"という.ウォリスの公理を採用すると(二,三の解決可能な細かい点を無視すれば),プロクロスと同様の論証によって平行線公準を簡単に証明することができる[3].しかし数学者はウォリスの「証明」を認めなかった.なぜなら彼がやったことは,ひとつの公準を別の公準で言い換えることだったからだ.それはともかく,ウォリスの論証をひっくりかえせば,驚くべき命題が現れる.すなわち,平行線公準が成り立たないような空間では,相似三角形は存在しないということだ.

相似三角形など存在しなくても誰も困らないと思うかもしれないが,それはやはり困るのである.なぜなら三角形は至るところに存在するからだ.長方形を対角線で切り分ければ二つの三角形になる.腰に手を当てれば,折り曲げた腕と脇腹で三角形ができる.つまり,人の体型に差はあるものの,人の身体をはじめたいていの物体は,三角形を使ってかなりうまくモデル化できるのである.実は,このことはコンピューターによる3Dグラフィックの原理にも

14 プトレマイオスの過ち

なっている．もしも相似三角形が存在しなければ，われわれの日常生活を成り立たせている多くの前提が崩れてしまうのだ．通販カタログですてきなスーツを見つければ，イメージ通りの品物が届くものと誰しも期待するだろう．ところが実際に届いたものは，思っていたものよりも十倍も大きいことだって起こりうる．飛行機に乗るということは，「私は巨大なジェット機も縮尺模型と同じようにうまく飛ぶものと信じている」という信念の表明にほかならない．建築家に頼んで家の部屋数を増やしてもらうときも，設計図どおりに事が運ぶものと期待するだろう．ところが非ユークリッド空間では，これらすべてが叶わぬ夢となる．洋服も，ジェット機も，新しい寝室も，歪んでしまうのだ．

そんな奇妙な空間も，数学上は存在するのかもしれない．しかし実在の空間にそんな性質はあるのだろうか？ そんな歪みがあれば，われわれだって気づくのではないだろうか？ いや，たとえ空間が歪んでいたとしても，それに気づきはしないだろう．あなたの笑顔に10パーセントの歪みがあれば，お母さんは気づくかもしれない．しかし0.0000000001パーセントの歪みに気づくのは無理だ．小さな図形についていえば，非ユークリッド空間はユークリッド空間とほとんどちがわない．そしてわれわれが生活しているこの空間は，宇宙の一角の小さな領域なのである．日常生活とはかけ離れた小さな世界で物理法則が奇妙な形になる量子論のように，曲がった空間が実在したとしても，

地球上の人間生活のスケールではほぼユークリッド的になってしまい、そのちがいに気づくことはない．それでも、もしも歪みがあれば、量子論のときと同様、物理理論はとてつもなく大きな影響を被るだろう．

　もしも数学者たちが、自らの発見を別の観点から見ていたら、18世紀の末までには、非ユークリッド空間が実在してもおかしくないと結論していたにちがいない．そして、もしもそんな空間が実在するなら、非常に奇妙な性質をもつことにも気づいていただろう．ところが数学者たちは、そんな奇妙な性質があれば矛盾が生じることを証明しようとして（つまり、その空間はユークリッド空間であることを証明しようとして）、それができずにいらだちを募らせるばかりだった．

　それからの50年間は秘かな革命の年月だった．いくつかの国で少しずつ新しいタイプの空間が発見されていったが、数学界はそのことに気づかなかった．その秘密がようやくもれたのは、19世紀も半ばとなり、ドイツのゲッティンゲンで死んだ老人の遺したノートが調べられたときのことだった．しかしその時には、この老人のみならず、非ユークリッド空間の発見にかかわった人たちの多くはすでに世を去っていたのである．

15
ナポレオンの英雄ガウスの生涯

 1855年2月23日,ドイツのゲッティンゲンで,ユークリッド攻撃の中核であったひとりの老人が,苦しげに息をしながら死の床についていた(1).心臓は弱々しく血液を送り出し,肺には水がたまっていた.老人の懐中時計が,彼に残された時間を冷酷に刻んでいた.時計が止まった.それとほぼ同時に,老人の心臓も止まった.普通ならば小説家しか使わないような,象徴的な出来事だった.

 数日後,老人の遺体は,墓碑銘もない母親の墓のとなりに埋葬された.その後,彼の家のあちこちから相当額の金が見つかった——引き出し,戸棚,机などに隠されていたのである.その家はつつましく,ささやかな書斎には小さなテーブルと机,そして長椅子があるだけで,灯りもひとつきりだった.狭い寝室には暖房もなかった.

 老人は,人生のほとんどの時期を幸福とはいえない気持ちで過ごした(2).親しい友人もほとんどおらず,人生に対してもひどく悲観的だった.彼は数十年にわたり大学で教鞭をとったが,それは彼にとって「負担ばかり大きく,つまらない仕事」(3)だった.「霊魂が不滅でないのなら,この世には何の意味もない」(4)と思ってはいたが,かといって信仰の道に邁進することもなかった.彼は多くの栄誉を得たが,しかしそのことについても「喜びの百倍の悲しみが

ある」[(5)]と書いている．彼はユークリッドに対する革命の支柱だったが，そうと知られることを望まなかった．それでもこの男は，当時も今も，アルキメデスとニュートンに並ぶ史上最大の大数学者とみなされているのである．

カール・フリードリヒ・ガウスは，1777年4月30日，ドイツのブラウンシュヴァイクに生まれた．ニュートンの死から50年後のことである．彼が生まれ落ちたのは，繁栄の盛りを過ぎて150年ほども経つ，みすぼらしい町の貧しい地区だった．両親は"半市民"と呼ばれる階層に属していた．母親のドロテアは無学な女で，女中として働きに出ていた．父親のゲプハルトは，水路掘りや煉瓦積みといった力仕事から，地元の葬儀の帳簿づけまで，わずかな賃金でさまざまな下働きをしていた．

「彼は働き者で正直な男だった」とくれば「しかし……」と悪い話が続きそうな予感がするものだ．「息子を縛り上げて猿ぐつわをかませ，14年間も物置に閉じ込めておくようなことをしなければ良かったのに……」などと．あらかじめこう警告しておけば，ゲプハルト・ガウスは「働き者で正直な男だった」と言ってさしつかえないだろう．

カール・ガウスの幼少期には，いくつものエピソードがある．彼は満足にしゃべれるようになる前から計算することができた．よちよち歩きの子どもが町の屋台を指さし，「おなかちゅいた！ あれかって！」と母親にせがんでいるところを想像してみよう．そうして食べ物を買ってもらっ

たというのに，その子は泣きだした．「屋台のおじさんが35セントも多くふっかけたよ」と母親に教えてやりたいのに，どう言ったらいいかわからないのだ．ガウスの幼少期は，この架空のシーンとそれほどかけ離れてはいなかったようである．3歳になったばかりのある土曜日，ガウスの早熟ぶりを示す有名な出来事が起こった．ゲプハルトが労働者たちに支払う一週間分の給料を計算していたときのことである．計算に手こずっている父親のようすを，息子のカールがじっと見ていた．これがニコライのようなごく普通の幼児だったなら，コップのミルクを計算書の上にこぼして，「ごめんなちゃい，おかわりちょうだい！」などと言うのが関の山だろう．ところがカールは「とうちゃん，足し算がちがってるよ．そこはこうだよ……」と言ったのだ．

ゲプハルトもドロテアも，足し算の仕方など息子に教えた覚えはなかった．実際，カールは誰からも教えてもらったことはない．それはたいていの親にとって異様な光景だろう．ニコライが午前2時にむくりと起きあがり，何かに（悪魔とはいわないまでも，彼よりは年上の何かに）取り憑かれたかのように，古代アステカ語をしゃべりはじめるようなものだ．しかしカールの両親はそんなことには慣れっこだった．当時カールはすでに，自力で文字が読めるようになっていたのである．

あいにくゲプハルトが息子の才能を伸ばすためにやったことは，家庭教師を雇うことでも，モンテッソーリの学校

に入れることでもなかった．家が貧しいうえに，マリア・モンテッソーリが生まれるのはあと100年も先なのだから，それも無理はないだろう．しかしそれでもなお，息子のために何かやってやれることはあったはずだ．ところがゲプハルトは，息子に週末の給料計算の検算をさせたばかりか，ときには幼いカールを友人たちの前に引き出して見せ物にさえした．カールは目が悪く，父親が差し出す石板の数字を読めないこともあった．そうとは言えない内気なカールは，計算ミスを黙って受け入れた．そうこうするうちにカールは午後に働きに出され，亜麻を紡いで家計を助けるようになった．

後年，カールは父親のことを「横暴で粗野で下品」とあからさまに蔑んだ[6]．幸い，カールの才能を認めてくれる者が身内にふたりいた．母親と，母方の叔父フリードリヒである．ゲプハルトが息子の才能には取り合わず，学校教育など無駄だと考えていたのに対し，ドロテアとフリードリヒはカールの才能を信じ，道を阻もうとするゲプハルトと，ことあるごとに戦った．カールは生まれ落ちたときからドロテアの誇りであり喜びだった．何年も後にカールは，大学の友人ヴォルフガング・ボヤイをつましい自宅に連れてきた．ボヤイは裕福とはいえなかったが，それでもハンガリーの貴族だった．ドロテアは，カールのいないところでボヤイに尋ねた．カールはほんとうに皆が言うほど優秀なのだろうかと．そして，もしそうだとしたら，カールはこれから先どうなるのだろうかと．ボヤイが，息子さ

んはヨーロッパ一の大数学者になるでしょうと答えると，ドロテアは声をあげて泣き崩れた．

　7歳のとき，カールは地元の小学校に入った．それはデカルトが10歳で入学し，のちに有名になったイエズス会のラ・フレーシュ学院とは似ても似つかぬところだった．ガウスはこの学校のことを，「汚らしい監獄」と言ったり，「地獄」と言ったりしている．このむさくるしい学校（もしくは監獄または地獄）は，ビュットナーという校長（もしくは看守または悪魔）が経営していたが，その男の名前はドイツ語で「言うとおりにしないと鞭で打つぞ」と同義だったらしい．カールは3年生になってようやく，2歳のときからやっていた算数を教えてもらえることになった．

　ビュットナーの算数の授業は，ときには百個にも及ぶ数をただひたすら足し算をさせるという，数学への好奇心を育てるにはたいへんに効果的なものだった．ビュットナーは，そんな楽しい作業は自分にはもったいないと思ったらしく，あれこれの公式で簡単に答えの出せる問題ばかり作った．そして生徒たちの楽しみを奪わないよう，公式は教えないのだった．

　ある日ビュットナーは，1から100までの整数をすべて足し上げよ，という問題を出した．すると，ビュットナーが問題を言い終わるやいなや，いちばん年少のカールが石板をひっくり返して教壇の机の上に置いた．ほかの生徒が答えを出すより1時間も早かった．みんなが答えを提出し

てから,ビュットナーが石板を順に調べてみると,50人のクラス中,正解を出していたのはカールひとりだった.しかも,カールの石板には計算の跡がまったくなかったのだ.どうやらカールは足し算の公式を考え出し,暗算で答えを出したらしかった.

ガウスはおそらく,1から100までの整数を足す際に,ひとつずつではなく"ふたつ組"にする方法に気づいたのだろう.するとこの課題は次のようになる.100と1を足す,99と2を足す,98と3を足す,…….こうして101になるペアが100組できる.したがって,1から100までの整数の和は,101×100の半分,5050となる.これはピタゴラス学派にはすでに知られていた公式の一例である.実はピタゴラス学派はこの公式を,秘密結社の合い言葉にしていた.1から任意の数までの和は,最後の数と,最後の数プラス1の積の半分になるのである.

ビュットナーは仰天した.そして,飲み込みの悪い生徒に鞭をふるうのと同じくらいすばやく,彼はカールの才能を認めた.のちに大学で数学を教えるようになったガウスは,生徒に鞭をふるうことこそなかったが,優れた才能を認める姿勢と,才能のない者を馬鹿にする態度をビュットナーから受け継いだようである.何年ものちに,彼の教えた生徒のうちの三人について,ガウスは嫌悪もあらわに次のように書いている.「ひとりは並の予習をしてくるが,もうひとりは並以下であり,三人めは予習も才能もない……」[7].このコメントには教育に対する彼の考え方が現

れている．一方，学生たちの大多数は，教師としてのガウスの才能を同じくらい見下していた．

ビュットナーは自腹を切って，レベルの高い算術の教科書をハンブルクから取り寄せてくれた．ついにカールは，求めてやまなかった導きの手を得た，と言いたいところだがそうはならなかった．彼はあっというまにその本を読み終えてしまったのだ．この段階で，数学者としての才能と同じくらい雄弁家としての才能にも恵まれていたビュットナーは，「これ以上あいつに教えてやれることはない」と言って降伏した．そして彼は，ほったらかしにされていると気づきはじめた他の生徒たちを鞭打つことに専念したのかもしれない．9歳のカールがこのまま行けば，手にマメを作りながら身を粉にして働き，わずかばかりの休憩時間にソーセージをほおばる人生を歩むしかなかっただろう．

だがビュットナーは，カールの才能を放置したわけではなかった．ヨハン・バーテルスという才能ある17歳の助手にカールを任せたのである．当時バーテルスは，生徒たちのために羽ペンを削ってやり，その使い方を教えるというたいへんやりがいのある仕事をしていた．ビュットナーは，バーテルスもまた数学を学びたがっていることを知っていた．じきに9歳と17歳のふたりは，ともに学び，教科書の証明を改良し，力を合わせて新しい概念を見つけだすようになった．そうして数年が過ぎ，ガウスは十代になった．十代の子どもをもつ者，十代の知り合いがいる者，あるいは十代だったことがある者なら誰でも，これがやっ

かいごとを意味することを知っている．しかしガウスの場合，それは誰にとってのやっかいごとだったのだろうか？

現代の反抗的ティーンエイジャーなら，舌にダイヤモンドのピアスをした女の子と外泊するところかもしれない．ガウスの時代には，ボディーピアスは戦場でしか見られなかったが，道徳に反抗するのは「いかした」ことだった．その当時，ドイツで起こった大規模な知的運動は，「シュトルム・ウント・ドラング」すなわち「疾風怒濤」と呼ばれている．

ドイツに社会運動が起こるときはいつも「怒濤」になるから注意しよう．とはいえ，このときの運動を先導したのはゲーテやシラーであって，ヒトラーやヒムラーではなかった．そしてその運動は，天才を讃え，既成秩序への反抗を謳うものだった．従来，ガウスがこの運動を支持していたとはみなされていないが，天才たる彼はそれにふさわしい行動に出た——両親や政治体制にではなく，ユークリッドに反抗したのである．

まず12歳の段階で，ガウスはユークリッドの『原論』を批判しはじめた．他の数学者もそうだったように，ガウスもまた平行線公準にねらいを定めた．しかし彼の批判はそれまでのものとは異なり，異端的とさえいえるものだった．他の人たちとはちがって，ガウスはこの公準をもっと美しくしようとしたわけでも，他の公準から証明できることを示して不要物にしようとしたわけでもない．その代わりに彼は，平行線公準ははたして成り立つのだろうかと考

えたのだ．空間が曲がっていてはいけないのだろうか？

15歳ごろのカールは，論理的に矛盾のない幾何学で，なおかつユークリッドの平行線公準が成り立たないものが存在するという考えを受け入れた歴史上はじめての数学者となっていた．もちろん，それを実際に証明したり，そんな幾何学を作りだしたりするのはまだ先のことである．だが，これほどの才能に恵まれていたにもかかわらず，15歳のカールは肉体労働者になる瀬戸際に立たされていた．ガウスと科学にとって幸運だったのは，友人のバーテルスが，ブラウンシュヴァイク公フェルディナントの知人の知人の知人だったことだ．

バーテルスを介して天才的な数学の才能をもつ少年のことを聞いたフェルディナントは，大学の学費を出してやろうと言ってくれた．ここで障害になったのがカールの父親だ．ゲプハルト・ガウスは，人生に成功するための唯一の道は溝掘りをつづけることだと信じ込んでいたようである．しかしこのとき，勉強好きな息子のために本を読んでやることさえできなかったドロテアが立ち上がった．彼女が息子の味方になってがんばってくれたおかげで，カールはフェルディナントの援助を受けることができた．カールは15歳で地元のギムナジウム（高等学校のようなもの）に入学した．そして1795年，18歳の彼はゲッティンゲン大学に進んだ．

ブラウンシュヴァイク公とガウスは厚い友情を結び，公はガウスが大学を卒業してからも援助を継続した．しかし

ガウスは，それが永遠にはつづかないことを知っていたにちがいない．フェルディナントの気前がいいせいで財政がどんどん苦しくなっているという噂が流れていたし，いずれにせよ彼はすでに60歳を過ぎており，後継者が彼ほど太っ腹だとは思えなかった．しかしそれでも，それからの十数年はガウスにとって実り豊かな歳月となった．

1804年，ガウスは快活で心優しい女性ヨハンナ・オストホフと恋に落ちた．それまでの人生，傲慢で自信過剰に見えることもあったガウスだが，彼女の魔力は彼を控えめで慎み深い人間にした．彼はボヤイに宛てた手紙のなかで，ヨハンナのことをこう綴っている．

> 三日前，この世のものとも思われないあの天使と婚約した．溢れるほどの幸福をかみしめているよ．……彼女は穏やかで敬虔な魂でできていて，そこには一粒の苦味も酸味もない．ああ，彼女は僕なんかよりずっとすばらしい．……こんな幸せを願ったことはなかった．僕は美男でもないし，颯爽としているわけでもない．僕がもっているのは愛に捧げる誠実な心だけだ．こんな幸せを見つけることは諦めていたよ[8]．

1805年，カールとヨハンナは結婚した．翌年に息子ヨーゼフが生まれ，1808年には娘ミナが生まれた．しかしそんな幸福も長くはつづかなかった．

1806年の秋，ナポレオンとの戦いでマスケット銃によ

り負傷したフェルディナントが死んだのである．ガウスにできたことといえば，ゲッティンゲン大学の研究室の窓辺に立ち，友人であり恩人でもあったフェルディナントが瀕死の状態で馬車に運ばれていくのを見送ることだけだった．皮肉なことに，後にナポレオンはゲッティンゲンの町の破壊を思いとどまることになる．それはこの町に，ナポレオンが「史上最大の数学者」と呼んだガウスが住んでいたからだった．

フェルディナントの死によって，当然ながらガウス家は経済的苦境に追い込まれた．しかし苦しみはそれだけにとどまらなかった．フェルディナントの死後，二，三年のうちに，カールの父親と，味方になってくれた叔父のフリードリヒが死んだのである．1809年には，三人めの子供のルートヴィヒが生まれた．娘のミナのときも難産だったが，今回はルートヴィヒとヨハンナがふたりとも命の危険にさらされた．1か月後にヨハンナが死んだ．それからほどなくして，生まれたばかりのルートヴィヒも死んだ．短い期間に，カールの人生は度重なる悲劇に見舞われたのである．さらに追い打ちをかけるように，ミナもまた早世する運命にあった．

まもなくガウスは再婚し，三人の子どもをもうけた．しかしヨハンナを失ったのち，彼の人生がふたたび喜びに満ちることはなかった．彼はボヤイに宛ててこう書いている．「これまで生きてきて，世間に讃えられることを成し遂げたのは事実だ．しかし友よ，私はこう思っている．悲

劇は赤いリボンのように人生に折り込まれているのだと……」[9]．後の1927年，カールの孫のひとりがその死の直前に，祖父の手紙を発見した．涙の跡がしみになっているその手紙には，こう書いてあった．

　孤独だ．私は幸せそうに私を囲む人たちのなかでひっそりと生きている．彼らがひととき苦渋を忘れさせてくれても，それは倍になって返ってくる．……輝くような青空でさえ，私の悲しみを増すばかりだ……

16
非ユークリッド幾何学の誕生

 ガウスが史上最大の数学者のひとりとされるのは,数学の多くの領域に深い影響を与えたからである.しかしその一方で,未来の数学者たちのために基礎を築くというよりは,ニュートンにはじまる進展の仕上げをした数学者とされることもある.だが,空間の幾何学についてのガウスの仕事に関するかぎり,その見方は正しくない.彼の研究は以後100年にわたり,数学者と物理学者にたっぷりと仕事を与えるような性質のものだった.ところがそのガウスの革命は,たったひとつの障害のために潰え去ったのである——彼はその研究を公表しなかったのだ.

 1795年,ゲッティンゲン大学に入学したガウスは,平行線公準の問題に強く興味を引かれた.ガウスが講義を受けた教師のひとりであるアブラハム・ケストナーは,平行線公準の歴史に関する文献を集めるのが趣味だった.実際ケストナーは,ゲオルク・クルーゲルという学生に,公準の証明に失敗した28の試みを分析するというテーマで学位論文を書かせたほどである.しかしそのケストナーを含め誰ひとりとして,ガウスの抱いた疑問,すなわち「平行線公準は成り立たないのではないか?」という疑問に耳を貸す用意はなかった.ケストナーは,平行線公準を疑うのは頭のおかしい人間だけだとさえ言っている.そのためガ

ウスはその考えを封印してしまった．彼がそのアイディアを，ある学術雑誌にメモしたものが見つかったのは，彼の死から43年後のことだった．ガウスは晩年ケストナーを鼻で笑うようになり[1]，文芸に首を突っ込んでいたケストナーについて，「詩人のうちでは抜きん出た数学者であり，数学者のうちでは抜きん出た詩人である」と書いた．

1813年から1816年までゲッティンゲン大学の教授として数理天文学を教えていたとき，ついにガウスはユークリッド以来の突破口を開いた．新しい非ユークリッド空間のなかで，三角形の各部を関係づける式を導き出したのである．その空間の構造を，今日では"双曲幾何学"と呼んでいる．1824年ごろまでには，ガウスはその理論を完成させていたようである．その年の11月6日，アマチュアながら高度な数学を理解していた法律家のF. A. タウリヌスに宛てて，ガウスは次のように書いた[2]．「（三角形の）三つの内角の和が180度よりも小さくなるという仮定を置くと，われわれの幾何学（ユークリッド幾何学）とは異なる特殊な幾何学が導かれます．その幾何学はまったく矛盾なく首尾一貫しており，私自身たいへん満足のできる理論であると思っています……」．しかしガウスはこの結果を発表せず，タウリヌスをはじめ事情を知る人たちには，決して口外しないよう念を押した．ガウスはなぜ結果を発表しなかったのだろう？　教会を恐れていたわけではない．ガウスが恐れていたのは，教会の遺物である世俗の哲学者たちだった．

16 非ユークリッド幾何学の誕生

　ガウスの時代,科学と哲学とはまだ完全には分離してはいなかった.物理学は「物理学」ではなく「自然哲学」だったのだ.科学的な論証をしたせいで死刑になることこそなくなったが,信仰や単なる直観から生まれた概念が,科学的論証と同じくらい正しいとみなされることも少なくなかった.当時の流行のなかでもとくにガウスをおもしろがらせたのが「心霊叩音」である.ふだんは知性的な人びとがテーブルを囲んで席に着き,両手をテーブルに載せる.30分ほどもすると,まるで退屈な連中にうんざりしたかのようにテーブルが動いたり回転したりしはじめるのだ.これは死者からの心霊メッセージであると考えられた.霊が何を伝えようとしているのかは不明だったが,霊がテーブルを壁に押しつけたがっているのは明らかだった.あるときなどは,ハイデルベルク大学法学部の教授たちが打ちそろって,テーブルにくっついて部屋の隅まで移動したこともあった.髭を伸ばした黒服の法学者たちが雁首をそろえ,テーブルの決められた場所から手をずらさないようがんばりながら,テーブルを動かしているのは自分たちではなく,謎の「動物磁気」だと思い込んでいる図を想像してみよう.ガウスの時代には,心霊叩音は認められても,ユークリッドがまちがっているという考えは認められなかったのである.

● ■ ▲

　ガウスは,くだらない論争に費やす時間ならいくらでも

あるらしい凡庸な学者との論争に巻き込まれ，長大な時間を浪費した数学者を大勢見てきた．たとえばガウスの尊敬するイギリスの数学者ウォリスは，円の面積を求めるにはどの方法がいちばん良いかという問題をめぐって，同国の哲学者トマス・ホッブズと激論を戦わせた．ホッブズとウォリスは20年以上にわたり公にののしり合い，貴重な時間を費やしたあげく「ウォリス博士による馬鹿げた幾何学と田舎言葉の特徴について」といったタイトルの冊子が世に出るありさまだった[3]．

　ガウスが何よりも恐れていたのは，1804年に死んだ哲学者イマヌエル・カントの信奉者たちだった[4]．肉体的なことをいえば，カントは哲学界のトゥールーズ＝ロートレックだった．背中が曲がって身長は150センチメートルほどしかなく，胸はひどく歪んでいた．彼は1740年にケーニヒスベルク大学神学部に入学したが，自分は数学と物理学が好きらしいと気がついた．大学を卒業してから哲学書を世に問うようになり，個人教授をし，講演でも引っ張りだこだった．その彼が，1770年ごろから執筆に取りかかり，1781年にようやく出版されたのが，代表作『純粋理性批判』である．当時の幾何学者たちが，常識と図形に頼った「証明」をしていることに気づいたカントは，厳密[5]さのためという体裁は捨てて，直観を重んじるべきだと考えたのだった．しかしガウスはそうは思わなかった[6]．厳密さは必要不可欠であり，大半の数学者は単に無能なだけだと考えたのだ．

16 非ユークリッド幾何学の誕生

カントは『純粋理性批判』のなかで，ユークリッド空間を「思考の必然」と呼んだ[7]．ガウスは，カントの研究を頭からはねつけたわけではない．まずよく読んでからはねつけたのだ．実際ガウスは，『純粋理性批判』を五度も読んで理解に努めたといわれている．ガウスがロシア語やギリシャ語を理解するために払った努力は，われわれがアテネのレストランのメニューに載っている Χωριάτικη Σαλάτα[8]を理解するために払う努力よりも少なかっただろうが，その彼にして，カントを理解するにはそれだけの努力が必要だったのである．次の引用は，分析的判断と総合的判断の対比に関するカントの記述であるが，この文章を読めば，ガウスの苦労がしのばれるだろう[9]．

　主語と述語との関係を含む一切の判断において（私がここで肯定的判断だけを考慮するのは，あとでこれを否定判断に適用するのは容易だからである）この関係は二通りの仕方で可能である，——即ち，述語Bが主語Aの概念のうちにすでに（隠れて）含まれているものとして主語Aに属するか，さもなければ述語Bは主語Aと結びついてはいるが，しかしまったくAという概念のそとにあるか，これら両つの仕方のいずれかである．私は第一の場合の判断を分析的判断と呼び，また第二の場合の判断を総合的判断と名づける．　　（篠田英雄訳）

今日では，数学者も物理学者も自分たちの理論について

哲学者がどう考えるかを気にしたりはしない．哲学という学問についてどう思うかと尋ねられたとき，アメリカの有名な物理学者[10]リチャード・ファインマンはたった二文字でこれに答えた．ひとつは"b"，もうひとつは，通常複数形につけられる文字である（訳注：s，すなわち b.s. = bullshit の略）．しかしガウスはカントの研究を深刻に受け止めた．先述の分析的判断と総合的判断の区別に関するカントの説について，ガウスは「つまらない説としていずれ消え去るか，まちがっているかのどちらかだ」と書いている．それでも彼がこの考えを明かしたのは，非ユークリッド空間理論のときと同じく，彼が信頼を寄せる者たちだけだった．驚愕すべき歴史の急転のなかにあって，ガウスは1815年から1824年にかけての自らの大発見を発表しなかった．しかしその同じ時期に，たまたま彼と関係のあったふたりの男がそれぞれ大発見を発表したのである．

● ■ ▲

1823年11月23日，ガウスの長年の友人であったヴォルフガング（ファルカシュ）・ボヤイの息子ヨハン（ヤーノシュ）・ボヤイが，父宛ての手紙にこう書いた．「何もないところからまったく新しい世界を作り出しました」[11]．ヤーノシュは非ユークリッド空間を発見したのである．同年，ロシアのカザンに住むニコライ・イヴァノヴィッチ・ロバチェフスキーは，幾何学に関する未刊の教科書のなかで，平行線公準が成り立たないとするとどうなるかを考察

した.ロバチェフスキーは,当時カザン大学の教授だったヨハン・バーテルスの指導を受けたことがあった.またヴォルフガング・ボヤイとバーテルスはずっと前から非ユークリッド空間に関心をもち,ガウスとも議論を重ねていたのである.

はたしてこれは単なる偶然なのだろうか? 天才ガウスは偉大な理論を発見し,それについて友人たちと論じ合ったが,公にはしなかった.そうするうちに,友人の知り合いや子どもが,偉大な発見をしたといって登場したのだ.この状況ならば,ロバチェフスキーを疑う小唄が生まれるぐらいのことがあってもおかしくはないだろう[12].その歌詞は,「盗み取れ,誰の仕事も見逃すな」というものだった.しかし今日の歴史家の大半は,もれたのはガウスの研究の詳細ではなく,その精神だったろうし,ボヤイとロバチェフスキーもお互いの研究内容を,少なくとも研究していた当時は知らなかったと考えている.

残念ながら,知らなかったのはお互いだけではなかった.無名の数学者の言うことに耳を貸す者はいなかったのだ.ロバチェフスキーが,『カザン通信』というマイナーなロシア語の雑誌に研究成果を発表してからも事態はほとんど変わらなかった.ヤーノシュの研究は,父の著書『試論』の付録になってしまった.それから14年ほどを経て,ガウスが偶然にロバチェフスキーの論文を発見した.また,ヴォルフガングも息子の研究についてガウスに手紙を書いた.しかしガウスには,ふたりの発見を公にするつも

りも，自らやっかいな論争に踏み込む危険を冒すつもりもなかった．ガウスはボヤイに祝福の手紙を出し（自分がすでに同様の発見をしていることも書き添えて），ロバチェフスキーに対しては，親切にもゲッティンゲンの王立科学協会の通信会員にならないかと誘った（1842年，ロバチェフスキーはさっそく通信会員になった）．

ヤーノシュ・ボヤイはこれ以外に数学の論文を発表することはなかった[13]．ロバチェフスキーは大学運営に手腕を発揮し，ついにはカザン大学の学長になった．ガウスとの接触がなかったならば，ボヤイとロバチェフスキーは遠い国の無名の数学者として歴史のなかに消えていたかもしれない．そして皮肉なことに，ほかならぬガウスの死をもって，ついに非ユークリッド革命の引き金が引かれたのである．

ガウスは身の回りのことを事細かに記録していた．彼は奇妙なデータを集めることに喜びを見いだしていたようである[14]．たとえば，亡くなった友人が生きていた日数とか，勤務している天文台からよく行く場所までの歩数といったことだ．また彼は自分の研究のことも記録していた．ガウスの死後，学者たちは彼の記録や手紙に注目した．そうして発見されたことのなかに，ガウスによる非ユークリッド空間の研究と，ボヤイとロバチェフスキーによる研究があったのである．1867年，ボヤイとロバチェフスキーの論文は，多大な影響力をもつリヒャルト・バルツァーの『数学提要』第2版に収録された．まもなくこのふたりの

論文は，新しい幾何学を研究する人びとにとって基本文献となった．

1868年，イタリアの数学者エウジェニオ・ベルトラミが，平行線公準の証明に関する問題に終止符を打った．彼は，ユークリッド幾何学が矛盾のない体系であるなら，発見されたばかりの非ユークリッド幾何学もまたそうであることを証明したのだ．では，はたしてユークリッド幾何学に矛盾はないのだろうか？　これから見ていくように，それは証明することも，反証することもできない命題なのである．

17
ポアンカレのクレープと平行線

　非ユークリッド空間とは何だろうか？　ガウスとボヤイとロバチェフスキーが発見した双曲空間は，平行線公準の代わりに，「任意の直線について，その線上にない一点を通ってもとの直線に平行な直線が一本ではなく何本も引ける」と仮定することにより得られる空間である．ガウスがタウリヌスに宛てた手紙によれば，その空間には，三角形の内角の和がつねに180度よりも小さくなるという性質がある．ガウスはその差分を"角度欠損"と呼んだ．ウォリスが偶然発見したもうひとつの性質は，相似三角形が存在しないというものだった．このふたつの性質は相互に関連し合っている．というのも，角度欠損の大きさは，三角形の大きさに応じて変化するからだ．三角形が大きくなるほど角度欠損も大きくなり，小さな三角形ほどユークリッド的である．双曲空間の図形は，ユークリッド的な形に近づきはしても，完全に一致することはない．それはいわば，光の速度やわれわれの理想体重のようなものだ．

　公準のひとつが少々変更されただけとはいえ，平行線公準を変更することで立ち上がった波は，ユークリッドのすべての定理を洗いながら伝播し，空間の形にまつわるありとあらゆるものを変えていった．あたかもガウスがユークリッドの窓に入っていたガラスをはずし，風景を歪めるレ

ンズと取り替えたかのように.

　ガウスもロバチェフスキーもボヤイも,この新しいタイプの空間を視覚的にとらえる簡単な方法を見つけることはできなかった.それを成し遂げたのがエウジェニオ・ベルトラミである.そして,さらに簡単な方法を発見したのが,数学者にして物理学者,そして哲学者でもあり,のちのフランス大統領レイモン・ポアンカレの従兄弟でもあるアンリ・ポアンカレだった.当時も今も,ポアンカレといえばレイモンのほうが有名だが,アンリも気の利いたセリフを言うのが得意だった.「数学者は生まれるものであり,作られるものではない」[1]とはアンリ・ポアンカレの言葉である.こうして格言が生まれ,アンリの遺産は広く一般社会にも受け継がれることになった.学問の世界を一歩出れば格言ほどは知られていないけれども,アンリは1880年に行った研究のなかで,双曲空間の具体的なモデルを定義したのである[2].

　モデルを作るにあたって,ポアンカレは線や面といった基本的要素を具体的なモノで置き換え,それらのモノで双曲幾何学の公理を表した.曲線や面など未定義の用語をほかの言葉で言い換えることには何も問題はない.ただし,それらの言葉に公理を適用したときに引き出される意味に,あいまいさや矛盾があってはならない.たとえば,非ユークリッド平面のモデルとして,シマウマの体表を考えてみよう.矛盾さえ生じなければ,シマウマの毛穴を点とし,縞模様を線としてもかまわない.ためしにユークリッ

ドの第一公準をシマウマ空間にあてはめれば次のようになる.

1. 任意の二つの毛穴が与えられたとして，それらを端点とする一本の縞を引くことができる.

この公準はシマウマ空間では成り立たない. シマウマの縞には幅というものがあるし，縞には向きというものがある. したがって，縞の向きに沿った座標は同じ値をもち，幅方向に沿った座標は離れているような二つの毛穴は，縞の端点にはならない. ポアンカレのモデルはシマウマにはあてはまらないのだ. むしろそのモデルは菓子のクレープに似ている.

ポアンカレの宇宙は次のような構造になっている. 無限に広がった平面を，クレープのような有限の円盤に置き換える. しかしその円盤は無限に薄く，縁の形は完璧な円でなければならない. "点"は，デカルト以来のいわゆる点であり，細かい粉砂糖みたいなものと思えばいいだろう. 点は円盤上のどこかにある. ポアンカレの"線"は，クレープパンの溝の形をした茶色い焼き目だ. もう少し専門的にいうと，線とは「円盤の境界と直交するあらゆる円弧」[3]のことである. この線と，われわれが直観的にイメージする線とを区別するために，この線を"ポアンカレ線"と呼ぶことにしよう.

こうして具体的なモノのイメージを作ったポアンカレ

は，今度はそれらに適用される幾何学的概念に意味を与える必要があった．重要な概念のひとつに"合同"がある．これは形が同じかどうかに関するやっかいな概念で，ユークリッドは，それを確かめるには実際に重ねてみればよいとした．彼は"共通概念"（公理）の四番めとして，次のように述べている．

4. 互いに重なり合うものは互いに等しい．

すでにみたように，図形を移動させても変形しないことが保証されるのは，ユークリッドの平行線公準を使った場合だけである．したがって，非ユークリッド空間では，"共通概念"の四番めを使って合同かどうかを確かめるわけにはいかない．そこでポアンカレはまず，長さと角度の測り方を体系的に定義した．そして，ふたつの図形があるとき，各辺の長さと，辺と辺のあいだの角度が同じならば，それらふたつの図形は合同だと定義したのだ．あたりまえの話だと思われるかもしれないが，ほんとうにそうだろうか？ 実は，話はそれほど単純ではないのである．

角度の測り方を定義するのは簡単だ．ポアンカレは，二本のポアンカレ線のなす角度を，その交点における接線のなす角度として定義した．しかし，長さ，すなわち距離を定義するのは，ポアンカレにとってもそれほど簡単ではなかった．距離がやっかいな概念だということは読者にも容易に予想がつくだろう．なにしろポアンカレは，無限の平

面を有限の領域に押し込めたのだから．たとえばユークリッドの第二公準を考えてみよう．

2. 線分の両端は，いずれの方向にも無限に延ばすことができる．

　普通の距離の定義を使えば，クレープ上でこの公準が成り立たないのは明らかだろう．しかしポアンカレは距離の定義を変更し，クレープ空間の端に近づくにつれて空間が圧縮されるようにし，実質的に有限空間を無限空間にしたのだった．こう言うと簡単そうに聞こえるかもしれないが，ポアンカレにとっても距離を再定義するのは簡単ではなかった——どうにか容認できる定義にするために，いくつもの条件を課さなければならなかったのだ．一例を挙げれば，「二点間の距離はつねにゼロより大きくなければならない」といった条件がそれである．また，ポアンカレの採用した厳密な形式によれば，二点を結ぶポアンカレ線は，最短距離でなければならない（そのような線を測地線という）．これはユークリッド空間における普通の直線が，二点間の最短経路になっていることに相当する．

　双曲空間を定義するのに必要な幾何学の基本概念をよく見なおしてみると，ポアンカレのモデルはそれぞれの概念に矛盾が生じない解釈になっていることがわかる．ここでは一例として，問題の平行線公準をみておこう．平行線公準の双曲空間バージョンを，ポアンカレ・モデルに対する

17 ポアンカレのクレープと平行線

プレイフェアの公理の形で表せば次のようになる.

> 任意のポアンカレ線とその線上にない点があるとき, その点を通り, もとのポアンカレ線に平行なポアンカレ線はたくさん存在する.

なぜそうなるかは, 次ページの図を見れば一目瞭然だろう.

双曲空間のポアンカレ・モデルは, それまでの数学者が多大な労力を払って明らかにした奇妙な定理や性質を, わかりやすく視覚化するための実験室だった. たとえばこの空間で長方形を描こうとするとどうなるだろうか. まずはじめにポアンカレ線を一本引く. 次にこのポアンカレ線に対して垂直に, 同じ側に向かうように二本のポアンカレ線を引く. 最後に, この二本のポアンカレ線を, どちらのポアンカレ線に対しても垂直なポアンカレ線で結ぶ. ところがそんなポアンカレ線は引けないのである. ポアンカレの空間(非ユークリッド空間)には, 長方形は存在しないのだ.

いったいポアンカレは何をやったのだろう? こんな情景を想像してみよう. アンリがパリ大学でこのモデルに関するセミナーを終えた. 眼鏡をかけた数人の数学者が, 得意げな男に向かって礼儀正しく賞賛の声を上げる. セミナーの後で, アンリは会食に招待されるだろう. みんなはアブサンを飲みながら, クレープにジャムで長方形を描いて

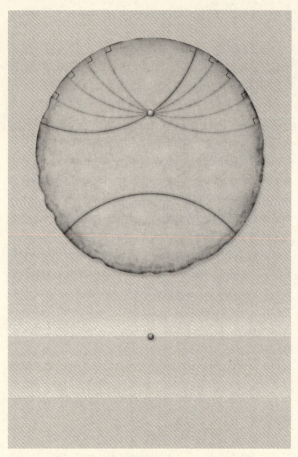

双曲空間内の平行線とユークリッド空間

みる……. それはそれでけっこうだが, それから100年以上も経った現在, なぜクレープの幾何学についてこんな本に書かなくてはいけないのだろう? なぜ知的で多忙な読者が, その本を読んでいるのだろう?

その理由は, ポアンカレのモデルが単なる双曲空間のモデルではなく, (2次元の) 双曲空間そのものだからである. 数学的にいえば, 双曲面に対する数学的記述はすべて同型であることが証明されたのだ (数学者は「同じ」というときに「同型」という). もしもわれわれの住む世界が双曲空間なら, ポアンカレのモデル (を3次元にしたもの) とまったく同じことが起こる. ディズニーの曲に引っかければ,「イッツ・ア・スモール・クレープ」というわけだ.

● ■ ▲

双曲空間が発見されてから数十年後, それとは別の非ユークリッド空間が見つかった. 楕円空間である. 楕円空間は, 双曲空間とは別のやりかたで平行線公準を成り立たなくさせることにより得られる. すなわち, 平行線は存在しないと仮定するのである (平面上のすべての線が交差する). 2次元にかぎれば, 平行線が存在しないような空間については, ギリシャ人たちも異なる文脈で詳しく調べていたし, あのガウスも研究した. しかし彼らはみな, 自分の研究している空間にそんな重要な意味があることには気づかなかった. それも無理はないだろう. なぜならユーク

リッドの公理系の内部では,たとえ平行線公準を別の形で置き換えたとしても,楕円空間は存在できないことがわかっていたからだ[4]. しかしついに,問題があるのは楕円空間ではなく,ユークリッドの公理系のほうだということが示されたのである.

18
あらゆる直線が交差する空間

1816年からの10年間，ガウスは家を離れ，ドイツ各地を調査することに多大な時間を費やした[1]．それは今日ならば測地調査とでも呼ばれるような作業だった．調査の目的は，都市などの目標物間の距離を測り，それらのデータを地図に表すことである．この作業は思うほど簡単ではない．その理由はふたつある．

ガウスが克服しなければならなかった第一の障害は，当時の測量機器では，あまり大きな距離は測れなかったことである．このため，直線の長さを測定するにも短い線をつなぎ合わせなければならず，そのたびにランダムな誤差が含まれてしまう．そして誤差も積もれば山となるのだ．ガウスはこの問題を克服するために，並の研究者（たとえばこの本の著者）のようなことはしなかった．つまり髪をかきむしって子どもを怒鳴りつけるとか，測量機器をいくらか改良してみたりといったことだ．そしていずれは結果を発表し，さも重要な成果であるかのように粉飾するわけである．しかしガウスはそんなことをする代わりに，近代的な確率論および統計学の中核となる重要な概念を発明したのだった．その概念は，「ランダムな誤差は平均値を中心として釣り鐘型の分布になる」という定理の形で述べることができる．

誤差問題を解決したガウスが次に直面したのは，地球が球形をしていることや土地に高度差があるために3次元的になっているデータを，2次元である地図上にどうやって描くかという難問だった．この問題の根本的な原因は，地球の表面はユークリッドの平面とは異なる幾何学をもっていることである．ボールを紙で包んで子どもにプレゼントしようとしたことのある親ならば，これと同じ問題にぶつかっているはずだ．紙を小さく切ってボールに貼りつけることで良しとするなら，専門的な細かい点は別として，ガウスと同じ方法で問題を解決したことになる．その専門的な細かい点を，ガウスは1827年の論文で発表した．そして今日では，その専門的な細かい点のまわりに，まるまるひとつの数学領域が発達しているのである．その領域のことを微分幾何学という．

　微分幾何学とは，デカルトが発明した座標による記述法で曲面を記述し，微分法を用いて曲面のようすを調べていく曲面の理論である．なんだか狭そうな領域だと思われるかもしれない．コーヒーカップや飛行機の翼や，鼻の形を調べるためには使えるかもしれないが，われわれの住むこの宇宙の構造を調べることはできそうにないと．しかしガウスはそうは思わなかった．1827年の論文のなかで，彼はふたつのことに注目した．ひとつは，表面はそれ自体として空間とみなせるということである．たとえば地球の表面は，われわれの暮らす空間とみなせる．空の旅ができるようになるまでは，まちがいなく地球の表面がわれわれの

空間だった.「一粒の砂のなかに宇宙を見る」と書いたときにブレイクが思い描いたのは，これとは別のことだったかもしれないが，この詩は曲面の幾何学にふさわしい.

ガウスが得た画期的アイディアは，与えられた空間の曲率を知るためには，その空間から飛び出す必要はないということだった．その空間を含むような，より大きな空間を考える必要はないのである．これをより専門的にいえば，「曲がった面の幾何学は，より高次のユークリッド空間を考えなくても研究できる」ということになる．空間は曲がっていてもよいが，もっと大きな空間のなかで曲がるわけではないというこの考え方は，のちにアインシュタインの一般相対性理論でも必要になる．外から眺めることができない以上，われわれの住む3次元空間の曲率（曲がりの程度）を知るためには，この種の定理だけが頼りなのである.

外から眺めなくとも空間の曲率がわかるのはなぜだろう？これを理解するために，アレクセイとニコライに，地球の表面という空間に閉じ込められた生き物になってもらおう．ふたりが経験することは，われわれの経験とどのようにちがうだろうか？ふたりは飛行機の旅ができないし，エベレスト山にも登れない．そして彼らの世界では，高跳びのオリンピック記録は0センチメートルになるだろう.

はじめに高跳びの記録について考えてみよう．問題は，単にアレクセイが地面から離れられないことだけではな

い．彼には「地面から離れる」という"概念"がないのだ．しかしこれに関しては，3次元世界の住民であるわれわれも優越感にひたっている場合ではない．今この瞬間にも，4次元世界の住人が，パーティーでマルガリータをすすりながらわれわれを「見下ろし」，3次元空間に閉じ込められている不自由さを面白がっているかもしれないのだから．われわれもまた地面を這う虫と同じく，4次元空間のなかで「跳び上がる」という概念をもたないのである．

　アレクセイとニコライがエベレスト山に登れないという点も，やはり説明が必要だろう．もちろん彼らも頂上に達することはできる．頂上も地表の一部なのだから当然である．しかし彼らには「高くなる」という概念がない．アレクセイが山麓から頂上に向かって歩き出せば，われわれが重力と呼ぶものが，彼を麓に押し返す不思議な力として現れるだろう．あたかも山の頂が，そこに近づく者を遠ざけようとするかのように．

　不思議な力の出現とともに，空間の幾何学が歪みはじめる．たとえば，内部に山を含むような三角形の領域は，不思議なほど広い面積をもつことになる．われわれはこの現象を，山の表面積は基底部の面積よりも大きいからだと理解する．しかしアレクセイとニコライにしてみれば，これは空間の歪みにほかならない．

　アレクセイとニコライは，砂に突きささった棒を想像することもできないし，太陽が外の空間から光を投げかけて作る影を見ることもできない．水平線のかなたに消えてい

18 あらゆる直線が交差する空間

く船もぺったりと平らで,船体とマストの区別もない.地球の丸さを知るために古代人が利用した手がかりもなくなり,彼らが知りうるのは,自分たちの空間内における点と点との距離,およびその関係だけとなる.三番めの空間次元から得られる手がかりがなければ,かのユークリッドも,この世界は非ユークリッド的だと結論していたかもしれない.

古代にノンユークリッドという名前の女性研究者がいたとしよう.アカデメイアの一室で,彼女はわれわれのユークリッドと同じ結論に達した.しかし彼女は『原論』を世に問う前に,研究室の壁を越えた大きなスケールの空間でもその理論が成り立つかどうかを確かめることにした.彼女の指導する大学院生アレクセイが,図書館から地図をもってきてくれた.

その地図を見ると,緯度0度,東経9度のところにガボン共和国の首都リーブルヴィルがあり,そこから北に12度進むと,ナイジェリア連邦共和国のカノがある.また,リーブルヴィルから東に24度進むと,ウガンダ共和国の首都カンパラがある.これら三つの都市は直角三角形の頂点になっている.さて,ユークリッド幾何学の基本定理のひとつにピタゴラスの定理がある.ノンユークリッドはアレクセイに,この定理が成り立っているかどうかチェックしてくれるよう頼んだ.アレクセイの計算は次のようになった.

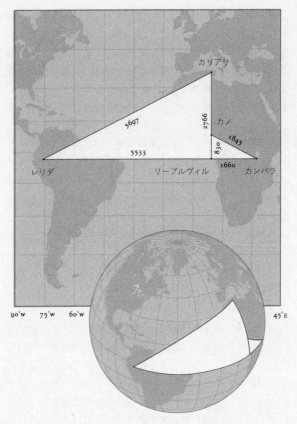

地球上の三角形

斜辺以外の二辺の平方の和：　　3444500
斜辺の平方：　　　　　　　　　3404025

　計算結果を見たノンユークリッドは，アレクセイの計算のずさんさに文句を言った．ところが検算してみると，アレクセイの計算は正しいことがわかったのだ．そこで理論家であるノンユークリッドはこう考えた——数値が合わないのは実験誤差のためだろう．彼女はニコライという別の院生を図書館にやって，もっと大きな三角形のデータをもってこさせた．その三角形は，リーブルヴィルと，そこから北に39度進んだところにあるイタリアのカリアリ，そして西に71度進んだところにあるコロンビアのレリダである．ニコライの計算結果は次のようになった．

斜辺以外の二辺の平方の和：　　38264845
斜辺の平方：　　　　　　　　　32455809

　ノンユークリッドは納得がいかないようすだ．今度の食いちがいは，前のよりも大きくなっている．同僚のノンピタゴラスがまちがいを犯すとは考えられない．ノンユークリッド自身，これまで何十という三角形を測ってきたが，こんなズレに気づいたことはなかった．そのときアレクセイが声をあげた．「先生がこれまで測定された三角形は小さいものばかりでしたが，これらふたつの三角形は大きいからではありませんか？」ニコライが言う．「三角形が大

きくなるほど，食いちがいも大きくなっています」．ニコライは，これまで測った三角形はみな，狭い実験室のなかか，市内にある小さなものだったため，誤差に気づかなかったのではないだろうかと考えた．

そこでノンユークリッドは研究助成金を使い，アレクセイとニコライをニューヨークに送り込むことにした．彼女はアレクセイに，北緯40度45分西経74度0分のニューヨークから出発して，経度にして10分だけ西に進むように言った．そうするとだいたいニューアークの町に着くはずである．一方のニコライは緯度にして10分だけ北に進み，ニュージャージー州ニューミルフォードに着いた．この三点は，ほぼ正確な直角三角形の頂点になっている．ニューヨークからニューアークまでは8.73マイル，ニューミルフォードまでは11.53マイル，ニューミルフォードからニューアークまでは14.46マイルである．

ノンユークリッドはこれらの数値を使って，ピタゴラスの定理が成り立つかどうかを調べた．

斜辺以外の二辺の平方の和： 209
斜辺の平方： 209

これくらい小さな三角形ならば定理は成り立つということだ．ノンユークリッドの頭のなかで，非ユークリッド幾何学が形を成しはじめた．彼女はアレクセイとニコライを最後の調査に送り出した．

18 あらゆる直線が交差する空間

　今回アレクセイとニコライは，ニューヨークからほぼ真東の北緯40度西経4度にあるマドリードまで航海することになった．しかし航海は一度ではなく，少しずつ異なるルートを何度も行き来し，そのたびにその距離を正確に測るものとした．この調査はコロンブスの航海と同じく，大陸間を結ぶ最短ルートを探すためのものだった．それは測地線を探す旅なのである．数年はかかる調査だが，結果を発表すれば大きな注目を浴びるだろう．

　ニューヨークからマドリードまで，北緯40度の線に沿って「まっすぐ」東に進むのが最短ルートなのだろうか？　実を言えば，最短ルートは，次ページの地図に示したような奇妙な曲線を描くのである．まずは北東に向かい，それから徐々に南方に向かうよう舵をとり，最後には南東を向く．ボウリングのボールを転がせば同じルートで転がるはずだし（障害物はないとして），アメリカムナグロやハリモモチュウシャクシギなど非凡な能力をもつ鳥もこのルートで渡りをする[2]．2次元世界のエジプト人が，ロープを張って区割りをするときもそうなる．

　なぜそうなるかは，地球を宇宙空間から眺めればすぐにわかる．まっすぐ東へ向かう経路が最短ルートにならないのは，地球上を移動するとき「東」や「北」といった方角は固定されていないからだ．東や北と呼ばれる方角は，ニューヨークからマドリードに向かうにつれて，3次元空間のなかで回転するのである．ニューヨークからマドリードへ向かうルート，あるいは地球上のあらゆる二点を結ぶ最

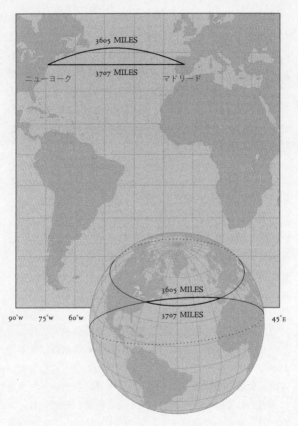

ニューヨーク—マドリード

短ルートは，大円と呼ばれる曲線に沿ったものになる（大円という名前は，球の中心を通る任意の平面と地表との交線が，球面上に描ける最大の円であるところからつけられた）．大円はポアンカレ空間内のポアンカレ線のようなものであり，われわれとしては直線と呼ぶのが自然であり，ユークリッドの公理のなかでは直線の役割をはたしている．地球の経線はすべて大円である．赤道は，緯度が一定となる唯一の大円である（赤道以外の緯線はすべて，中心が地軸に沿って上または下にずれた円になっている）．

しかしノンユークリッドのように平面内に閉じ込められた者は，地球を外から眺めることができない．ガウスとは異なり彼女にとっては，「地球の中心」も「地球の外側」もないのだ．アレクセイとニコライの測定値からヒントを得た彼女は，自分たちの生活する空間は一種の非ユークリッド空間であると考えた．しかしその空間は双曲空間ではなかった．地球の表面は，楕円空間だったのである．

ノンユークリッドの空間においては，すべての直線すなわち大円は交差する．そしてあらゆる三角形の内角の和は，180度よりも大きくなる（双曲空間内では180度よりも小さくなる）．たとえば，赤道と二本の経線とを三辺とし，北極を頂点とする三角形の内角の和は270度である．双曲空間でもそうだったように，この空間でも小さな距離ほどユークリッド空間に近くなる．空間が曲がっていることに気づかなかったのはそのためだったのだ．たとえば，三角形が小さくなるほど，内角の和が180度を越える程度

も小さくなる.

　楕円空間の幾何学は,球面幾何学という名前で古代からよく知られていた.大円は測地線として知られていたし,球面上に描かれた三角形のそれぞれの部分を関係づける公式も見いだされ,地図製作に応用されていた.しかし楕円空間はユークリッドのパラダイムに合わなかったため,地球が楕円空間だという発見は,ガウスの教え子であるゲオルク・フリードリヒ・ベルンハルト・リーマンの登場を待たねばならなかった.ガウスの晩年になされたこの発見が,湾曲空間革命の駆動力となるのである.

19
リーマンの楕円空間

 ゲオルク・リーマンは，1826年，ガウスの出生地からほど遠からぬブレーゼレンツという小さな村に生まれた[1]．リーマンには5人の兄弟姉妹がいたが，その多くは，彼自身がそう運命づけられていたように，若くして死んだ．母親もまた彼が成人する前に亡くなった．彼は10歳になるまで，ルター派の牧師である父親から自宅で教育を受けた．好きな科目は歴史で，とくにポーランドの国民運動に関心を寄せていた．「きまじめそうなやつだから，社交的な人生は送れそうにないな」と思うなら，その想像は当たりである．実際彼は病的なまでに内気で引っ込み思案だった．そして，頭は恐ろしく良かった．陰謀説の好きな人なら，ガウスとリーマンを動かぬ証拠として，19世紀初頭，優秀な異星人がドイツのハノーヴァーあたりに植民地を作り，周辺の貧しい家族に少なくともふたりの天才児を預けたにちがいないと言いだしてもおかしくはない．幼少時のリーマンにガウスのようなエピソードはないけれど，彼もまた，とてもわれわれの同類とは思えないほど頭が良かったのだ．

 リーマンが19歳のとき，ギムナジウムの校長であるシュマルフスが一冊の本を貸してくれた．アドリアン＝マリー・ルジャンドルの『数論』[2]である．それは若きリーマ

ンにいきなりバーベルを持たせ，重量挙げの世界記録に挑戦させるようなものだった．そのバーベルは859ページもあった——しかも大判で，各ページにぎっしりと文字や記号が並び，抽象的な理論がこれでもかと詰め込まれていた．世界チャンピオンでも大汗をかいてウンウン唸らないと持ち上げられないような，ヘルニア必至の代物だったのだ．しかしリーマンにとってその本は，とくに考え込むこともなく次つぎにページをめくれる軽量級のバーベルだった．6日後，リーマンは「とてもおもしろかったです」と言ってその本を返した．それから数か月後にその本の内容について試験されたリーマンは，完璧な回答をした．後年，彼は数論の領域にきわめて重要な貢献をすることになる．

　1846年，このときもまだ19歳だったが，リーマンはガウスのいるゲッティンゲン大学に入学することになった．はじめ神学を専攻したリーマンは，虐げられたポーランドの人びとのために祈ったのかもしれない．しかしじきに，数学という初恋の相手に鞍替えすることにした．彼はベルリンでしばらく過ごしたのち，1849年，博士論文を仕上げるためにゲッティンゲン大学に戻った．論文は1851年に提出されたが，その審査にあたった教授のなかに，かのガウスが含まれていたのである．ガウスはすでに伝説の人となっており，学生に対する厳しさでも伝説的だった．

　ガウスはリーマンの仕事に対して，数学の研究に感心したときには（そういうことはめったになかったのだが）い

つもとる態度をとった。そしてリーマンについて,「創造的で活発な,真に数学的頭脳と,すばらしく豊かな想像力をもっていることがよくわかる」と述べた[3]. ガウスはそれにつけ加えて,自分も同様の研究をしたことがあるが,発表はしなかったとも書いている(死後の調査により,その言葉は正しいことがわかった). リーマンはこれを大いに喜んだ. 1853年,27歳のリーマンは,ゲッティンゲン大学の講師へとつづく長い道のりの最後の峠を越えようと奮闘していた. 当時のドイツの大学講師は,現代の大学講師ほどのささやかな給料すらもらえなかった. いわゆる給料はゼロだったのだ. われわれならばご免被りたい職である. しかしリーマンにとって,それは教授への足がかりとなる,喉から手が出るほどほしい職だった. それに学生からの謝礼はもらえたのだ.

リーマンが越えるべき最後のハードルは,資格審査のための試験講義をすることだった. 彼自身が講義のために三つの論題を示し,教授会がそのなかからひとつを選ぶことになっていた. たいていは一番めの論題が選ばれる. しかしリーマンは万一に備えて,一番めだけでなく二番めの論題についても万端の準備を整えていた. ところがあろうことか,ガウスは三番めを選んだのである.

リーマンは三番めの論題にもそれなりに興味はもっていたはずだが,それほど詳しいわけではなかった. 就職の面接試験を受ける学者は,ルクセンブルクの政治を研究しているのなら,たとえリストの三番めとはいえ,スリランカ

の爬虫類をもち出したりはしない．ガウスが三番めの論題を選んだとき，リーマンは「どうしてこんなものをリストに入れてしまったのだろう」と自問したことだろう．当時ガウスは病状も芳しくなく，医者からも死期が近いことを知らされていた．そしてリーマンが三番めの論題として挙げた「幾何学の基礎をなす仮説について」は，ガウスがまさにその生涯を通じてもっとも深く考えつづけてきたテーマだったのだ．

リーマンの反応は想像に難くない——彼は数週間ほど一種の虚脱状態に陥り，ぼんやりと壁を見つめていたのである．しかしやがて春になると，彼は気持ちを立て直し，7週間のうちにどうにか講義の準備を整えた．講義は1854年6月10日に行われた．就職の面接試験の期日とその詳細が後世に詳しく伝えられているのは，歴史上きわめて稀なことである．

リーマンは微分幾何学の観点に立ち，全体としての幾何学的特徴ではなく，面上のきわめて小さな領域の特徴に注目した．実をいえば，彼は「非ユークリッド幾何学」という言葉を使ったわけではない．しかし彼がやろうとしていることは明白だった．リーマンは，球面は2次元の楕円空間として解釈できると述べたのである．

ポアンカレと同じくリーマンもまた，"点"，"線"，"面"という用語に彼独自の解釈を与えた．面としては球面を選んだ．点はポアンカレと同じく，デカルトの手法にしたがって一対の数，すなわち座標で示される位置とした（本質

的に緯度と経度である).そして直線は大円,すなわち球面上の測地線とした.

ポアンカレのモデルのときと同様,リーマンのモデルでも公準の解釈に矛盾が生じないことを確かめなければならない.思い出してほしいが,ユークリッドのパラダイムのなかでは,楕円空間は存在できないのだった.案の定,リーマンのモデルにはいくつか小さな問題のあることがわかった.新しい平行線公準を設けて新しい空間を作るのはかまわないが,リーマンの空間は,それ以外の公準と矛盾したのである.たとえばユークリッドの第二公準をみてみよう.

2. 線分の両端は,いずれの方向にも無限に延ばすことができる.

このことは,球上の大円の一部に対しても成り立つだろうか? リーマン以前,第二公準は,「どんなに長い線分も存在できる」ことを意味すると考えられていた.しかし大円の場合,長さには限度がある.円周の長さ,すなわち半径をrとして$2\pi r$を越えることはないのだ.

しかし数学の世界でも,決まりを破ることがよい結果を生むことがある.このときのリーマンは,公民権運動の母ローザ・パークスだった——不法ではないが理不尽なことに疑問を投げかけ,バスの後部に座ることを拒否した女性である.リーマンはこう主張した.第二公準が必要なの

は，長い線分の存在を保証するためではなく，直線には終わりがないことを保証するためにすぎない，と．それならば，この公準は大円でもたしかに成り立っている．数学界の最高裁判所は，数学者のコミュニティーそれ自体である．そして数学者たちはこの主張に首を傾げた．若きリーマンの新解釈はいったい何を意味するのだろう？　その新しい解釈は，他の公準と矛盾しないのだろうか？　いや，矛盾しないようにできるのだろうか？

　実は，矛盾が起こるのは第二公準だけではなかった．リーマンの線の概念はほかにも問題を引き起こし，彼はそれを説明することができなかった．たとえば大円は，「二本の直線はただ一点で交わる」という仮定に反している．経線が北極と南極の二か所で交差するように，すべての大円は，球面上の互いに反対側に位置するふたつの点で交わるからである．

　「何かと何かのあいだ」という概念もまた，意味がわからなくなった．ユークリッドはこの概念を基礎として第一公準を打ち立てた．

　1. 任意の二点が与えられたとき，それらを端点とする
　　　線分を一本引くことができる．

　与えられた二点の"あいだ"に点を作るために，ユークリッドならば二点を結ぶ線分を引くだろう．この線分上にある（端点を除く）すべての点が，二点の"あいだ"にあ

ると考えられる．しかしリーマンのモデルでは，ひとつの円周に沿って二点を結ぶ方法はつねにふた通りある．たとえばインドネシアは，赤道直下のアフリカと，やはり赤道直下の南アメリカとの"あいだ"にあるだろうか？ これを調べるには，赤道に沿ってふたつの大陸を結び，その線がインドネシアを通るかどうかをみればよい．しかしこのモデルでは，南アメリカが東向きにアフリカまで行く方法と，西向きに行く方法がある．一方の線はインドネシアを通過するが，もう一方は通過しない．

　このあいまいさがあるせいで，二点を線分で結ぶことはもちろん，ユークリッドのすべての証明がよく定義されていないことになってしまうのである．ここからいくつか奇妙なことが起こる．たとえば，リーマンの球面宇宙の半径が，地球のようにざっと6000キロメートルではなく，60キロメートルだとしよう．よく晴れた日に前方を見ると，自分の後ろ姿が見えるだろう．あなたの背中は，あなたの前方にあるのだろうか，それとも後方にあるのだろうか？ あるいはフラフープを考えてもいい．フラフープの半径を1メートルとしよう．腰を振りながらあなたは考える．自分はフラフープの内側にいるだろうか？ もちろんそうだ．次に，フラフープが陸上競技場のトラックほども大きくなったとしよう．フラフープとしては大きいが，半径60キロメートルの地球にくらべれば小さなものだ．そのまんなかに立つあなたは，まだ確信をもってフラフープの内側にいると言えるだろう．では，フラフープの半径が

60キロメートルになったらどうか．ちょうどリーマン球面宇宙を赤道のように取り囲む大きさだ．このとき突然，あなたはフラフープの内側にいるのか外側にいるのかわからなくなる．フラフープをさらに広げる（フラフープの縁をあなたから遠ざけるようにする）とフラフープは逆に小さくなり，ついには最初と同じぐらいのサイズになる．だがこのとき，半径1メートルのそのフラフープの中心は世界の反対側にあるのだ．あなたはフラフープの外側にいるように見えるだろう．フラフープを大きくしただけで，あなたの居場所は内側から外側に変わってしまったのだ．なぜそんなことが起こるのだろうか？　それは"あいだ"という概念がなくなり，それにともなって前や後ろ，内や外といった概念も，それほど単純ではなくなるからだ．これらが素朴に考えた楕円空間の矛盾点である．

　これらの難問を取り除くには，たくさんの概念を注意深く定義し直さなければならない．例によってガウスはこれらの問題を予見していた．1832年，彼はヴォルフガング・ボヤイに宛てて次のように書いている．「この理論を完全に作り上げる過程で，"あいだ"といった言葉を，明確な概念の上に打ち立てる必要が生じるでしょう．そうすることは可能ですが，これまでのところ私にはその方法が見いだせておりません」[(4)]．ガウスはリーマンの仕事にもそれを見いだせなかった．しかしリーマンは，主に面の小さな領域に関心を寄せていたので，大域的な矛盾にはたじろがず，またとくに興味もなかったようである．このように明

白な問題点もありながら、リーマンの試験講義は数学における最高傑作のひとつとみなされている。しかし未解決の問題があったせいで、あたかもスタートレックの光子魚雷のように、数学者の宇宙をただちに明るく照らし出したわけではなかった。リーマンの講義からまもなくガウスが亡くなった。リーマンはその後も、空間の大きなスケールでの幾何学よりも局所的構造に焦点を合わせた研究をつづけたが、その仕事が彼の存命中に数学界を揺さぶることはなかった。

1857年、31歳のリーマンはついに助教授の職を得た。年に300ドル相当の薄給である。その金でリーマンは、生き残っていた三人の姉妹を養った。まもなく末の妹のマリーが死んだ。1859年、ガウスの後継者であったディリクレが没すると、リーマンはかつてガウスが就いていた地位に昇進した。そして3年後、36歳のときに結婚した。その翌年に女の子を授かった。まずまずの給料を得、子どももできたリーマンの人生は上を向きかけていた。だがそうはならなかったのだ。彼は胸膜炎を患ったのがもとで結核になり、きょうだいたちと同じく、若くして世を去った。リーマン39歳のときのことである。

微分幾何学に関するリーマンの研究は、アインシュタインの一般相対性理論に基礎を与えるものだった。リーマンが無謀にも、試験講義の論題リストに幾何学を挙げたりしなければ、またガウスがあえてそのテーマを選ばなければ、アインシュタインが物理学に革命を起こすために必要

とした数学の道具は存在しなかっただろう．しかし楕円空間に関するリーマンの研究は，物理学に革命を起こすよりも先に，まずは数学に激震を起こした．平行線公準以外の公準までも変える必要があるということは，より合わされたロープがほつれるようなものである．ロープはじきにプツリと切れた．数学者たちはそうなってはじめて，そのロープからぶら下がっていたのが幾何学だけではなく，数学全体だったことに気づいたのである．

20
2000年後の化粧直し

　リーマンが1854年に行った試験講義の内容は，ようやく1868年に論文として発表された．それは彼の死から2年後，バルツァーの本のおかげでボヤイとロバチェフスキーの研究が世に知られた翌年のことだった．そうしてリーマンの仕事の意味が明らかになるにつれ，ユークリッドの犯した過ちには，いくつかタイプがあることがわかってきた．たとえば，暗黙の仮定をたくさん置いてしまったこと，仮定の立て方が適切でない場合があること，定義できる以上のものを定義しようとしたことである．

　今日の目で見れば，ユークリッドの論証には多くの欠陥があることがわかる．それほど重大ではない欠陥のひとつに，"共通概念"（公理）と公準との区別が不自然だ，というものがある．今日われわれは，仮定はすべて公理にしようとしているし，単に「現実味がある」とか「常識的だ」とかいう理由で，それが真であると認めたりはしない．しかしこれはかなり近代的な態度であって，ガウスがカントに勝った点でもあるから，ユークリッドがそうしなかったからといって責めるわけにはいかない．

　ユークリッドの体系がもつ構造的欠陥として，無定義用語の必要性が認識されていなかったことが挙げられる．たとえば辞書で「空間」を引けば，「すべての方向に広がっ

た無限の場所」と定義されている．だが，この定義に意味はあるのだろうか？「空間」という言葉を，「場所」という言葉で置き換えただけではないだろうか？　もしも「場所」という言葉がよくわからなければ，また辞書で調べることになる．すると辞書には，「場所」とは「ある物体によって占められた空間の一部」と書いてある．つまり「場所」と「空間」というふたつの言葉は，互いに互いを定義し合っているのだ．

　これは簡単な例だが，つまるところ辞書に載っている言葉はどれもみな，ほかの言葉で定義されているのだから，最終的にはあらゆる定義がこういう事態になっているはずだ．有限な言葉のなかで堂々めぐりをしたくなければ，定義されない言葉をいくつか辞書に載せておくしかない．今日では，数学体系には無定義用語が必要だということがわかっている．そしてわれわれは，無定義用語を，その体系が意味をもつために必要最低限の数に絞ろうとしているのである．

　無定義用語を扱うときは注意が必要だ．たとえ物理的にみて意味は明白だとしても，きちんと証明せずに何らかの意味を読み込んだりすれば，あっというまに迷子になってしまうからである．サービトは，ある直線から等距離のところにある点の集合は直線になるという，直観的には「明白な」特性を使ったために，この誤りを犯してしまった．すでにみたように，ユークリッドの体系の内部には，平行線公準以外にこれを保証するものはないのだ．無定義用語

を用いるときには，その言葉がもっていそうな意味はすべて無視しなければならない．ゲッティンゲン大学の偉大な数学者ダーフィト・ヒルベルトの言葉を借りれば，「点，線，円と言うかわりに，男，女，ビールジョッキと言うことができなければならない」のである[1]．

しかし無定義用語も，いつまでも意味がないままではない．というのは，その言葉に関係する公準や定理によって，新たな定義を獲得するからである．たとえばヒルベルトに倣って，「点，線，円」を「男，女，ビールジョッキ」に呼び変えてみよう．それらの意味は，命題によって定まる．ユークリッドの最初の三つの公準にあてはめれば次のようになる．

1. 任意のふたりの男が与えられたとき，そのふたりを端点としてひとりの女を引くことができる．
2. 任意の女は，いずれの方向にも無限に延ばすことができる．
3. 任意の男が与えられたとして，その男を中心として，任意の半径をもつビールジョッキを描くことができる．

ユークリッドはこれ以外にも純粋に論理的な誤りを犯し，いくつかの定理を証明する際に，踏んではならない手順を踏んでしまった．たとえば彼はいちばん最初の命題で，与えられた任意の線分を使って正三角形を作図するこ

とができると述べた.それを証明するために,彼はまず線分の両端に,その線分の長さを半径とする円をひとつずつ描いた.そして,これらふたつの円が交わる点を利用して,正三角形を作図したのである.このようにすればふたつの円は必ず交差する.しかし彼の論証には,この交差点の存在を保証するものが含まれていないのだ.それどころかユークリッドの体系には,線や円の連続性を保証する公準が含まれていない.つまり,線や円には切れ目がないことが保証されていないのである.彼はこのほかにも,証明に際していろいろな仮定を,それと知らずに利用している.たとえば,点や線が存在するという仮定,すべての点が同一直線上にあるわけではないという仮定,すべての線には少なくともふたつの点が含まれるという仮定などがそれだ.

またユークリッドはある証明のなかで,同一線上に三つの点がある場合,そのうちの一点は他の二点の"あいだ"にあると暗黙のうちに仮定している.しかしこれを証明できるものは,彼の公準にも定義にも含まれていないのだ.実をいえばこの仮定は,線が直線であることに対する一種の必要条件なのである.この仮定によって曲線は排除される.というのも,曲線は円のように閉じたループになりうるが,その場合にはどれかの点が他の二点の"あいだ"にあるとは言えないからだ.

こうした批判は,単なるあら探しのように思えるかもしれない.しかし,なんら害のなさそうな,当然とも思える

仮定が，ときとして重要な命題と等価であったりするのである．たとえば，たったひとつでも内角の和が180度の三角形が存在すると仮定してしまえば，すべての三角形について内角の和は180度であることが証明され，ひいては平行線公準も証明されてしまうのだ．

1871年，プロイセンの数学者フェリックス・クラインは，楕円空間に対するリーマンの球面モデルから生じる矛盾（のように見えるもの）の修正方法を提示することにより，ユークリッド幾何学を改良した[2]．まもなくベルトラミやポアンカレらが独自のモデルを提案し，幾何学に対する新しいアプローチを示した．また1894年には，イタリアの論理学者ジュゼッペ・ペアノが，ユークリッド幾何学を定義する新しい公理系を提案した[3]．1899年にはヒルベルトが，ペアノの仕事を知らないままに，幾何学の定式化の方法として今日もっとも広く受け入れられているものの最初のバージョンを提案した[4]．

ヒルベルトは，幾何学を堅固な基礎の上に打ち立てることに全身全霊を傾けた．ヒルベルトは1943年に亡くなるまで，幾何学の基礎を確立すべく，自ら提案した方法を何度も改訂している．ヒルベルトの方法の第一段階は，ユークリッドが暗黙のうちに使用していた仮定を明文化することだった．ヒルベルトの体系では——少なくとも1930年に出版された第7版では——無定義用語が八つあり，公理の数はユークリッドの10（公準を含む）から20に増えている[5]．ヒルベルトの公理は四つのグループに分けられ，

たとえば次に挙げるような、ユークリッドは気づいていなかった仮定も含まれている.

公理 I-3　ひとつの直線上には、少なくともふたつの相異なる点がある. 空間には一直線上にない点が少なくとも三つ存在する.

公理 II-3　一本の直線上に任意の三点が与えられたとき、そのうちの一点だけが他の二点のあいだに位置することができる.

ヒルベルトをはじめとする数学者たちは、ヒルベルトの公理系からユークリッド空間のすべての特性が導かれることを示した.

●■▲

空間は曲がっていてもよいとする湾曲空間革命は、数学のあらゆる領域に深甚なる影響をおよぼした. ユークリッドの時代から、ガウスとリーマンの死後にその研究が見いだされるまでの長きにわたり、数学はおおむね実用主義的だった. 実際、ユークリッドの空間構造は、われわれの住んでいる物理的空間を説明しているものと考えられていたのである. ある意味で、数学は物理学の一形態だったのだ. 数学理論の整合性に疑問を投げかけるのは、抽象的で意味のないことだと思われていた——この世界が存在する

こと自体が，数学の整合性を示しているというのである．しかし1900年までには，公理は勝手に定めてもよく，ひとつの体系の基礎にすぎないと考えられるようになっていた．そしてその体系は，一種の頭脳ゲームとして吟味される．突如として，数学的空間は抽象的な論理体系とみなされるようになった．そして物理的空間の性質は，数学の問題ではなく，物理学の問題になったのである．

　こうなると数学者は新たな問題に直面した．数学の体系に論理的矛盾がないことを，改めて証明しなければならなくなったのである．それまで数世紀にわたり，計算のテクニックが発展するなかで副次的な地位に甘んじていた証明という概念が，ふたたび重要な地位に返り咲いた．ユークリッド幾何学に矛盾はないのだろうか？　論理体系が無矛盾であることを証明するもっとも直接的な方法は，ありうるかぎりの定理をすべて証明し，それらが互いに矛盾しないことを示すことだ．しかし，ありうるかぎりの定理というのは無限にあるから，これが賢い方法だと思うのは永遠の命をもつ人だけである．ヒルベルトは別の戦略を立てた．デカルトやリーマンと同じくヒルベルトもまた，空間内の点を数で区別した．たとえば2次元空間の場合には，あらゆる点にはふたつの実数が対応する．ヒルベルトは点を数に置き換えることにより，幾何学の基本概念および公理のすべてを，算術の概念に移し換えたのである．こうして幾何学的定理の証明はすべて，座標に関する算術的，あるいは代数的な処理となった．そして幾何学の証明はすべ

て，公理から出発して論理的に導かれるのだから，算術的な解釈もまた，算術的に表された公理から出発して論理的に導かれなければならない．もしも幾何学に矛盾があれば，それは算術的な矛盾として解釈できる．また，もしも算術が無矛盾ならば，ヒルベルトが定式化したユークリッド幾何学も無矛盾だということになる（これと同じことが非ユークリッド幾何学についてもいえる）．実にわかりやすい話ではないか．要するに，ヒルベルトは幾何学の"絶対的"無矛盾性は示さなかったが，"相対的"無矛盾性は示したということだ．

定理は無限にありうるから，幾何学や算術，あるいはまた数学全体について，その絶対的無矛盾性を示すのはずっと難しい問題となる．数学者たちはそれを成し遂げるために，抽象的な"対象"を扱う理論，"集合論"を生み出した．集合論は，対象をもっとも一般的な形で扱い，対象に具体的な意味を与えたり，特定の事情を考慮したりはしない．集合論は，今日ほとんどの小学校で教えられている．

しかしそんな簡単なレベルの集合論でも，首を傾げるようなパラドックスが生じることがわかったのである．有名なところでは，1908年にクルト・グレリングとレオナルト・ネルゾンが，"アブハンドルング・デア・フリーシェン・シューレ"という，あまり有名ではない雑誌に発表した問題がある．グレリングとネルゾンは，単語の集合を考えた．まず，その単語自体を形容するような単語の集合がある．たとえば「twelve-letter（12文字の）」という単語

はたしかに12文字だし,「polysyllabic（多音節の）」という形容詞はなるほど多音節である．これに対して，それ自身を形容しない形容詞全体の集合がある．すぐに思い浮かぶのは,「よく書けている」「とてもおもしろい」「友人にも勧めたい」といった形容詞（句）だ（本書のどこか一か所を暗記するなら，これらの形容詞句にしてほしい）．後者の単語の集合は通常"ヘテロロジカル（異質な）"と呼ばれる．

ここまではとくに難しいことはなさそうにみえる．ところがここに落とし穴があるのだ．「ヘテロロジカル」という単語はヘテロロジカルなのだろうか？ もしそうなら，自分自身を形容していることになる．したがって,「ヘテロロジカル」はヘテロロジカルな言葉の集合には含まれない．しかしヘテロロジカルではないとすると，自分自身を形容していないことになる．ということは，ヘテロロジカルだということだ．数学者はこれをパラドックスと呼ぶ．

●■▲

1903年，この分野の問題を一掃するため，バートランド・ラッセルは『数学の諸原理』と題する本のなかで，すべての数学は論理的に導き出せなければならないと述べた．そしてラッセルは1910年から1913年にかけて，オックスフォード大学の同僚アルフレッド・ノース・ホワイトヘッドとともに全3巻の大著を出版し，実際にそれを成し遂げようとした——少なくとも，それを成し遂げるための

方法を示そうとした．その大作は，1903年の本よりも固い内容だったためか，『プリンキピア・マテマティカ』というラテン語のタイトルがつけられた．ラッセルとホワイトヘッドはその本のなかで，すべての数学を統一的な基礎的公理系にまとめあげたと宣言した．数学のすべての定理は，ユークリッドが幾何学において試みたように，統一的な基礎的公理系から証明できるというのである．その体系の内部では，たとえば"数"のように基本的なものさえも，より深く，より基本的な公理系から出発して正当化されるべき経験的構築物であるとされた．

しかしヒルベルトは懐疑的だった．そこで彼は数学者たちに向かって，ラッセルとホワイトヘッドが作り上げた体系を厳密に証明しようと呼びかけた．1931年，この問題はクルト・ゲーデルの衝撃的な定理によって解決された[6]．数論のように十分に複雑な体系内では，真とも偽とも証明できない命題が存在することが証明されたのである．これによりラッセルとホワイトヘッドの主張は崩れ去った．すべての定理は論理的に導かれるということが証明されなかったばかりか，実はそれが不可能であることが証明されてしまったのだ．

数学者たちは，数学の基礎に関する研究をつづけたが，ゲーデル以降，この全体像に変更を迫るような研究はなされていない．ユークリッドが踏み出した道，すなわち数学の公理化への道は，現在に至るまで見えていないのである．

しかしその一方で，数学は単なる頭脳ゲームにとどまらない威力をもつことが，アインシュタインによりはっきりと示された．彼は，新たに見いだされた数学的空間を用いて，われわれの生活するこの物理的空間を説明したのである．がらりと模様替えされたとはいえ，幾何学はやはりわれわれの宇宙を知るための窓だったのだ．

第 IV 部
アインシュタインの物語

何が空間を曲げるのだろう？
空間は新たな次元を加えて時空となり，
特許局員は二十世紀の英雄になった．

21
光速革命

　ガウスとリーマンは，空間は曲がりうることを示し，それを記述するために必要な数学を生み出した．次なる問題は，われわれの暮らすこの空間はいったいどんな空間かということだ．それをさらに突き詰めれば，空間の形を決めているのは何かという問題になる．1915年，アインシュタインはこの問題にエレガントかつ厳密な答えを与えた．しかし実をいえば，最初にその答えを出したのは——概略としてではあったが——リーマンその人だったのである．1854年に，リーマンは次のように書いている．

> 幾何学の妥当性という問題は，……空間のもつ計量（距離）の関係性にはいかなる内在的基礎があるのか，という問題と結びついている．……空間のもつ計量の関係性については，その基礎を，空間の外部に，すなわち空間に作用する結合力のうちに求めなければならない[1]．

これは要するに，「何が空間の距離を決めているのか？」という問題提起である．リーマンはあまりにも時代に先駆けていたため，この洞察をもとに確固たる理論を作り上げることはできなかった．それどころか，彼の言葉を理解してもらうことさえできなかったのだ．しかしそれから16

年後,ひとりの数学者がリーマンの言葉に注目した.

1870年2月21日,ウィリアム・キングドン・クリフォードは,「物質の空間理論」と題する論文をケンブリッジ哲学協会に提出した.そのときクリフォードは25歳,アインシュタインが特殊相対性理論の最初の論文を発表したのと同じ年齢だった.その論文のなかでクリフォードは次のように述べた[2].

次のことが成り立つものとする.
1. 空間の小部分は,平均してみれば平らな面上にある小さな丘のようなものである.
2. 曲がった,あるいは歪んだ空間の特性は,ちょうど波のように,空間の一部から他の部分へと連続的に伝わる.
3. このような空間の曲率の変化は,現実には,われわれが物質の運動と呼んでいる現象において起こる.
……

クリフォードの導いた結論は,その具体性においてリーマンをはるかに越えていた.しかしそのこと自体は——ある一点を除いて——それほど注目に値するわけではない.注目すべき一点とは,クリフォードが正しかったことである.現代の物理学者がこれを読めば,「どうしてそれがわかったんだ?」と思うだろう.アインシュタインがこれとよく似た結論にたどり着いたのは,長年にわたる入念な論

証の末だった．クリフォードは，理論といえるようなものをもたなかったにもかかわらず，これほど詳細な結論を直観的につかみとったのだ．彼とリーマンとアインシュタインを導いたのは，まったく同じ単純な数学的アイディアだった．すなわち，「物体の自由運動がユークリッド空間に特徴的な直線運動になるのなら，それとは異なる種類の運動は，非ユークリッド空間の曲率で説明できるのではないか？」という問題意識である．クリフォードには作れなかった理論をアインシュタインに作ることができたのは，アインシュタインが数学ではなく，物理学にもとづいて注意深く考え抜いたおかげだった．

クリフォードは熱に浮かされたように理論作りに励んだ．昼間はロンドン大学ユニヴァーシティーカレッジでの教育や運営に忙殺されていたため，研究はたいてい夜中にやっていた．しかし，アインシュタインを特殊相対性理論という中間地点に導き，時間のはたす役割に気づかせた深い物理的知識をもたなかったクリフォードには，自分のアイディアを発展させて，現実世界を説明する理論にまでできる見込みはなかった．数学が物理より先を行っていたのである——それは今日のひも理論にもあてはまる難しい状況だが，それについてはまた後の章で述べることにしよう．クリフォードは袋小路に入り込んだまま，1879年，一説によれば過労のために33歳で世を去った[3]．

クリフォードの苦難のひとつは，孤立無援だったことである．当時，物理学の世界は天下太平で，とくに問題があ

るわけでもない物理法則をつつくことに,なぜわざわざ時間を費やさなければならないのか,というのが大方の意見だった.200年以上にわたり,宇宙に起こることのいっさいは,アイザック・ニュートンの考えにもとづくニュートン力学で説明できると考えられていたのだ.ニュートンによれば,空間とは,神に与えられた不動の枠組み,すなわち"絶対空間"だった.あとは,絶対空間という枠組みの上にデカルトの座標を広げるだけでよかった.物体のたどる軌跡は直線かまたは曲線であり,それらは一組の数(経路上の点を区別するための座標)によって記述された.時間の役割は,そのような経路を"パラメトライズ"することだった.パラメトライズとは,「経路上のどこにあるかを示す」という意味で数学者が使う言葉である.たとえば,アレクセイが5番街を歩くとき,42丁目から出発して1分間に1ブロックのペースで進むものとすると,彼の位置は(5番街,〔42+歩いた時間〈分〉〕丁目)で表される.アレクセイが何分歩いたかがわかれば,彼がその経路上のどこにいるかがわかるわけだ.

時間と空間をこのように考えれば,ニュートンの法則はアレクセイのような物体の運動を予測する——つまりアレクセイの位置を,時間というパラメーターの関数として示すことができる(ここではアレクセイを意識をもたない物体と仮定している.実際,ソニーのウォークマンのイヤホンをつけたときなど,彼は意識をもたない物体のように見える).ニュートンによれば,アレクセイは外力が働かな

いかぎり（ゲームセンターに引き寄せられるなど），均一な運動をつづける（一定速度でまっすぐ進む）．外力が働いた場合にも，ニュートンの法則はアレクセイの経路が均一な運動からどのようにずれるかを予測する．アレクセイの慣性と，外力の強さ，およびその方向が与えられれば，ニュートンの法則は彼の運動を定量的に教えてくれるのである．その方程式によれば，物体の加速度（速度の大きさまたは方向，あるいはその両方の変化率）は，その物体に作用する力に比例し，物体の質量に反比例する．しかし，物体が力を受けながら運動するようすを記述することは"運動学"といわれるものであって，問題の半分にすぎない．完全な理論を作るためには"動力学"を知らなければならない．動力学とは，力の湧き出し口（ゲームセンター）と，力が作用する対象（アレクセイ），そしてその両者の距離が与えられたときに，力の向きと大きさの関係を決定することである．ニュートンは，ただ一種類の力についてこの関係を記述する式を作った．その力が重力である．

これらふた組の方程式——力の方程式（動力学）と運動の方程式（運動学）——を組み合わせると，物体がたどる経路を時間の関数として表すことが（原理的には）できる．たとえば，ゲームセンター近くでアレクセイがたどる経路や，あるいは（遺憾なことだが）大陸間弾道ミサイルの軌道を予測することができるのだ．かくして，運動を記述するための数学的体系を作り上げるというピタゴラスの

大望は、ニュートンによりはたされた。そしてニュートンは、地上の運動と天上の運動を同じ法則を使って説明したことにより、運動を記述することと同じぐらい大きなことを成し遂げた――古代より別々だったふたつの学問、すなわち、人間が日常的に経験することがらを説明する物理学と、天体の運動を説明する天文学との統一を成し遂げたのである。

●■▲

もしも空間と時間に関するニュートンの考え方が正しいとすると、絶対にありえないことがふたつある。第一に、物体が他の物体に近づく速度には、上限というものはありえないということ。たとえば、c という上限速度があるものとしよう。ある物体がその上限速度であなたに近づいてくる。あなたはその物体につばを吐きかける（科学のためだ）。もしこれが絶対空間という媒体内で起こったのなら、物体があなたのつばに接近する速度は、物体があなたに接近する速度よりも大きくなければならない。かくして、上限速度が存在するという法則は破られてしまった。第二に、光の速度は一定ではありえないということ。より厳密にいえば、光が近づいてくる速度は、運動状態の異なる観測者ごとに別の値になるということだ。なぜなら、光に向かって走ったほうが、光から遠ざかるように走るよりも、光が接近してくる速度は大きくなるからだ。

もしも絶対空間が存在するなら、これらはまぎれもない

真実である．しかしこれらふたつの「真実」は正しくない．これこそが特殊相対性理論の土台であり，曲がった空間に関するそれまでの考察から抜け落ちていたことなのだ．それは昔から"観察"されていたにもかかわらず，"認識"されていなかったのである．

22
若き日のマイケルソンとエーテルという概念

　リーマン少年がポーランド史に夢中になっていた当時からほんの数年後，当時プロイセンの支配下にあったポーランドのポズナン地方で，ある夫婦が男の赤ん坊を授かった．夫婦はその子にアルバートと名づけた．ポーランド愛国主義の英雄的苦闘については，実際に体験するよりも物語として読む方がいいと思う．ポーランド人は英雄だったかもしれないが，それと同時にユダヤ人への憎悪をあらわにしたアンチヒーローでもあり，ヒトラーがのちにガス室を設ける場所としてポーランドを選んだのにはそういう背景もあったのだ．しかし理由はどうであれ，ガウスの死んだ1855年ごろ，アルバート・マイケルソンの家族はニューヨークに渡り，まもなくサンフランシスコに移り住んだ[1]．「米国人」科学者としてはじめてノーベル賞を受賞することになるポーランド–プロイセン系ユダヤ人の三歳児がアメリカの地に立ったのは，ノーベル賞が設けられる半世紀前のことだった．

　1856年，マイケルソン一家は，サンフランシスコとタホ湖のちょうど中間にあるカラヴェラス郡のへんぴな鉱山町，マーフィーズに引っ越した．父親はそこで衣料品店を開業したが，それも長くはつづかなかった．一家がドイツ系ユダヤ人というルーツを遠く離れてようやく落ち着いた

のは，ネヴァダ州にできたばかりの町だった．1859年に誕生したその「町」は，デヴィッドソン山の斜面にできたキャンプ場のようなところだった．一説によると，酔った鉱夫がウイスキーの瓶を岩にたたきつけ，命名の儀式をしたという．そうして生まれたのが，やがて開拓時代の米国西部最大の町となるヴァージニアシティーである．しかしこの立派な名前は，流れ者に由来する．先に登場した坑夫は，名前をジェイムズ・"オールド・ヴァージニー"・フィニーといい，自分の名にちなんで町に命名したのである．デヴィッドソン山で採れる金と銀のおかげで，フィニーの町はあれよあれよという間に西部有数の工業都市に成長した．規模の点でもサンフランシスコに比肩したが，銃とギャンブル，そしてもちろん酒場があふれかえるという点でもサンフランシスコに負けてはいなかった．後年，アルバートの妹は，『マディガン家』という小説のなかでこの街の暮らしを描いた．弟のチャールズは，フランクリン・ローズヴェルト大統領配下でニューディール政策のゴーストライターとなったが，彼もまた自伝『ゴースト・トークス』に街のようすを描いている．しかし若き日のアルバートは，引っ越し後まもなく家族と別れて暮らすことになった．成績優秀で将来有望とみられた彼は，リンカーン・グラマースクール（8年間の初等教育のうち後半4年）に通うために，サンフランシスコの親戚に預けられたのである．その後，ボーイズ・ハイスクールに入学してからは校長の家に下宿した．

22 若き日のマイケルソンとエーテルという概念

　1869年，若きマイケルソンは，東部メリーランド州アナポリスにある米国海軍士官学校の入学試験を受けた．結果は不合格だった．しかしそれは知識のみならず，粘り強さの試練ともなったのである．わずか16歳の少年が，数か月前に完成したばかりの大陸横断鉄道に飛び乗って，グラント大統領に会うためにワシントンに向かったのだ．同時に，ネヴァダ州の議員がアルバートのために大統領に手紙を書いた．その手紙のいわんとするところは，要するに，アルバート少年はヴァージニアシティーのユダヤ人の宝であり，助けてくれればここのユダヤ人はみんなグラントに投票するだろう，ということだった．マイケルソンはついにグラント大統領に会うことができた[2]．そのときどんな話し合いがなされたのかは知られていない．グラントに対する世間の評判は，ヴァージニアシティーに対する評判と大差ない――ウイスキーまみれだということだ．しかしウイスキーまみれだったのは，グラントの人生のほんの一時期にすぎない．事実をいえば――このことはほとんど書かれたためしがないが――ウェストポイント陸軍士官学校時代，グラントは数学の成績が抜群だったのだ[3]．グラントが若きマイケルソンの数学の才能にほだされたのか，あるいはユダヤ人有権者への配慮だったのかはわからないが，彼は驚くべき行動を取った．マイケルソンには士官学校の特別面接の機会を与え，学校に対してはその年の入学定員を増やさせるのである．長い目で見れば，マイケルソン＝モーレーの実験こそは，グラントが残した最大の遺産

といえるかもしれない.

マイケルソンは学内のボクシング大会で優勝し,西部育ちの荒くれ者というキャラクターで鳴らした.学業では,29人のクラス中,9番めの成績で卒業した.しかし総合評価をいくら眺めても,彼のそれからの進路は読めてこない.成績を詳しく見れば,光学と音響学で首位,操艦術で25位,歴史では最下位だったのだ.彼の才能と興味がどこに向いているかは誰の目にも明らかだった.そしてマイケルソンに対する学校側の考えも明らかだった.教育長のジョン・L.ワーデン(1862年,アメリカ南北戦争中のハンプトンローズで,世界初の甲鉄艦同士の海戦が行われた際,南軍のメリマック号に対して北軍のモニター号を率いた人物)はマイケルソンにこう言った.「科学に対するきみの関心を砲術に振り向ければ,国の役に立てるときがくるかもしれんぞ」[4]. 一見すると,軍隊は科学よりも砲術を重んじているようにみえるかもしれない.しかし実際には,当時の米国海軍士官学校の物理学コースはアメリカでも最高のレベルだったのだ.マイケルソンの物理学の教科書には,フランス人アドルフ・ガノーによる1860年の記事が翻訳されて載っていた.ガノーはその記事のなかで,宇宙全体を満たしていると考えられていた物質について次のように述べている.「……エーテルと呼ばれる,希薄で,重さがなく,きわめて弾性の高い流体が全宇宙を満たしている.それはもっとも密度の高い物体にも,もっとも密度の低い物体にも,またもっとも軽く透明なものにも染

みわたっている」[5].

ガノーはこれにつづけて,その当時,実験的に調べられていた光,熱,電気に関するほとんどすべての現象において,エーテルが根本的に重要な役割を果たしていると述べた.「……エーテルに伝えられるある種の運動から,熱現象が生じる.同種の運動ではあるが,振動数が大きなものからは光が生じる.そしてそれとは方式や性質の異なる運動から,電気が生じるのであろう」.

近代的なエーテル概念は,クリスティアン・ホイヘンスを生みの親として,1678年に誕生した[6].エーテルという言葉自体は,アリストテレスが第五元素に対して与えた名前で,天上の世界はこの元素でできているとされた[7].ホイヘンスの考えによれば,神は宇宙を大きな水槽のようなものとして創り,地球はその水槽に浮かんでいる(魚を遊ばせるために浮かせる玩具のようなものだ).しかしエーテルは水とは異なり,われわれの周囲だけでなく,われわれの内部にも流れているとされた.エーテルは,アリストテレスをはじめ,"無",すなわち「からっぽの空間」というものに不安を感じるあらゆる人びとにとって魅力的な概念だった.ホイヘンスがアリストテレスのエーテルをもち出したのは,デンマークの天文学者オーレ・レーマーの発見を説明するためだった.レーマーは,木星の衛星から出た光が地球に届くまでに時間がかかることを発見したのである.この事実と,光の速度はその発生源の速度とは関係ないらしいことを証拠として,光は空間を伝わる波だろ

うと考えられた。空気中を伝わる音のようなものである。しかし、音の波も、水の波も、縄跳びの縄で作った波も、空気や水や縄といった媒体の秩序だった運動なのだから、もしも宇宙空間が空っぽなら、波が伝わることはできないと考えられた。1900年にポアンカレは次のように書いている。「エーテルは存在するというわれわれの信念がどこに由来するかはよく知られている。光が遠い星から地球へと向かう旅の途中にあるとき、光はその遠い星の上にもないし、地球上にもない。光はどこか中間にあって、何らかの物質により支えられているはずなのだ」[8]。

新理論の例にもれず、ホイヘンスのエーテル理論にも美しい点もあれば、見苦しい点もあった。見苦しい点は、全宇宙とそこに存在するものいっさいが、エーテルという、きわめて希薄で一度も観測されたことのない気体で満たされていると仮定したことである。そのせいでホイヘンスはいくつもの物理的現実に目をつぶることになった。それというのも、宇宙のいたるところに染みわたっている流体（気体も流体の一種である）を仮定することと、その流体と既知の物理法則とを折り合わせることはまったく別の話だからだ。ホイヘンスの説は、光は粒子だとするニュートンの説に負けて、その存命中に広く受け入れられることはなかった。

しかし1801年、それまで主流だった見方を変えさせる実験が行われた。その実験はまた、19世紀に行われる光の研究にとって重要な道具を提供するものだった。実験装

置自体は、スリットに光を通すという、何世紀も前から行われていた実験のバリエーションにすぎない。しかしその実験を行ったイギリスの物理学者トマス・ヤングは、ひとつの光源からふたつの光線を引き出し、それぞれ別のスリットに通したのち、スクリーン上で重なり合うようすを観察したのである。そこに現れたのは、光と闇が交互に現れる"干渉縞"というパターンだった。干渉は、光を波と考えれば容易に説明がつく。重なり合った波は、ある部分では強め合い、ある部分では打ち消し合う。ちょうど水の波がぶつかったときの波頭と谷の戦いのようなものだ。こうして光の波動説が主流となり、それと同時にエーテル理論も復活したのだった。

とはいえ、この数世紀間にホイヘンス理論が抱える難点が解消したわけではなかった。そうではなく、矛盾と矛盾の戦いになったのである。赤コーナーには、媒質がなくても伝わる波としての光。水がなくても伝わる水の波のようなもので、この選手を応援する気にはなれない。一方、青コーナーに立つのは、媒質を伝わる波としての光。ただしその媒質は、いたるところに存在するにもかかわらず、決して検出できないという代物だ。そこらじゅう水だらけだが、その水は目には見えないと言い張るようなもので、こちらの選手もいまひとつだ。存在すべきか（ただし何の影響もおよぼさずに）、存在せざるべきか、それが問題だった。部外者の目には、どっちもどっちに見えるだろう。しかし当時の科学者の目には、勝者は明らかだった。エーテ

ル説の勝ちである．何であれ，「存在しない」よりはマシだったのだ．物理学者がエーテルの素性を知らないことは「重要ではない」と，E. S. フィッシャーは『自然哲学の基礎』（1827年）に書いている[9]．

　エーテルの素性など重要ではないと思わなかった人間のひとりに，フランスの物理学者オーギュスタン゠ジャン・フレネルがいた．1821年，彼は光に関する数学的論考を発表した．波にはふたつの振動方式があり，そのふたつは根本的に異なっている．ひとつは，音波のように運動方向に沿って振動する方式．もうひとつは，縄で作る波のように運動方向に対して垂直に振動する方式である．フレネルは，光の波はまずまちがいなく後者であることを示した[10]．しかしそんな波が存在するためには，媒体はある程度の弾性をもたなければならない——おおざっぱにいえば，ある程度の密度が必要なのである．そこでフレネルは，エーテルは宇宙を満たす気体ではなく，宇宙を満たす"固体"でなければならないと主張した．こうして，それまでは単に見苦しいだけだったエーテルが，今や思い浮かべることさえできない，とてつもないものになってしまった．それでも19世紀の末までは，エーテルの存在は広く認められていたのである．

23
宇宙空間に詰まっているもの

　宇宙空間には何が詰まっているのだろう？ それを知ろうとする過程で，科学はおそらく史上最大級の躍進を遂げた．しかしその苦闘にかかわった科学者の大半は，自分がどこに向かおうとしているのかも，自分たちがどこにたどり着いたのかもわかっていなかった．宇宙空間そのものと同様，彼らの道のりも曲がりくねっていたのである．

●■▲

　ドラマの舞台が整ったのは，1865年，小柄でほっそりしたスコットランド人物理学者が，「電磁場の動力学理論」という論文を発表したときのことだった．彼は1873年には『電気と磁気の理論』という本を出版することになる．生まれたときの彼の名前はジェイムズ・クラークといったが，亡くなったおじの遺産相続条件を満たすために，父親があとからマクスウェルという名をつけ加えた[1]．今にしてみれば，多少の金とこのおかしな相続条件のおかげで，おじは自分の名前を不滅のものにしたといえよう——たとえそれが物理学者と科学史家にしか関係のないことだとしても．

　マクスウェルの電磁気理論は，力学，相対性理論，量子論と並んで，近代物理学の礎のひとつとなっている．ただ

し，彼の誠実そうな髭面がマグカップの図柄になることはない——文化芸術をネタに一儲けを狙うニューヨークやハリウッドあたりの強欲な連中も，彼の顔が売り物になるとは思わないのだろう．それでも彼の生涯は，高校時代や大学のはじめのころに，電気や磁気や光の複雑な現象を理解しようとさんざん苦労したあげく，いざベクトル演算を習ってみると，それらいっさいが突如として少数の簡単な式で表せるのを目の当たりにした人たちのあいだでは大いに称賛されているのである．パサデナのカリフォルニア工科大学キャンパスのそばの店で，創世記冒頭の言葉をもじった文句をプリントしたシャツが売られていたことがある．それはこんな文句だった．「神は言われた．『(四つの方程式が列挙されている) あれ』こうして光があった」．その方程式というのがマクスウェルの方程式なのだ[2]．わずかばかりの文字と記号で書かれた四つの方程式は，当時知られていた力のうち，重力を除くすべての力を説明するものだった．

この知識を利用した技術に，ラジオ，テレビ，レーダー，通信衛星があるが，これらはほんの一例にすぎない．マクスウェル理論の量子版が，今日ある理論のなかでもっとも精密に，そしてもっとも幅広く検証されている"場の量子論"だ．また彼の理論は，素粒子のいわゆる"標準モデル"のひな型にもなった．このマクスウェルの理論を注意深く分析すれば，特殊相対性と，エーテルは存在しないという結論が導かれるのである．

しかし当時は、そんなことは誰も知らなかった．

今日物理学を専攻する学生は、すっきりとした連立微分方程式の形でマクスウェルの理論を習う．その連立微分方程式を解けばふたつのベクトル関数が求められ、そこから真空中の光と電磁気に関するすべての現象が原理的に導けるのである．これは実にすばらしい理論上の発展だ．しかし教科書をめくったところで、この理論の意味が明らかになった過程を知ることはできない．それはちょうど、お産のなんたるかを知ろうとしてラマーズ法のクラスに通うようなものである．つまり、激しい痛みや叫びが欠けているように思うのだ．ずいぶん昔、ある若い大学院生が（私のことだ）、複雑な電磁放射に関する課題を、ふた通りの方法で解いて提出した．エレガントで強力な方法を使えば、魔法のように簡単に解けることを実感したかったのである．エレガントな解法ではテンソル演算を使い、1ページ足らずの計算にまとめることができた．それに対して「力ずく」の解法では、同じ答えを出すために18ページも計算しなければならなかった（講義を担当する教授は、ページが増えるごとに減点した）．後者の解法はマクスウェルのもとの理論に近いものだったが、それでもまだ彼のオリジナルよりは洗練されていた．1865年のマクスウェルの理論では、20の微分方程式と20の未知数が組み合わさっていたのだ．

当時まだ開発されていなかった、あるいは普及していなかった表記法を使わなかったからといってマクスウェルを

責めるわけにはいかない．だが，マクスウェルの理論は，ただ単に込み入っていて見た目も複雑なだけではなかった．彼は説明も下手だったのだ．マクスウェルが当時の知識をすべて採り入れて統一を図り，複雑な理論を頭のなかで操ることができたのは，とことん細部にこだわるその性格のおかげだった．しかしその同じ性格が，説明をするには裏目に出たようである．この理論を咀嚼し，わかりやすくすることに最大の貢献をしたヘンドリック・アントーン・ローレンツは，後年，次のように書いている．「マクスウェルの考えを把握するのが常に容易だったわけではない．彼の本には統一感がないと感じられるのは，古いアイディアから新しいアイディアへと次第に変化してゆく彼の思考を忠実に追っているためである」[3]．ポール・エーレンフェストはもっとあからさまにこう述べた．「（彼の理論は）一種の知的ジャングルである」[4]．マクスウェルは，教育的な説明をするのではなく，頭の中身をそのままさらけ出したのである．しかし，いかに説明が下手だとはいっても，マクスウェルが史上最大の電磁気現象の大家であることには疑問の余地がない．その彼は，宇宙空間には何が詰まっていると考えていたのだろうか？　エーテルだろうか，エーテル以外の何かだろうか？　マクスウェルはこの問題について，1878年発行の『ブリタニカ大百科事典』第九版で次のように述べている．

　　エーテルの構造について矛盾のない理論を作るのがい

かに困難であろうとも,惑星間および恒星間の空間が虚空でなく,何らかの物質ないし物体によって占められていることは疑いをいれない.それはおそらくわれわれの知るなかでもっとも大きい物体であることはまちがいなく,また,おそらくはもっとも均質な物体であろう[5].

偉大なマクスウェルでさえ,エーテルを手放すことはできなかったのだ.

彼の名誉のために言っておくと,マクスウェルは他の多くの科学者のように,エーテルは観測できないけれども必要だからしかたがないと言ってすましていたわけではなかった.実際,観測可能なエーテルの効果,しかも本質的で重要な効果にはじめて気づいたのは彼だった.その効果というのは,もしも光の波がエーテルに対して一定の速度で進むなら,そして,もしも地球がエーテル中を楕円軌道を描いて運動しているなら,宇宙から地球に近づいてくる光の速度は,地球が軌道上のどこにあるかによって変化するはずだということだ.そして地球は,1月と7月とでは,軌道の反対側を異なる向きに移動しているのである.1864年4月23日,マクスウェルは,地球がエーテル内を移動する速度を測定しようと試みた.

マクスウェルはこの試みに関する論文を,「地球の運動が光の屈折に及ぼす影響を決定する実験」と題して王立協会に提出したが,残念ながらその論文が掲載されることはなかった.会報編集人のG. G. ストークスが,マクスウェ

ルの方法は根拠があやふやだと説いて彼を納得させてしまったのだ．しかし彼の方法は（少なくとも原理的には）あやふやでなどなかった．マクスウェルはエーテル問題の解決を見ることなく世を去ることになるが，1879年，やがて彼の命を奪う胃ガンの苦しみのなかで，彼はこの問題について一通の手紙を友人に送った．結局はその手紙が，エーテルは存在しないという実験的証明をもたらすことになるのである．

マクスウェルの死後，その手紙は"ネイチャー"誌に掲載された．それを読んだ人間のひとりにマイケルソンがいた．そしてマイケルソンはその記事から，ある実験のヒントを得たのである．彼のアイディアを理解するために，アレクセイとニコライ，そしてその父親が公園でボール遊びをしているところを想像してみよう．三人は直角二等辺三角形をなして立ち，父親は直角の頂点に，ニコライがその北に，アレクセイが同じ距離だけ西にいるものとする．

三人は同じ速度で北に走る．父親から息子たちまでの距離はそれぞれ10メートルあり，三人はみな時速10キロメートルで走る．父親は，ボールをもって逃げるニコライを追いかけ，アレクセイは父親と平行に走る．そのとき父親が腕時計を見て叫ぶ．「うちへ帰る時間だ！」息子たちは父親の声を聞くと同時に叫び返す．「やだよ！」さてここで問題だ．父親には，ふたりの息子の声が同時に聞こえるだろうか？

答えは「ノー」である．三人がどんな速度で走ろうと

1　　　　　　　　　2

3　　　　　　　　　4

動きながらかけ合う声の届き方

も，彼らの叫び声は静止した空気中を同じ速度で伝わる．その速度を c としよう．しかしニコライは父親の叫び声から逃げるように走っているから，声はふたりを隔てる 10 メートルよりも長い距離を進まなければならない．その距離は，（10 メートル+父の声が届くまでにニコライが走る距離）である．一方，ニコライが叫び返した声は，父親に届くまでに 10 メートルも進まなくてよい．なぜなら，父親はニコライの声に向かって走るからだ．その距離は，（10 メートル−ニコライの声が届くまでに父親が走る距離）である．別の言い方をすれば，父親の声はニコライに（c−時速 10 キロメートル）で近づき，ニコライの声は父親に（c+時速 10 キロメートル）で近づくことになる．一方，アレクセイは父親に向かって走っているわけでも，逃げるように走っているわけでもないから，アレクセイと父親の声はそのまま c の速度でお互いのところに届く．

とすると，声が行き来するのにかかる時間は異なる値になりそうだ．しかしどちらが早く届くのだろうか？ 行きも帰りも着実に c で進むほうか，それとも行きはゆっくり（c−10），帰りは早く（c+10）で進むほうか？

アレクセイとニコライは，（眠りに落ちないようがんばりながら）時々読んでもらう本からその答えを知っていた．その物語の教訓は，「遅くても着実に進むほうがレースに勝つ」というものだ．実際そうなるかどうかを確かめるために，当面，音速 c は時速 10.00001 キロメートルと仮定しよう．この場合，アレクセイと父親の声は時速

10.00001キロメートルでやりとりされ、これは片道に約3.6秒かかることに相当する。一方、ニコライが叫び返した声はそれよりずっと速く、$c+10=$時速20.00001キロメートルで父親に向かう。これは約1.8秒かかることに相当する。しかしその前に、まず父親の声がニコライに届かなくてはならない。それにかかる時間はどのくらいだろう？ 父親の声がニコライに向かう速度は、$c-10=$時速0.00001キロメートルでしかない。この速度ではニコライに届くまでに40日以上かかってしまう。こうしてアレクセイの勝ちとなる。もちろん、実際の音速は時速にしておよそ1080キロメートル、秒速では300メートルである。こうなると勝敗は写真判定にもち込まれるだろうが、結果は変わらない。

　音を光に、空気をエーテルに置き換えれば、今の実験はマクスウェルのアイディアそのものである。その場合、父親と息子たちは走る必要さえない。なぜなら彼らが走るまでもなく、地球は秒速およそ30キロメートルという猛スピードで宇宙空間を突っ走っているからだ（地球は自転もしているが、その速度ははるかに遅い）。しかしここにひとつ微妙な点がある。地球がある速度で太陽の周りを回っているからといって、それと同じ速度でエーテル中を進んでいるとはかぎらないということだ。それでも、地球はエーテル中を"何らかの"速度で進んでいるとは考えていいだろう。その速度は季節によって変わると予想される。なぜなら、地球が宇宙空間を進む方向は、軌道上の位置によ

って変わるからだ．実は，父と息子たちの実験から，エーテルに対する地球の速度がわかるはずなのである．なぜなら，アレクセイがどれだけの差で勝つかがわかれば，速度cについて方程式が解けるからだ．マイケルソンは本質的にこれと同じことを行った．原理的には簡単なことである——ただし現実の世界でやろうとすると，そう簡単にはいかないのだが．

　光速は，地球の公転速度とくらべても1万倍は速い．1万倍というのは切りが良いと思われるかもしれないが，実験するにはまさに悪夢である．少し計算してみればわかるように，アレクセイとニコライが父親とやりとりするのにかかる時間の差は，かかる時間の100万分の1パーセント程度にすぎない．これはつまり，父親と息子たちがたとえ1光年離れていたとしても，息子たちから返ってくる声の時間差は3分の1秒程度にしかならないということだ．そんな実験が成功するだろうか？　とても成功しそうには思えなかった．

　マイケルソンが幸運だったのは，アルマン＝イポリット＝ルイ・フィゾーというフランス人が，医者だった父親の遺産を相続し，光学への興味を追求するために時間と金を注ぎ込んでくれていたことである．フィゾーがとくに関心をもったのは，地上で光速を測定するという，かつてガリレオが思い描いた計画だった．しかしガリレオ自身は，産業革命の恩恵を受けることも，19世紀の半ばに開発された高精度の装置類を使うこともできなかった[6]．フィゾー

はその目的を達成するために,光線が何にも遮られることなく約8.6キロメートルの経路を進めるような装置を作り上げた.8.6キロメートルは,バスで行くにはそれなりに時間がかかるが,秒速30万キロメートルの光ならば一瞬である.それでもフィゾーは,1849年には,今日知られている光の速度に対し,誤差5パーセントの範囲に収まる測定値を得ていた[7].そして1851年には,エーテルが地球に引きずられるという理論を検証するために一連の実験を行った.1818年にフレネルが打ち出したこの理論は,その後重要であることが明らかになった.というのもその理論によれば,地表ではエーテルに対する地球の速度がゼロ,もしくはきわめて小さな値になりうるからだ.1851年にフィゾーが作った装置は手の込んだ立派なもので,"ビーム・スプリッター"という新機軸が取り入れられていた.ビーム・スプリッターは,ガラスに薄く銀メッキを施した半銀鏡を用い,光線をふたつに分ける装置である.二本の光線は異なる経路をたどり,その後また一本に合わさる.マイケルソンの装置では,小さな光源から出た細い光線がその鏡に当たり,光線の半分はそのまま透過し,残る半分は反射されて90度の方向に向かうようになっていた.この半銀鏡が,直角の頂点にいる父親の役割を果たすわけである.アレクセイとニコライの代わりには普通の鏡が置かれ,光はこの鏡に反射されてもと来た道を戻る.

　ビーム・スプリッターに送り込む光線を細くするために,マイケルソンは一定の強度で光を出す小さな光源を用

いた．光は波のように振る舞うので，再度一本に合わさるとき，一方の光線が他方の光線よりも早く合流点に到達すれば，二本の光線は位相が合わなくなる（つまり歩調が合わなくなる）．これが干渉を引き起こし，その干渉から合流点に到達した時間差がわかり，時間差からエーテルに対するわれわれの速度が求められるのである（測定に干渉効果を利用する必要がなければ，単に同一光源から出た光が異なる点に到達する時間差を求めるだけでよい）．

マイケルソンには，ふたつの経路長を一波長未満の精度で等しくすることなど望むべくもなかった．それに加えて，エーテルの流れに対し，この装置がどちらを向いているかを知るすべもなかった．そこで彼はこの問題を解決するために，微少な経路長の差を測定するのではなく，装置を90度回転させ，二本の光線が"役割交換"をしたときに干渉縞に生じる変化を測定するといううまい方法を考えた．

マイケルソンは，ボクサーとして成長するためなら遠くまで出かけていく必要はなかったが，科学者として成長したければ話は別だった．1880年，この研究を行うために大西洋を渡る許可が海軍から下された．当時，このような特別研究員制度はめずらしくなかった．自国の軍隊には筋肉だけでなく脳みそもあることを認めているという，アメリカ政府の意思表示だったのだ．当時まだ二十代だったマイケルソンは，ベルリンとパリに滞在中，干渉計に利用できるすばらしいアイディアを思いついた．

マイケルソンの提案した装置には最高度の精度が求められた．ふたつの経路長が1000分の1ミリメートルずれただけで測定は台無しになってしまうし，100分の1度の温度差があるだけでも実験は失敗に帰すだろう．そこでマイケルソンは実験に先だち，二本の「腕」を紙で覆うことで温度に影響する風を遮り，また装置を氷で囲んで周囲の温度を0度に保った．最終的にこの装置の感度はきわめて高くなり，実験室から100メートル離れた道端でどすんと足踏みした振動さえ検出できるほどだった．

　しかしそんな装置は高くつく．マイケルソンは，ドイツの有名な計器メーカーのシュミット＆ヘンシュに真鍮の枠を作ってもらいたかったが，とてもそんな予算はなかった．ところが幸運なことに，それより数年前，あるアメリカ人が「話す電報」の発明で富と名声を得ていた——今日，電話と呼ばれている小さな装置である．1880年頃，電話の発明者であるアレグザンダー・グレアム・ベルはフォトフォンという新しい発明に取りかかり，装置類の製作をシュミット＆ヘンシュに依頼していた．そして，マイケルソンの苦境を知ったベルは援助の手をさしのべた．

　1881年4月，ドイツのポツダムでマイケルソンの実験が行われた．しかし，空間を突っ切る二本の経路上では，事実上，時間差はみられなかった．これはどうしたことだろう？　マイケルソンの目的は，エーテルは存在しないと証明することではなかったし，ましてや，あえてその存在を確かめようとしたわけでもなかった．彼の目的は，「エ

ーテルに対する地球の速度」を測ることだったのだ．時間差が検出されなくても，彼はエーテルは存在しないという結論は出さなかった．そうではなく，われわれはエーテル中を動いていないと考えたのである．地球がエーテル中を動かずにすむにはどうすればいいだろうか？ 答えのひとつに，フレネルにより提唱され，精度は高くないにせよフィゾーによって証明されたことになっていた「エーテル引きずり説」があった．いずれにせよマイケルソンは，自分の実験がエーテルの存在に疑問を投げかけたとは思っていなかったし，誰もそうは思わなかった．実際，1884年にアメリカを訪問したウィリアム・トムソン（ケルヴィン卿）ははっきりとこう書いている．「……光エーテルは力学のなかで唯一存在に確信のもてる物質である．……われわれが確信できるもの，それは光エーテルの実在性であり，実体性である」[8]．要するに，マクスウェルの電磁気理論は波を必要とし，波は媒体を必要とするということだ．大半の物理学者はマイケルソンの実験に取り合わなかった．マイケルソンは後にこう書いた．「私は何度も友人の科学者たちにこの実験に興味をもってもらおうとしたが，うまくいかなかった．……この実験に対する関心の低さには落胆させられた」[9]．

●■▲

マイケルソンの実験を真剣に受けとめた人間のひとりに，オランダの物理学者ローレンツがいた．1886年，彼

はマイケルソンの理論的分析に疑問を投げかけたが[10]、実は、その問題を最初に指摘したのはフランスの物理学者アルフレッド・ポティエで、1882年のことだった。マイケルソンの分析は、先にわれわれが行った分析と同じく、微妙な誤りを含んでいた。われわれの議論では、父親からアレクセイに向かう叫び声は、叫んだ時点での父親の位置から、聞いた時点でのアレクセイの位置まで横向きに（この設定では横向きになっている）進む。しかし父親の声がアレクセイに届くまでには、三人は少しだけ前方に移動している。つまり、声は10メートル進むものと仮定したが、実際にはそれよりも長い距離を進んでいるのだ。余計に進んだわずかな距離の分だけ時間もかかり、アレクセイと父親のやりとりにかかる時間と、ニコライと父親のやりとりにかかる時間との差をいくらか埋め合わせる。この効果を考慮して分析をやり直すと、干渉縞の変化は、当初マイケルソンが予想したものの半分にしかならないのである。正しい分析によれば、マイケルソンの実験は、マイケルソンの結論を無効とするに足る実験誤差を含むことになろう、とローレンツは論じた。

マイケルソンはアメリカに戻り、オハイオ州クリーヴランドにあるケース応用科学学院の物理学教授になった。ほどなくして、ローレンツとレイリー卿から、実験の精度を上げてもう一度やってみてはどうかと勧められた。そこでマイケルソンは、隣接するウェスタン・リザーブ・カレッジで教鞭をとっていたエドワード・ウィリアムズ・モーレ

ーの助力を得て研究を再開した．しかし1885年，マイケルソンは神経衰弱に陥り，職を辞してニューヨークに引っ越すことになった．モーレーは，マイケルソンが戻ってくることは期待せずに研究をつづけていたが，彼はその学期の終わるまでには戻ってきた．そして1887年7月8日正午，またその後の9日と11日と12日にも，マイケルソンとモーリーはクリーヴランドの地で，それ以降物理学を専攻するすべての学生が学ぶことになる決定的実験を行った．しかし改良された実験への反応は，以前と変わらず冷淡なものだった．今回得られた革命的と思える否定的結果は，多くの人たちにとっては失敗にすぎなかった──求める結果（エーテル中を進む地球の速度）が得られなかったのだから．マイケルソンとモーリーはさらに実験を進める計画だったが（別の季節に実験すれば，地球は軌道上の異なる位置にあることになる），やがて彼らも興味を失ってしまった[11]．

曲がった空間の発見と同様，マイケルソンとモーリーの実験も，自然認識の歴史に爆発を起こすことはできなかった．むしろ導火線に火をつけたというところだろう．1889年，その導火線からはじめて煙が立ち上った．マイケルソンとモーリーの実験はすでに忘れ去られたかと思われたころ，アメリカで刊行されたばかりの"サイエンス"誌に次のような短信が掲載されたのである．

　　地球はどの程度エーテルを引きずるのかという重要な

問題を解決すべく,マイケルソン,モーリー両氏が試みられた高精度の実験に関する論文を非常に興味深く読んだ.両氏の実験結果は,エーテルが地球に引きずられる程度は検出できないほど微少であることを示しており,他の実験結果に反しているようにみえる.そこで私は,この対立を解消するほとんど唯一の仮説として,次のものを提案したい.すなわち,物体がエーテルの流れと平行に進むか垂直に進むかによって,物体の長さが変化し,変化の大きさは物体の速度と光の速度の比の平方に依存するということだ.……(12)

これはいったいどういう意味だろう? 物体の長さが「変化」する? われわれの生活するこの空間が,物体を変化させる? この短信は,このあとにもうふたつ,いくらか長い文がつづくだけで終わっていた.アイルランドの物理学者ジョージ・フランシス・フィッツジェラルドによるこの記事は,最終的にマイケルソンとモーリーの実験を説明することになる相対性理論の基本概念のひとつを述べていたのである.

ほぼ同じころ,マイケルソンの測定について考えをめぐらせていたローレンツが同じ結論に到達した.1890年代を代表する理論物理学者であったローレンツは,物質が縮む理由を,エーテル中での分子の力の伝わり方で説明しようとした(そのころまでには,エーテルという概念を生き延びさせるために,エーテルは物理的な力の影響を受けな

いという仮定は捨てられていた)$^{(13)}$. 物質の収縮は, それを物理的に説明できなければ, プトレマイオスの周転円と同様, その場しのぎのアイディアにすぎない. 結局, ローレンツはそれをきちんと説明することができなかった. なにしろローレンツがもち込まざるをえなかった力は, ニュートン力学とうまく折り合わなかったのだから.

● ■ ▲

1904年, すなわち相対性理論に関するアインシュタインの最初の論文が発表される前年までに, ローレンツら物理学者たちはいくつか興味深い事実を発見していた. だが彼らはまだその意味に気づいていなかった. ローレンツの新理論によれば, 時間には"局所時間"と"一般時間"のふたつがあることになる(一般時間のほうが基準として望ましいとされた). ローレンツはまた, 電子がエーテル中を運動すると, その質量に影響が出ることにも気づき, この現象は物理学者ヴァルター・カウフマンによる実験で確認された. ポアンカレは, 光速は宇宙の制限速度なのではないかと考えた. 物体の収縮説によれば, そうならざるを得ないように思われたのである. ポアンカレはまた, 空間と時間は「主観的」(ここでは観測者ごとに異なるという意味)なものかもしれないと考え, 次のように書いている.「絶対時間は存在しない. ふたつの時間間隔が同じだと述べることは, それ自身無意味な主張である. ……われわれは, 異なる場所で起こるふたつのできごとの同時性に

ついてさえ,何ら直観をもたないのだ.……」[(14)]. 時間と,時間のない空間とを隔てる分割線は,こうして崩れ去った.そこからどんな幾何学が立ち現れてくるのだろうか?

アルベルト・アインシュタインは,あるシンプルな理論を定式化することで,光が空間を進むときの奇妙な振る舞いを説明することになる.そしてその理論によって,空間と時間は永遠に結びつき,これまで慣れ親しんできた幾何学は異様なものに変貌するのである.

24
見習い技師アインシュタイン

1805年,ウルムの決戦に勝利したナポレオンは,凱旋の途中でゲッティンゲンのガウスの家を通りかかった.ガウスを高く評価するナポレオンは,ガウスゆえにゲッティンゲンの街を破壊しなかった.しかしナポレオンの勝利の地であるウルムは,やがて史上最高の科学者ともいわれるアルベルト・アインシュタインの生誕地として神聖視されることになるのである.アインシュタインが生まれたのは,1879年,マクスウェルが死んだ年のことだった.

ガウスとは異なり,アインシュタインは神童ではなかった[1].言葉を話しはじめるのも遅く,一説によれば3歳だったという.幼少時の彼はおとなしく内向的だった.はじめは家庭教師に学んでいたが,あるとき癇癪を起こして教師に椅子を投げつけてしまい,それきり個人授業は終わりになった.小学校の成績は,出来不出来の波が大きかった.ときに良い成績を収めることもあったが,飲み込みの悪い子,もしかしたら知恵遅れかもしれないと考える教師もいた.不幸なことに,今日と同様,勉強はたいてい丸暗記だった.そしてアインシュタインは丸暗記は得意ではなかった.コンパスの針はどちらを向くかと尋ねられて即座に「北」と答える子どもを良しとする教師たちは,そう尋ねられて考え込んでしまう子どもを評価することはない.

24 見習い技師アインシュタイン

5歳のときにコンパスの針のことを尋ねられたアインシュタインは、目に見えないどんな力が針に働きかけているのだろうと考え込んでしまったのだ。しかしドイツの学校も、ビュットナーとガウスの時代からまったく進歩していないわけではなかった。もはや答えをまちがえても鞭打たれることはなかった。まちがった答えへの罰はもはや鞭打ちではない。より近代的なテクニックは、指を思い切り叩くことだ。アインシュタインの背後に隠れた天才が、即座に答えを口にしなかったのは、怯えた子どもがとる苦痛回避の戦略だったのだろう。彼は答えを言う前に、何度も頭のなかで確認していたのである。

保護者面談でもあれば、9歳のアルベルトの両親はこんなふうに言われたかもしれない。「アルベルト君は算数とラテン語でよい成績をとっています。しかし、ほかの教科はすべて合格点に達していません」。アルベルトに対する教師の疑念と両親の不安は想像に難くない。この子の将来はどうなるのだろう？ しかし今から振り返ってみると、アインシュタインは13歳のころにはずば抜けた数学の力を発揮していたのである。彼は、年上の友人たちやおじと一緒に高等数学を学びはじめていたし、カントの哲学、とくに時間と空間の概念も勉強した。数学的証明における直観の役割という点ではカントはまちがっていたかもしれないが、時間と空間は知覚の産物だという彼のアイディアは、十代のアインシュタインの興味を引いた。相対性理論という名前は、この空間と時間に関する測定の「主観」性

に由来するのである——ただしここでいう主観性は，人間の心理とは何の関係もない．

1895年ころには，若きアインシュタインはマイケルソン゠モーリーの実験，フィゾーの研究，ローレンツの研究のことを知っていた．この時点では，アインシュタインもエーテルの存在を受け入れていた．しかしその一方で，どんなに速く運動しても，光波には追いつけないことにも気づいてもいたのである．彼の頭のなかで，相対性理論がうごめきはじめていた．

アインシュタインのこうした知的な校外活動が，学校生活を容易にしてくれることはなかった．アルベルトが15歳のとき，明らかに配慮のないタイプのギリシャ語教師が，アルベルトの頭は絶望的で，みんなの足を引っ張るだけだからさっさと学校をやめた方がいい，と授業中に言い放った．教師は賢明にもそれをギリシャ語ではなくドイツ語で言った．さもなければアルベルトは何を言われたのかもわからなかっただろう．アルベルトはすぐに学校をやめはしなかったが，まもなくその教師のアドバイスにしたがった．彼はかかりつけの医者から健康不良との診断書をもらい，数学の教師からは学習内容をすべて身につけたという証明書を書いてもらって，それらを校長に提出し，中途退学の許可を得たのである．

アルベルトは当時寄宿舎に住み，家族はイタリアに引っ越していた．これでアルベルトはイタリアの家族のもとにいける．彼は理不尽にも学校から追い出されたのかもしれ

ない．しかし彼はそんな落ちこぼれの生活が性に合っていることに気づいた．未来の物理学のグルとして，アイザック・ニュートンと肩を並べることになるこの若者は，それからの半年間を，ミラノ周辺の田舎をぶらぶらして過ごした．将来について尋ねられると，実務的な仕事は考えたくもないと答えた．彼が考えていたのは，大学で哲学を教えるようなことだったらしい．残念ながら，大学の哲学科が高校中退者を雇うことはあまりない．高校で教えるのにさえ大学の卒業証書がいるのだ．アインシュタインが，残された選択肢は人生楽しく過ごすことぐらいだと思ったとしても不思議はない．

しかしアルベルトの父ヘルマンは，そんな事態になるのを手をこまねいて見ているつもりはなかった．息子の数学の才能に気づいていた彼は，アルベルトをなだめすかし，あるいはヘルマンの母語であるイディッシュで言えば「やかんをガンガン叩いて (hocked a chainik)」[2]，もういっぺん学校に通って電気工学を学ぶよう説得した．ヘルマンは電気技師ではなかったが，ふたつほど電気設備事業に手を染めていたのだ（どちらも失敗した）．そこでアルバートが選んだのは，最高の学校のひとつ，チューリヒにあるスイス連邦工科大学（ETH）だった．この大学は国際的にも有名で，しかもギムナジウムの卒業証書がいらない数少ない大学のひとつだった．あとは入学試験に合格しさえすればよかった．アルベルトは試験を受け，落ちた．

例によってアルベルトは数学では高得点だった．しかし

これまた例によって，いくつか厄介な科目が試験科目に含まれていたのである．このときはフランス語と化学と生物学が足を引っ張った．彼にはフランス語で生化学の論文を書こうなどという野望はなかったから，こんなことのために大学に入れないのは理不尽だと思ったにちがいない．そう思ったのはアルベルトだけではなかった．アルベルトが出願したのはトップレベルの大学であり，トップレベルの大学では，彼の数学の将来性が見過ごされることはなかった．

　まずETHの物理学教授であり数学者でもあったハインリヒ・ヴェーバーが，アルベルトに自分の講義を聴講するよう声をかけてくれた．また学長のアルビン・ヘルツォークは，近くの学校で一年間勉強できるように手配してくれた．翌年アインシュタインは，ギムナジウムの卒業証書を手に，無試験でETHに入学を許可された．そしてアインシュタインは，入学試験はやっぱり役に立つということを示して，ヴェーバーと学長の信頼に報いたのだった——入試に落ちたことから予想されたように，彼の大学での成績は惨憺たるものだったのだ．しかしそれも当然だろう．入学試験と同様，カリキュラムもまた欠陥のある教育哲学にもとづいていたからだ．アインシュタインはこう述べている．「試験のために，好き嫌いに関係なく，なんでもかんでも頭に詰め込まなければならなかった．この強制的な勉強のせいで，私は最終試験に通ったあと一年間も，科学の問題を考えるのさえいやになってしまった」[3].

アインシュタインは，数学に関して後年大きな役割をはたすことになる友人のマルセル・グロスマンのノートを借りて，どうにか大学生活をしのいでいた．ヴェーバーはアインシュタインの態度を快く思わず，傲慢なやつだと考えていた．アインシュタインが傲慢な態度を取ったのは，ヴェーバーの授業が古くさくて出席に値しないと思ったからかもしれない．しかしアインシュタインのそんな態度がヴェーバーを師から敵へと変えていった．1900年の夏，最終試験の三日前，ヴェーバーは意趣返しを決意する．アルベルトが提出した論文に書き直しを命じたのである．規定の用紙に書かれていないというのがその理由だった．1980年以降に生まれた読者のために補足しておくと，パソコンのなかった時代には，クリック一発で再出力するわけにはいかなかった．昔は，「手書き」と呼ばれるひどいアプリケーションを使うしかなかったのだ．このためにアルベルトは貴重な試験勉強時間のかなりの部分を失った．

　アインシュタインは，試験に合格した四人の学生中三番めの成績だった．しかしそれでもとりあえず合格はした．同期の卒業生たちは大学に就職したが，彼はヴェーバーにひどい推薦状を書かれたためにその道を閉ざされてしまった．そこで彼は代用教員や家庭教師をしていたが，1902年6月23日，今日では有名になったスイス特許局に就職した．彼の肩書きは，見習い三級技官というたいへん魅力的なものだった．アインシュタインはこうして特許局で働きながら，チューリヒ大学で博士号を取得した．後年彼は

このときのことを回顧して，学位論文が短すぎるといって突き返されたと言っている．彼が文章をひとつつけ加えて再提出すると，今度は受けつけられたそうだ．裏づけがとれないので，これがほんとうの話なのか，コニャックの飲み過ぎで見たろくでもない夢なのかを判別するのは難しい．しかし，アインシュタインのその当時の研究生活を象徴するようなエピソードではある．

彼が受けた教育は，完全に彼に遅れをとっていた．1905年，アインシュタインの頭のなかで，客観的な基準に照らせばノーベル賞を三つか四つもらってもよさそうな革命的アイディアが炸裂した．それは，ニュートンが1665年から翌66年にかけて母親の農場で過ごしたとき以来，あらゆる科学者が経験したなかでもっとも多産な年となった．しかもアインシュタインはのんびりとリンゴが落ちるのを眺めていたわけではない——彼は特許局でフルタイムの仕事をしながらそれらの仕事を成し遂げたのだ．彼は6篇の論文を書いた（うち5篇はその年のうちに学術雑誌に掲載された）．そのひとつは，博士論文をもとにした物質の幾何学に関するものだった——空間の幾何学ではなく，物質の幾何学である．アインシュタインはその論文に「分子の大きさの新しい決定法」[4]というタイトルをつけて，"アナーレン・デア・フィジーク"に投稿した．そこで彼が提示したのは，分子の大きさを決定するための新理論だった．この研究はのちに，セメントと混ぜた砂の動きから牛乳中のタンパク質コロイド粒子にいたるまで，広い分野で応用

されるようになった．1970年代にアブラハム・パイスが行った調査によれば[5]，アインシュタインのこの論文は，1912年以前に書かれた相対性理論を含むすべての科学論文のなかで，1961年から1975年までもっとも引用件数の多い論文だったという．1905年，アインシュタインはさらにブラウン運動に関する論文を2篇書いた．ブラウン運動とは，1827年にスコットランドの植物学者ロバート・ブラウンにより発見されたもので，液体中に浮いた小さな粒子がする不規則運動のことである．アインシュタインは，この運動が起こるのは，液体分子がランダムに粒子に衝突するためだというアイディアにもとづいてこれを分析した．この新しい分子理論は，フランスの物理学者ジャン＝バティスト・ペランにより実験的に確認された．ペランは1926年に，この研究によりノーベル賞を受賞している．

同年，アインシュタインは光電効果の解明も行った．光電効果とは，光をある種の金属に当てると電子が飛び出す現象のことである．解明すべき主な問題点は，照射する光の振動数にはある閾値があって，それ以下の振動数では，たとえどれほど強い光を当てても電子は放出されないことだった．アインシュタインはこの閾値を説明するために，マックス・プランクによる量子の概念を用いた．もしも光が，振動数によって決まるエネルギーをもつ粒子（のちに光子と名づけられた）でできているなら，閾値以上の振動数をもつ光だけが，電子を蹴り出すに足るエネルギーをもつと考えられるということだ

アインシュタインはこの研究で,プランクの新しい量子概念を普遍的物理法則であるかのように扱ってしまった.当時この概念は,物質と放射の相互作用についてよくわかっていない部分とみられていたのだ.しかしそんなことは誰も気にかけなかった.なにしろその当時,この領域はわからないことばかりだったのだから.もちろん,量子の概念が放射にも使えるなどと考えたのはアインシュタインただひとりだった.というのもその概念は,よく理解され,検証もされていたマクスウェルの理論に真っ向から対立するものだったからである.アインシュタインがなした革命的研究の例にもれず,この論文も当初はほとんど誰からも受け入れられなかった.ローレンツも,それどころかプランクその人でさえ,アインシュタインの見解には異を唱えた.今日アインシュタインの研究は,プランクによる量子の発見とともに,量子論の歴史に残る画期的な業績とみなされている.この研究によりアインシュタインは1921年にノーベル物理学賞を受賞した.しかし100年後の今日,アインシュタインといわれてわれわれがまず思い浮かべるのは,1905年に発表された,他のふたつの論文の内容だろう.その論文は,11年におよぶ波瀾の旅のはじまりを告げていた.科学者たちはその旅の末に,新たな宇宙に踏み込むことになる.それはガウスとリーマンにより数学的に可能であることが示された,「曲がった空間」という不思議な世界だった.

25
アインシュタインのユークリッド的アプローチ

 1905年に"アナーレン・デア・フィジーク"に掲載された論文のうちの二篇,すなわち,9月26日付けの「運動物体の電気力学について」[1]と,11月の「物体の慣性はその物体の含むエネルギーに依存するであろうか?」は,アインシュタインの最初の相対性理論である特殊相対性理論を説明するものだった.

 ギムナジウム時代,アインシュタインはユークリッドに関する一冊の本に出会った.デカルトやガウスとは異なり,彼はユークリッドがとても気に入ったようである.彼は後年こう述べている.「三角形の三辺に下ろした垂線は一点で交わるということが——これは決して自明なことではないのだが——疑いをさしはさむ余地もないほどの確かさで証明されてしまう.そんな命題がたくさんあって,ユークリッドの明快さには言葉にできないほどの感銘を受けた」[2].皮肉にも,アインシュタインがのちに作り上げる理論においては,非ユークリッド幾何学が重要な役割をはたすことになる.しかし特殊相対性理論に関しては,アインシュタインはユークリッドのアプローチを採用した.彼は空間についてふたつの公理を置き,それを論証の基礎としたのである.

1. 他の物体と比較することなく,自分が静止しているのか,等速運動をしているのかを知ることはできない.

アインシュタインの第一公理は,「相対性原理」,もしくは「ガリレオの相対性原理」と呼ばれるのが普通だが,はじめてこれを仮定したのはオレームだった.この公理はニュートン力学でも成り立っている.つい先日のことだが,ニコライがプラスチック製の消防車に乗って家のなかを走り回っていた.アレクセイはドライブスルー・キッチンの椅子にこしかけ,子ども向けの怪奇小説に読みふけっていた.ニコライは手にプラスチックの斧をもってそのそばを走り抜けた(その斧は,トラックとヘルメットを買ってやったときに,ニコライがうまく紛れこませたものだ).そのときニコライの斧がアレクセイの本に当たり,斧も本も床に落ちた.そしていつものように罵倒の応酬がはじまった.アレクセイは,ニコライが通り過ぎるときに斧で本を叩き落としたという.ニコライは,斧を持ってじっとしているところにアレクセイが突っ込んできたという.父親は,両者に状況を尋ねて判定を下す代わりに,この状況に関する科学の話をすることにした.

じっとしているニコライにアレクセイの本がぶつかってきたのだとしても,じっとしているアレクセイにニコライの斧が向かってきたのだとしても,ニュートンの法則は同じ出来事を予測する.これがアインシュタインの第一公理

である——すなわち,一方の状況を他方の状況と区別することはできないということだ.ゆえに,ふたりの言い分はそれぞれ正しい(ここまで話したところでふたりには休憩をやった).

2. 光の速度は光源の速度によらず,宇宙空間内のすべての観測者にとって同じである.

アインシュタインの第二公理は,第一公理と同様,それ自体として革命的なものではない.すでに述べたように,マクスウェルの方程式によれば光速は光源の運動速度とは無関係であり,そのことは誰も疑問に思わなかった.なぜなら,波とはそういう伝わり方をするものだからだ.アインシュタインの第二公理の核心は,「すべての観測者にとって同じ」という部分にある.これはどういう意味だろうか?

自分が動いているかどうかを判断できるなら,とくに問題はない.その場合,光の速度とは,光が"静止"物体に近づくときの速度だと取り決めればよい.ニュートンの枠組みではそれができる——絶対空間もしくはエーテルが,運動を測定する基準になってくれるからだ.だが,静止状態と等速運動状態を区別することができず,それぞれの観測者が測定する光速は,観測者相互の運動とは無関係に同じ値になるとしたら? この場合,「つば吐きのパラドックス」が生じる.つまり光の波は,あなたとあなたのつばの

両方に，同じ速度で近づくことになるのだ．

　なぜそうなるかを理解するためには，論証の基礎を疑わなければならない．アインシュタインの公理は公理なのだから，それは疑わない．それ以外にうっかり仮定してしまったことはないだろうか？　われわれは同時性，すなわち「同時に起こる」という概念をよく使うから，ここではそこを吟味するのが妥当だろう．そしてそれこそが，アインシュタインのやったことなのだ．

　1916年の著書『相対性理論』[3]でアインシュタインが用いたものと同様の状況を考えよう．アインシュタインは列車のたとえ話をするのが好きだった．というのも，彼自身が列車に乗った経験から，自分が等速運動をしているかどうかわからなくなる場合が現実にあることを示す好例になると思ったからだ．列車，あるいは今日なら地下鉄に乗ったことのある人なら，アインシュタインのいう経験をしたことがあるだろう．自分の乗った列車が動いているのか，隣の列車が動いているのか，あるいは両方とも動いているのかわからなくなるのだ．ここではアレクセイとニコライが地下鉄の車両の両端に乗っているものとしよう．ふたりだけで地下鉄に乗るのはこれがはじめての経験だ．母さんと父さんはプラットフォームに立って手を振りながら，さっき窓に貼りつけておいた「故障中」のステッカーの効果で，この車両があまり混まずにすみますようにと願っている．母さんと父さんの間隔は，アレクセイとニコライの間隔と同じとする．つまり列車が動きだした直後に，母さん

25 アインシュタインのユークリッド的アプローチ

とアレクセイが並び,父さんとニコライが並ぶような位置関係だ.この位置に立つのには理由があって,写真を撮るためである.母さんは子どもたちのはじめての旅を写すため,父さんは子どもたちが予定通り戻ってこなかったときに,警察に見せる写真を撮るためだ.兄弟の対抗意識という自然の法則があるので,母さんと父さんはきっかり同時刻に写真を撮ることにした.母さんがアレクセイの笑顔を,父さんがニコライの笑顔を.二枚の写真は同時刻に撮影されるのだから,「ぼくのほうが先だ」といって自慢することはできない.こうして家庭不和の舞台は整ったのである.

不和の原因は,アインシュタインの疑問に対する答えのなかにある.その疑問は次のようなものである.「両親が同時と判断したふたつの出来事を,子どもたちも同時と判断するだろうか?」まず第一の問題は,「ふたつの出来事が同時に起こる」とはどういう意味かだ.もしもふたつの出来事が同じ場所で,同じ時刻に(その場にある時計で計って)起こったのであれば,それは同時といえる.しかし,ふたつの出来事がそれぞれ別の場所で起こったとすると,答えはそれほど単純ではない.それを理解するには,状況を深く見ていかなければならない.

光(信号を送るために使えるものならなんでもよい)は,無限大の速度で進むものと仮定しよう.このとき,フラッシュから出た光は,フラッシュが光った瞬間にアレクセイとニコライの両方に届く.そこで二人はそれぞれ,同

時性の問題にすぐに答えることができる．一点（それぞれの居場所）で起こったふたつの出来事（ふたつのフラッシュの到着）を比較すればよいのである．どちらかのフラッシュが先に光ったなら，そちらのカメラが先に写真を撮ったのだ．しかし実際の光の速度は無限大ではないから，この方法は使えない．そこで，いかなるときも科学者である父さんがひとつの提案をした．父さんと母さんの中間に写真検知器を取りつけよう．もし写真が同時に撮影されたなら，父さんと母さんの発したフラッシュの光はまんなかで出会うはずだ．それを聞いたニコライは，まるで自分のアイディアであるかのように同じことを言った（これが彼のかわいいところだ）．そこでアレクセイは，地下鉄の車両のまんなかに写真探知機を取りつけた．

車両が動きだした．母さんと父さんはきっかり合わせた時計を持っている．そして写真が撮影された．当然，フラッシュの光は父さんと母さんのまんなかで出会った．これでアレクセイとニコライは満足しただろうか？ ところがそうはいかなかったのだ．フラッシュの光が出会うまでに車両が少し動いてしまったため，フラッシュの光は車両のまんなかでは出会わなかったのである．この状況を図に示そう．

子どもたちの立場で見ると，それぞれのフラッシュがたかれるという出来事は，彼らにとっては静止していると感じられる車両内の，ある場所で，ある時刻に起こる．両親同様，彼らもフラッシュの光は車両のまんなかで出会うは

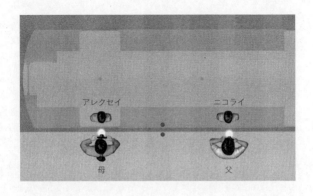

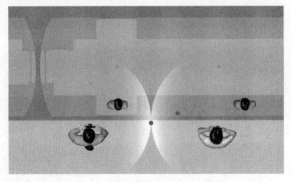

地下鉄の時間

ずだと思っている．だからフラッシュがアレクセイに近いところで出会ったのを知って，ニコライのほうが早く写真に撮られたのだと二人は考えた．写真は，母さんと父さんにとって同時になるように撮られたのだが，両親に対して動いている座標系にいる子どもたちには，そうは見えなかったのだ．父さんは後悔した．自分にとっては同時でなくとも，子どもたちにとって同時になるようにすべきだったと．

なんだ簡単な話じゃないか，とあなたは思うかもしれない．しかし難しいのはここからなのだ．子どもたちが動き，両親はプラットフォームで静止している——地球が動いていないと考えれば，そう見えるだろう．だがもちろん，地球は不動ではない．地球外の観察者から見れば，地球は太陽の周りを猛スピードで突き進み，おまけに自転までしているのだ．だとすれば，列車とプラットフォームのどちらが"静止"しているとみなすのが自然か，などと考えることに意味はない．そこでいっそすべてを取り払い，子どもたちも両親も，何もない空間にいるものと想像してみよう．この場合，どちらが動いているかを外から判断するすべはない．この場合も起こる現象は同じだ．両親にとっては同時であるものが，子どもたちにとっては同時ではないのである．その逆もまた真である．

こうして同時性の概念は崩れた．すると，距離と時間も相対的になる．なぜそうなるかを理解するために，次のことに注目しよう．長さを測定するためには，測定する物体

の両端に印をつけて、その物体に物差しを当てればよい.物体がわれわれに対して静止しているなら、それで話はおしまいだ.しかし物体が動いているとすると、いくらか余分な手間がかかる.たとえば画用紙を一枚用意して、物体が通り過ぎるときに、その両端のところで画用紙に印をつける.それから画用紙に物差しを当て、印をつけた二点間の距離を測ればよい.しかしここで注意すべきは、両端の印を"同時"につけなければならないことだ.もしも一方の印を他方よりも早くつければ、遅れたほうの端はいくらか進んでしまうために正確な測定値は得られない.あいにく、われわれが同時だと思っても、計測される物体といっしょに動いている人にとっては同時ではない(その事情はさっきと同じだ).物体といっしょに動いている人は、われわれの印の付け方が同時ではなかったせいで測定値がおかしくなったと言うだろう.つまり、物体には絶対的な意味での長さはないということだ.物体の長さは観察者ごとに異なるのである.これは新しいタイプの幾何学といえる.

「相対性理論では、運動物体はその運動の方向に収縮して見える」という話は聞いたことがあるだろう.これは、物体が運動しているように見える座標系にいる観測者と、同じ物体が静止しているように見える座標系にいる観測者とでは、前者の得る測定値の方が短くなるという意味である.アインシュタインは、時間についてもこれと同じ異常が起こることに気づいた.お互いに対して運動している観

察者のあいだでは,時間間隔(どれだけ時間が経過したか)に関する測定値が一致しないのだ.物体の長さ同様,時間の長さにも絶対的な意味はないのである.

　観察者が,自分の居場所(その観測者の座標系では空間内の固定点)で,ふたつの事象のあいだに流れた時間を測定するとき,その時間を"固有時間"という.この観察者に対して(一定速度で)運動する他のすべての観察者にとっては,ふたつの事象のあいだに流れた時間はそれよりも長くなる.われわれは自分自身に対して常に静止しているから,自分自身で計った人生の長さは,他人が計ってくれた人生の長さよりも常に短くなる(加速度の効果は考えないとして).つまり,自分の時計は,他人からはゆっくり進むように見えるのだ.しかし死は,自分といっしょに運動する時計の合図でやってくる.特殊相対性理論によれば,たしかに隣の芝生のほうが青いのである.

　ところで以上のようなことは,運動法則にどんな影響をおよぼすだろうか? 特殊相対性理論でも,物体はやはりニュートンの第一法則にしたがう.つまり「外力が加わらないかぎり,物体はまっすぐに進む」のだ.線分の「長さ」については観測者ごとに意見が異なっても,それが「まっすぐ」かどうかについては意見が一致する.しかしこの第一法則は,"相対論的"ではない——相対性理論では,空間と時間は観察者ごとに異なる混ざり方をするのだ.それゆえ幾何学の概念は,空間だけでなく時間をも含むように変更されなければならない.

そこで,「ある出来事がある場所である時刻に起こった」という代わりに,"事象"という言葉を使うことにしよう. つまり事象とは, 空間と時間を合わせた4次元時空内の点のことである. そして空間内の"経路"の代わりに, 4次元時空内の"世界線"を使う. "距離"の代わりには, 事象間の時間間隔と空間距離とを組み合わせたものを用いる. そして線の代わりに測地線を考える——ただしここでは(専門的な理由があって), 測地線は, ふたつの事象を結ぶ最短または最長の世界線とする[4]. 「この本の著者が, ある時刻に, ある場所で机に向かっている」というのは典型的な事象の例である. 「長時間机に向かっている著者」は世界線の一例だ. この例では, 時間座標は変化するが空間座標は変化しない. 世界線にはそういうものがあってもよいのである. 著者が空間内でたどる"経路"は, 一箇所に固定された退屈きわまりないものだが, 時空としてみればちゃんと世界線になっている. 昇降するエレベーターは, 東西の座標は変化せず, 上下の座標は変わるような経路を描くが, それと同じようなものだ. つまり空間の距離はゼロでも時間は隔たっているため, 世界線の長さはゼロにはならないのである.

さていよいよニュートンの第一法則を相対論的に表現するために, 次のような状況を考えよう. アレクセイの時計でゼロの点から, ニコライの時計で1秒の点に向かって物体が動くとする(ありがちな状況だ). 外力が働かなければ, この物体はどんな経路を描くだろうか? 相対性理論

の言葉では、この二つの事象は、(空間＝アレクセイの場所，時刻＝0秒)と(空間＝ニコライの場所，時刻＝1秒)となる。兄弟が互いに対して静止しており，互いの時計がぴったり合っているとすると，この物体はアレクセイからニコライまでまっすぐに1秒で移動する。これが特殊相対性理論における自由運動の世界線である。

この世界線はどんな物理法則に支配されているのだろうか？ もし物体がまっすぐ進まず，回り道をしたらどうなるだろう？ その場合，同じ時間間隔でより長い距離を移動するわけだから，目標である(空間＝ニコライの場所，時間＝1秒)という事象に到達するためには，もっと速く進まなければならない。しかしすでに見たように，物体が他の物体に対して動くとき，その物体といっしょに動く時計はゆっくり進むように見える。つまりその物体は，いっしょに移動する時計で計れば，1秒かからずに目標に到着するのである。

空間内を一定速度で直進する物体は，その物体とともに運動する時計で測定するとき，ふたつの事象間で経過しうる最長の時間が流れるような世界線を描く。この新しい幾何学を使えば，ニュートンの第一法則は次のように述べることができる。

> 外力が働かないとき，ある事象から別の事象に向かう物体は，その時計(固有時間)で経過時間が最大となるような世界線を描く。

アインシュタインは,自分の理論は近代物理学という城に撃ちこまれた砲弾だということを知っていた. ニュートンを心から尊敬していた彼が, ニュートンのもっとも根本的な信念のひとつである絶対時間と絶対空間を打ち壊そうとしていたのである. 彼はまた, エーテルという, 200年の歴史をもつ物理学の基本概念を葬り去ろうとしていた. 特殊相対性理論からは多くの成果があがっていた(高速の放射性粒子の寿命が長くなることを説明し, エネルギーと物質は等価であり, 互いに転換しうることを明らかにした). しかし, 城を守り, 美しく飾りたてることに生涯をかけてきた人びとが, 城を破壊する人間に乾杯してくれるはずがないことはアインシュタインにもわかっていた. 彼は攻撃に備えて気をひきしめた.

ところが数か月が過ぎても攻撃は来なかった. 彼の論文が掲載されたのち, "アナーレン・デア・フィジーク" は何巻も発行されたが, アインシュタインの爆弾に対して物理学界はとくに言うべきことがないかのようだった. ようやくベルリンのマックス・プランクから, 二点ほど説明を求める手紙が届いた. そしてまた数か月が過ぎた. これで終わり? 革命的な新理論に心血を注いだというのに, ベルリンの男からふたつほど質問が来ただけとは.

1906年4月1日, アインシュタインは特許局の二級技師に昇進した. 特許局員としては名誉なことだが, ノーベル賞ではない. 彼は, アレクセイがよく言うように, 自分は負け犬畢からの移住者かもしれないと思いはじめていた

——アインシュタイン自身の言葉で言えば,「晴れがましい連邦政府の事務野郎」[5]である.さらに悪いことに,彼は27歳にして,自分の創造的頭脳はこのまま枯れてしまうのではないかと思い悩むようになった.自分もまたボヤイやロバチェフスキーのように無名のまま死んでいくのか,と悩んだかと思われるかもしれないが,実は他の多くの人たちと同様,アインシュタインは彼らの名前すら聞いたことがなかった.

しかし,アインシュタインには知る由もなかったが,受けとった手紙はマックス・プランク氷山の一角にすぎなかったのだ.1905年から翌年にかけての冬,プランクはベルリンでアインシュタインの理論に関するコロキウム(専門家を集めた談話会)を開いた.そして1906年の夏には,教え子のひとりであるマックス・フォン・ラウエを特許局のアインシュタインのもとへ向かわせた.かくしてアインシュタインははじめて,本物の物理学者との接触をはたしたのだった.

フォン・ラウエの待つ部屋に入ったとき,アインシュタインはもじもじしてしまい,名前を名乗ることができなかった[6].フォン・ラウエは彼を一瞥しただけだった.相対性理論の論文を書いた人間が,まさかこんなみすぼらしい男とは思いもしなかったのだ.アインシュタインはいったん部屋を出て,しばらくしてまた戻った.しかし今度もまだフォン・ラウエに声をかける勇気は出なかった.結局,フォン・ラウエのほうから声をかけた.その後アインシュ

タインの家に向かう道すがら,アインシュタインはフォン・ラウエに葉巻を勧めた.その葉巻は,安っぽくてひどい匂いがした.フォン・ラウエは話をしながら,こっそりと葉巻をアーレ川に捨てた.目にしたものと匂ったものにフォン・ラウエは感心しなかったが,耳にしたものには大いに感銘を受けた.1914年に(X線の回折の発見により)ノーベル賞を受けることになるフォン・ラウエと,1918年に受賞するマックス・プランクのふたりは,アインシュタインの相対性理論を支持するキーパーソンとなった.数年後にアインシュタインをプラハ大学に推薦する際,プランクは彼をコペルニクスにたとえている.

プランクが相対性理論の支持にまわったのは興味深いことである.というのもプランクは,光電効果に対するアインシュタインの説明をなかなか受け入れられなかったからだ.しかもアインシュタインの説明には,プランク自身の量子仮説が使われていたにもかかわらずである.それでも相対性理論に関しては,プランクは即座にその正しさを認めた.彼は1906年という早い時期に,アインシュタイン以外で相対性理論に関する論文を発表したはじめての人となった.彼はまたその論文で,はじめて相対性理論に量子論を適用した.そして1907年には,相対性理論を博士論文として指導した最初の教授となった.

スイス連邦工科大学でアインシュタインを指導したこともあるヘルマン・ミンコフスキーは,当時ゲッティンゲン大学で教鞭をとっており,もうひとりの相対性理論支持者

だった．もっとも早い時期に相対性理論に重要な貢献をすることになったミンコフスキーは，相対性理論に関するコロキウムを開き，時間を四つめの次元にするアイディアと，その時空の幾何学とを提案した．1908年の講義で彼はこう述べている[7]．「今後，空間や時間を単独で考えることはなくなり，ふたつを統合したものがそれ自体として実在性をもつようになるでしょう」．

特殊相対性理論は，ドイツの物理学者の中核部分からは支持されたが，広く受け入れられるまでには時間がかかった．1907年7月，プランクはアインシュタインに宛てた手紙に，相対性理論の支持者は「あまり大きくない集団です」[8]と書いている．実際，すでにみたように，マイケルソンはエーテルの存在を捨てられなかったし，アインシュタインとは互いに尊敬し合う間柄だったローレンツもエーテルを否定しきることはできなかった[9]．そしてポアンカレは生涯，相対性理論を理解することなく否定しつづけ，1912年にこの世を去った[10]．

とはいえこのアイディアも少しずつ注目されはじめたので，アインシュタインは第二の，さらに大きな革命を起こすことになる研究に着手した．それはニュートンによる微分方程式の導入以来，物理学の中心からはずれていた幾何学を，ふたたび舞台中央に呼び戻す革命だった．それはまた，アインシュタインの第一革命は受け入れやすかったと思うほど，実に困難な革命となったのである．

26
アインシュタインのリンゴ

1907年11月,アインシュタインの頭にひとつのアイディアが浮かんだ.後年,彼自身がそれについて次のように語っている.「ベルンの特許局の椅子にかけていたとき,突然にある考えが浮かんだ.人間がまったく自由に落下したら,自分の体重を感じないのではないだろうかと」[1].

アインシュタインはこんなことを考えるために給料をもらっているわけではなかった.彼の仕事は,永久機関の出願を却下したり,新しいネズミ取りのアイディアを審査したり,糞をダイヤモンドに変える仕掛けの嘘を見破ったりすることだった.この仕事はときにはおもしろいこともあったし,とくに重労働というわけでもなかった.しかし,1日8時間,週に6日という労働時間は決して短くはない.それでも仕事が終われば,アインシュタインは物理学の研究をした.のちにわかったところでは,彼はよく事務所にノートをもち込んで内職をしていたらしい.上司が近づいてくると,ノートを机に押し込むのだ.アインシュタインもわれわれと同じ人間だったのである.内職にまったく気づいていなかった上司は,1909年,アインシュタインが職を辞して大学で教えることになったと伝えると,冗談だろうと笑った.ブラウン運動の解明も,光子仮説も,特殊相対性理論を作り上げる仕事も,すべてこの上司の鼻

先で行われたのである.

「人間がまったく自由に落下したら,自分の体重を感じないのではないだろうか」.アインシュタインは後年これを,「生涯でもっとも幸せな考え」[2]と呼んだ.アインシュタインは孤独で寂しい男だったのだろうか? 実際,彼の人生はハリウッドのおとぎ話のようにはいかなかった.結婚して,離婚して,再婚し,結婚生活には一貫して否定的な考えをもっていた.最初の子は養子に出した.最後の子は統合失調症を患い,精神病院で亡くなった.ナチズムによって,生まれた大陸を追われ,受け入れてくれた国にも完全にはなじめなかった.しかし,アインシュタインを大いに喜ばせたこの考えには,それだけの意義があったのである.自分の人生にそれだけ大きな意味をもつアイディアが浮かべば,誰しも彼と同じ気持ちになるだろう.

このアイディアが浮かんだとき,アインシュタインは「はっとした」と言っている.それは偉業につながる啓示だった.「落下する人間」はアインシュタインの「落下するリンゴ」であり,新しい重力理論の,新しい宇宙概念の,新しい方法論の種子だったのである.1905年以来,アインシュタインは相対性理論を改良するためのガイド役となる新しい原理を探し求めていた.彼は特殊相対性理論が不完全だということを知っていた.「空間と時間は観測者ごとに異なる」という観点からみたとき,結局この理論はまだ運動学にすぎなかったからだ.物体が特定の力に対しどう反応するかを説明することはできても,その力を具

体的に説明することはできなかったのである．もちろん，特殊相対性理論はマクスウェルの理論とぴったり噛み合うように作ってあるから，電磁力の特性は問題にならない．しかし重力に関してはそうはいかなかった．

1905年当時，重力の理論はニュートンの重力理論しかなかった．ニュートンは頭のいい男だから，彼の運動学，すなわちニュートンの運動法則とかみ合うように重力理論を作っておいた．しかしニュートンの運動法則は特殊相対性理論に取って代わられたのだから，当然ながら，ニュートンの重力理論もどうにかしなければならない．ニュートンの重力理論とは次のようなものである．

> 与えられた任意の瞬間にふたつの質点が引き合う重力は，それぞれの質点の質量に比例し，その瞬間の距離の2乗に反比例する．

これがすべてだ．数式で表せば，簡単に数値を得ることもできる．微積分を使えば"質点（点状の質量）"を，大きさをもつ質量に拡張することも可能だ．これをニュートンの運動法則に放り込めば，互いに力をおよぼし合いながら運動する物体（たとえば天体など）を支配する方程式が得られる．ガウスがはじめて名を上げたのは，小惑星ケレスの軌道を（おおまかに）予測したからだったが，それもこの方程式を解くことによって達成されたのである（それは努力と才能のたまものだった）．ニュートンの重力理論

の影響を調べることは,見た目の簡単さからは想像もできないほど複雑な作業であり,そこから何千人もの物理学者が何年間も研究できるほどのものが容易に引き出せるのである.

しかしニュートン自身は,この重力法則に満足していなかった.彼は,離れた場所に瞬時に力が伝わるという考えはおかしいと感じていたのである.相対性理論では,これは明らかにまずい.なぜなら,光速よりも速く伝わるものはないからだ.しかも問題はそれだけではなかった.「任意の瞬間」という言い方を考えてみよう.すでにみたように,相対性理論では,時刻は観測者ごとに異なる.ふたつの質量がお互いに対して運動しているとき,一方にとっては同時に起こった事象が,他方にとっては異なる時刻に起こったようにみえる.さらにはローレンツが気づいたように,質量も距離も,観測者ごとに異なる値が得られるのだ.

アインシュタインは,自分の理論を完全なものにするためには,特殊相対性理論と矛盾しない重力理論を見いださなければならないことを知っていた.しかも彼の悩みはそれ以外にもあった.彼は特殊相対性理論において,「観察者は,物理法則(光速は一定であるなど)を変更することなく,自分は静止しているとみなせなければならない」という大きな主張をしていた.これはすべての観察者について成り立たなければならない.ところが特殊相対性理論では,これが成り立つのは等速運動をしている観察者だけだ

26 アインシュタインのリンゴ

ったのだ．

「等速運動というのはずいぶん特権的な運動状態のようだが，それはいったいどういう運動なのか？」と，懐疑的な人，あるいは論理的な人は問うだろう．それに対する物理学者の答えは，「直線上を一定の速度で進む運動」というものだ．しかし，直線上をお互いに対して一定速度で運動している観察者の集団は，自分たちはみんな等速運動をしていると主張するだろう．だが，この集団を外から見ている人は，「きみたちの運動は，きみたち相互間では等速運動になっているだけで，実際には，速度の大きさや運動方向を一斉に変えているではないか」と言うかもしれない．

　スタジアムいっぱいの観客が試合に熱中してシートに釘付けになっているのを想像してみよう．みんながそろってスナックをパクついているありさまは等速運動の典型だ（速度ゼロの等速運動である）．さてここで，女性宇宙飛行士が宇宙ステーションのソファに腰掛け，テレビの試合中継に夢中になっているとしよう．彼女にとってスタジアムの観客は全員，地球の地軸の周りを狂ったように回っている．それを直進運動というには無理がある．しかし，彼女は静止し，観客は回転している，という彼女の主張は正しいのだろうか？　彼女も観客も狂ったように運動していると主張する，第三の観察者が現れないともかぎらないではないか．

　実をいえば，これを判断する方法があるのだ．本書の著

者にとっては簡単なことである．等速運動をしていれば，彼は静かに椅子に腰掛け，周囲の世界をみごとに説明するニュートンの法則に思いをめぐらせることができる．それに対して加速度運動をしていれば，具合が悪くなって吐いてしまうだろう．この効果がはじめて観測されたのは，60年代初頭，シボレーのなかでのことだった．もちろん加速度が人体におよぼす影響は複雑だが，その背景にある物理学は簡単だ――加速度があるとないとでは大ちがいだということだ．ここでアインシュタインの息子であるハンス・アルベルトに登場してもらい，思考実験をしてみよう．1907年，ハンス・アルベルトは3歳だった．等速でない運動がまだまだ楽しい年ごろである．ハンス・アルベルトはメリーゴーランドに乗り，父親のアインシュタイン博士はその近くの地面に立っているものとする．

ハンス・アルベルトはぺろぺろキャンディーをなめていたが，うっかり手を離してしまう．メリーゴーランドが静止していれば，ぺろぺろキャンディーはぽとんと地面に落ちるだけだ．しかしメリーゴーランドが回転していれば，ぺろぺろキャンディーは手から離れた瞬間に，そのときの接線に沿って飛んでいく．小さな子どもは，自分を世界の中心に置く傾向がある．ハンス・アルベルトもそうだとしよう．すると彼は，どちらの場合にも，自分は静止していると言い張るだろう．メリーゴーランドが動いていれば，世界が自分の周囲を回っていると思うわけだ．父親のアインシュタインにとってやっかいなのは，ニコライの斧とア

レクセイの本がぶつかった場合とは異なり、ふたりの観察者が目にする出来事は、それぞれ別の法則に支配されていることだ。それを理解するために、ふたりの観察者がこの状況をどのように分析するかを調べてみよう。父親のアインシュタインは地面上に固定された座標を使う。その座標系では、彼の位置は不動であり、息子はメリーゴーランドの柱の周りに円を描いて動いている。ぺろぺろキャンディーはその手に握られたまま彼と同じ円を描く。ハンス・アルベルトが手を離した瞬間にも、ぺろぺろキャンディーはニュートンの運動法則に支配されている。つまりぺろぺろキャンディーは、その瞬間の速度と方向をもって直進しはじめるのだ。ニュートンの法則であれ、特殊相対性理論であれ、この現象を説明するためには何の修正もいらない。

次にハンス・アルベルトがこの状況をどうとらえるかをみてみよう。彼は、メリーゴーランドにくっついた座標を使う。その座標系では彼の位置は変わらない。ぺろぺろキャンディーもしばらくは彼と同じ位置に静止している。しかし彼が手を離した瞬間、ぺろぺろキャンディーは急に飛び去ってしまうのだ。ニュートンの物理学であれ、アインシュタインの物理学であれ、物体は通常このような振る舞いをしない。つまりどちらの法則もこの場合にはあてはまらない。ハンス・アルベルトはニュートンの第一法則の代わりに、次のような法則を使いたくなるだろう。

　　静止物体は、しっかり握っているあいだは静止しつづ

ける傾向がある．しかし手を離したとたん，物体はとくに理由もなく飛び去ってしまう．

ハンス・アルベルトのように，自分が回転しているのに静止していると言い張る観察者は，自分の世界での物体の運動を説明したければ物理法則を変更しなければならない．ニュートンの運動法則（すなわち運動学）を変えるしかないのだ．しかし，もしもハンス・アルベルトにニュートンの法則を救う気があれば，別の方法がある．ニュートンの法則はそのままにしておき，宇宙のすべての物質に作用する不思議な"力"を定義するのである．その力は，メリーゴーランドの中心から物体を押し出すように作用する．引き寄せるのではなく押し出すという点を別にすれば重力に似ていないこともないこの力を，ここでは"ドッキ力"と呼ぶことにしよう．

ニュートンは，座標系が加速度運動をしていれば，物体はドッキ力のような神秘の力を受けているかのように振る舞うことを知っていた．このような力を"見かけの力"という．なぜならその力は，電荷のような物理的な湧き出し口から生じるわけではなく，別の座標系（"慣性系"と呼ばれる等速運動をする系）から見れば消すことができるからだ．ニュートン理論では，この見かけの力が現れないことが，等速運動の判定基準になっていた．もしも見かけの力が働かなければ観測者は等速運動をしているし，見かけの力が働けば，観測者は加速度運動をしているということ

だ．この説明は多くの科学者を悩ませた——とくにアインシュタインは真剣に悩んだ．しかしともかく，そのように考えれば，等速運動を物理的に定義することはできそうだ．だが，絶対空間という不動の枠組みがなくなれば静止座標系を特別扱いすることに何の意味もなかったように，加速度運動をする座標系を特別扱いすることにも意味がなくなってしまうのである．

　物質もエネルギーも存在しない空間に，物体がひとつだけあるとしよう．運動を比較する対象が何もないというのに，円運動と直線運動を区別することができるだろうか？　ニュートンはこの質問に対し，絶対空間が存在するという信念で答えた．空っぽの空間にも，運動を定義するための不動の枠組みはあるというのである．神はこの宇宙を作るとき「電池は別売り」にはしなかった——ユークリッドだけでなく，デカルトもつけてくれていたというわけだ．アインシュタインがこの問題について考えはじめた当時，このニュートン説への対案として人気があったのは，オーストリアの物理学者エルンスト・マッハの説だった．それによれば，宇宙に含まれる物質すべての質量中心が，運動を判定する基準点になる．大ざっぱにいえば，はるか遠方の星々に対する等速運動が，真の慣性運動だというのである．しかしアインシュタインはこれとも異なる独自の考えをもっていた．

　アインシュタインは特殊相対性理論を作った段階で，静止座標系にいる観測者と，等速（速度ゼロ以外の）運動を

する座標系にいる観測者との区別を取り払うことに成功した．つまり慣性系にいる観測者はすべて平等になったのだ．次に彼が作ろうとしていたのは，慣性系であろうが加速度系であろうが，あらゆる座標系にいる観測者が平等になるような理論だった．そんな理論を首尾よく作ることができれば，その新理論では"非等速運動"を説明するために見かけの力をもち込まずともよくなり，運動法則を変更する必要もなくなる．スタジアムの観客も，月にいる宇宙飛行士も，メリーゴーランドに乗ったハンス・アルベルトも，そのそばの地面に立つアインシュタイン博士も，真の慣性系はどれだろうなどと頭を悩ませずにすむのである．哲学的動機ははっきりしていた．あとは理論を作りさえすればよかった．だが，どうやって？ 彼は道しるべとなる原理を必要としていた．

その道しるべとなったのが，"生涯でもっとも幸せな考え"だったのだ．「人間がまったく自由に落下したら，自分の体重を感じないのではないだろうか？」これこそが最初の手がかりであり，新理論への長い道程を支えてくれたコンパスだった．これをより一般的に述べれば，等価原理，すなわちアインシュタインの第三公理になる．

　物体が等加速度運動をしているのか，あるいは均一な重力場内で静止しているのかを，他の物体と比較することなく知ることはできない[3]．

換言すれば，重力は"見かけの力"だということだ．"ドッキ力"と同様，重力はわれわれがたまたま選んだ座標系にくっついてきた人工物で，別の座標系を選べば消せるのである．この原理が適用されるのは「均一な重力場」であり，ここに述べたのはもっとも簡単な形である．アインシュタインが最初に考えたのはこの形式だった．この原理をすべての重力場に拡張するにあたっては，ガウスとリーマンの研究が役立った．均一な重力場をつぎはぎにした無限小の（つまり非常に小さな）パッチワークが，均一でない重力場を表すと考えるのである．しかしアインシュタインがこの考えを発表するのは，それから5年後の1912年のことだった．またそのとき彼は"等価原理"という言葉を生み出した．

アインシュタインのいう均一の重力場とは，いったいどんなものだろうか？ 等速運動をする座標系を考えるために，ニュートンは船を例にとった．アインシュタインが列車やエレベーターを例にとったのと同じことである．もしも当時エレベーターがあったなら，ニュートンも重力について別の見方をしていたかもしれない．しかしエレベーターは，1852年，イライシャ・グレイヴズ・オーティスが小さな技術的困難を克服してから広まりはじめた技術だった．オーティスは，ケーブルが切れてもエレベーターが落下しないようにしたのである．しかしアインシュタインが一般相対性理論の思考実験に用いたのは，オーティス以前の旧式のエレベーターだった．エレベーターに乗っていて

突然体重を感じなくなったとしよう。このとき体験することが等価原理にほかならない。この状況では、エレベーターのケーブルが切れたのか、それとも単に重力がなくなったのかを区別できないのだ（ただし後者なら生きる望みが残されている）。ある環境が、均一な重力場のなかで自由落下するとき、物理法則は無重力の環境と同じになる。コーヒーカップから手を離せば、カップはその場に浮かぶだろう。宇宙空間でもそうだし、91階から死に向かって落下しているときもそうだ。

あるオフィスビルの一階からエレベーターに乗り込んだとしよう。ドアが閉じる。目を閉じ、また開く。いつもと同じ体重を感じる。この下向きの力を感じさせているのは何なのだろう？ 地球の重力かもしれないし、あるいは、地球が異星人に破壊されてしまい、乗っ取られたエレベーターが9.8メートル／秒^{2}の加速度で引き上げられているのかもしれない。就職の面接でこんな空想の話はしないほうがいいだろうが、しかし等価原理によれば、どちらのシナリオでも同じ効果が得られる。コーヒーカップから手を離せば、床が汚れるのである。

自由落下するエレベーター内で物体が浮かぶように見えるのも、無重力空間で加速度運動するエレベーター内で物体が落下するように見えるのも、もちろん、ニュートンの法則から予測されることだ。これらのシナリオには、物理的に新しいことは何もない。しかしここでもまたアインシュタインは、自然が秘密のシナリオを白状するまで執拗に

尋問を続けた．その結果，奇妙な事実が明らかになったのである．重力が存在すれば，時間の流れ方や空間の形に影響が出るというのだ．

アインシュタインは時間への影響をみるために，地下鉄のときと同様の考え方でエレベーター内で起こることを分析した．光の信号をやりとりして，信号の届いた時刻を計測する観察者たちがどんな結果を得るかを丹念に調べたのである．アインシュタインはその現象を説明するために特殊相対性理論を使うつもりだった．ところがここにひとつ問題があった．これらの観察者たちは加速度運動をしているため，特殊相対性理論は使えないということだ．そこでアインシュタインは，のちに彼の最終理論の基礎となるひとつの仮説を立てた．十分に小さな空間と，十分に短い時間間隔，そして加速度も十分小さければ，特殊相対性理論が適用できると仮定したのである．これによってアインシュタインは，均一でない重力場でも，無限小の範囲内では，特殊相対性理論と等価原理を適用することができるようになった．

長いロケットを考えよう．頭頂部にはアレクセイ，基底部にはニコライが乗り込んでいる．ふたりの時計はぴったり合わせてある．アレクセイが秒針に合わせて光を明滅させる．話を簡単にするために，ロケットの長さは1光秒とする（つまりアレクセイからニコライまで光が届くのに1秒かかる）．このときニコライは何を観測するだろうか？

アレクセイは1秒ごとに光を発し，その光は1秒かかっ

てニコライに達するのだから，ニコライは1秒後に光を見ることになる．さてここでロケットが発射され，等加速度運動をする．するとどんな変化が起こるだろうか？ 次の光は，予想よりも早く到着するだろう．なぜならニコライは光に向かって移動しているからだ．仮に0.1秒早く届いたとしよう．等価原理によれば，アレクセイとニコライは自分たちが運動していることを認めず，彼らが感じる"引力"を重力場のせいにするかもしれない．しかし，加速度を認めずに引力を重力場のせいにするのであれば，彼らはまた，ニコライが光に近づいたことも否定することになる．そしてふたりは，光が0.1秒早く届いたという事実を，重力場がアレクセイの時計の進み方を速くしたせいで，アレクセイが0.1秒だけ早く光を発したからだと考えるだろう．

　等価原理が述べているように両方の解釈が可能なら，重力場内で高い位置にある時計は速く進むと結論せざるをえない．地球の重力場のために，ロケットの頭頂部にいるアレクセイの時計は，基底部にいるニコライの時計よりもわずかに速く進むのである．しかし重力による時計の遅れは非常に小さく，巨大な太陽の重力場でさえ，太陽表面から1億5千万キロメートルも「高い」ところにある地球での時間の進み方は，太陽の表面よりわずか100万分の2ほど速くなるにすぎない．これでは太陽の表面にとどまったとしても，1年に1秒程度しか時間は伸びないのだから（そのぶん若さを保てるが）[4]，気候を考えれば割に合わない．

この時間の伸びは光の振動数に影響を与える．大きな影響ではないけれども，それはアインシュタインの予測のひとつだった（重力赤方偏移と呼ばれる）[5]．この効果があるために，お気に入りの放送局が超高層ビルの110階から1070キロヘルツで放送すれば，地上で受信するときには1070.00000000003キロヘルツに合わせなければならない．ハイファイマニアはこの点に注意するといい．

アインシュタインが，重力は時間の流れ方を変えるという説をはじめて公にしたのは1907年のことだった．特殊相対性理論によれば，空間と時間は絡み合っている．それゆえ重力が時間の流れ方を変えるというなら，空間の形も変えるはずである．だが，見習い技師がそれに気づくまでには，なんと5年の歳月を要したのである．あたりまえのことになかなか気づけなかったときには，この例を思い出そう．アインシュタインはこう言った．「自分が何をしているのかわかっているなら，それは研究とは言わないのではないかね？」[6]．

1912年の夏，アインシュタインはプラハで空間の曲がりに気づいた．一般相対性理論について考えはじめてから6年めのことである．このとき，彼はまたしてもひらめきを得た．「慣性系に対して回転している座標系内部ではローレンツ収縮が起こり，剛体を支配する法則はユークリッド幾何学とは合わなくなる．したがってユークリッド幾何学は捨てなければならない……」[7]．これをわかりやすく言えば，「まっすぐ進まないと，ユークリッド幾何学は歪

む」となる.

ここでふたたびハンス・アルベルトに登場願おう.当時8歳のハンス・アルベルトがメリーゴーランドに乗っている."静止した"地面に立っている父親には,メリーゴーランドは完璧な円形に見える.特殊相対性理論は,この状況の空間をどのように説明するだろうか?(前と同様,この分析も厳密ではない.なぜなら特殊相対性理論を非等速運動に適用しているからだ.)各瞬間のハンス・アルベルトの位置に,互いに直交する二本の軸を描いたとしよう.一本の軸は,メリーゴーランドの中心から放射状に伸ばすように描く.これはハンス・アルベルトが各瞬間に感じる力の向きである.ハンス・アルベルトがこの方向に動くことはない(つまりメリーゴーランドの中心から彼までの距離は変わらない).もう一本の軸は,メリーゴーランドの接線方向に描く.ハンス・アルベルトはどの瞬間にもこの方向に進む.またこの軸は,彼の感じる力に対してつねに垂直になっている.

ここで父親が小さな正方形を,水平にしたまま息子に向かって投げたとしよう.正方形の平行な一組の辺は,回転の動径方向に沿っている.父親は息子に,どんな形に見えたかあとで教えてくれと言った.ハンス・アルベルトにはその正方形がどんな形に見えただろうか? 実は,父親にとっては正方形だったものが,息子には長方形に見えたのだ.これがローレンツ収縮の効果である.ハンス・アルベルトは動径方向ではなく接線方向に動いているため,接線

に平行になっている二辺は収縮し,動径に平行になっている二辺は収縮しないからだ.もしもハンス・アルベルトがメリーゴーランドの円周と直径を測定すれば,その比率はπにならないだろう.ハンス・アルベルトの空間は曲がっているのだ.彼の父親は,ユークリッド幾何学は捨てなければならないと結論した.では,その代わりにどんな幾何学を考えればいいのだろう?

27
一般相対性理論の道具

 捨てるのは簡単だが,作るのは難しい.アインシュタインが新しい物理学を作るためには,空間の歪みを表せるような新しい幾何学が必要だった.幸いにも,リーマン(と,その後につづいた数人)が,すでにそんな幾何学を作ってくれていた.ところが残念なことに,アインシュタインはリーマンの名前など聞いたこともなかった——ほとんどの人はそうだった.しかしアインシュタインもガウスの名前なら聞いたことがあった.

 アインシュタインは学生時代に無限小幾何学の講義をとったが,その講義ではガウスの平面理論も扱われていた.そこでアインシュタインは,1905年に博士論文を献呈した友人であるマルセル・グロスマンに連絡を取った.当時グロスマンは数学者としてチューリヒで研究を行っており,たまたま幾何学を専門としていた.彼に会うなり,アインシュタインは大声を出した.「グロスマン,きみの助けがなければ,私は頭がおかしくなってしまうよ」[1].

 アインシュタインは,自分が何を必要としているかをグロスマンに説明した.グロスマンは文献を調べ,リーマンらによる微分幾何学の研究を見いだした.だがそれはひどく難解で込み入っており,きれいにまとまった研究とはいえなかった.グロスマンはアインシュタインに,きみが必

要としているものは見つかったと返事をくれた.ただしそれは,「物理学者は関わり合いにならないほうがいいような,めちゃくちゃな代物だ」[2]ともつけ加えた.しかしアインシュタインは関わり合いになりたかったのだ.こうして彼は自分の理論を作り上げるために必要な道具を見つけた.それと同時に,グロスマンの言葉が正しかったことも知ったのである.

1912年10月,アインシュタインは友人で物理学者のアルノルト・ゾンマーフェルトへの手紙にこう書いた.「私の人生でこれほど研究に没頭したことはありませんでした.そして,数学に対して大いに敬意を払うようになりました……この問題にくらべれば,もとの理論(特殊相対性理論)などは稚戯にも等しいものでした」[3].

この研究にはさらに3年を要した.そのうちの2年間は,グロスマンとの緊密な共同研究だった.アインシュタインの大学生活を救ってくれたノートの主が,またしても彼の個人教師になってくれたのだ.しかしアインシュタインの計画を聞かされたプランクはこう言った.「年上の友人として忠告しなければならないが,それには反対だ.そもそも成功しないだろうし,たとえ成功したとしても,誰もきみの言うことを信じないだろう」[4].とはいえアインシュタインは1915年以前に,プランクその人の誘いに応じてベルリンに戻っている.その後のグロスマンは数篇の論文を書いただけだった.そして10年もしないうちに多発性硬化症を発症することになった.しかし必要なものを

すでに学び終えていたアインシュタインは，自力で新理論を完成させることができた．1915年11月25日，彼は「重力場の方程式」という論文をプロイセン科学アカデミーに提出した．その論文のなかでアインシュタインはこう述べた．「ついに一般相対性理論はひとつの論理構造として完成した」[5]．

　一般相対性理論によれば，空間はどんな性質をもつのだろうか？　この理論からわかるのは，宇宙の物質およびエネルギーが，点と点との距離にどのような影響をおよぼすかだ．空間は，点という要素の集まりとみることができる．幾何学と呼ばれる空間構造は，距離と呼ばれる点と点との関係から生じる．点の集まりとしての空間と，幾何学構造をもつ空間とのちがいは，各家庭の住所がリストされた電話帳と，家々の位置関係を示した地図とのちがいのようなものである．ガウスはドイツを調査してまわったとき，二点間の距離を決めれば空間の幾何学が決まることを発見した．その後リーマンは，アインシュタインが物理学を記述するために必要としたものを完成させた．

　それを突き詰めれば，ピタゴラスとノンピタゴラスの対立となる．ユークリッドの世界では，二点間の距離はピタゴラスの定理を用いて測定することができる．そのためには地球の表面に直交座標を広げればよかった．ここではその二本の座標軸を，東西軸および南北軸と呼ぶことにしよう．ピタゴラスの定理によれば，二点間の距離の2乗は，東西の隔たりの2乗と，南北の隔たりの2乗の和に等しい．

ところがノンユークリッドは、地球の表面のような曲がった空間では、そうはならないことを発見したのだった。するとピタゴラスの定理は、ノンピタゴラスの定理という新しい公式で置き換えなければならない。距離に関するノンピタゴラスの公式によれば、東西項の求め方と、南北項の求め方はちがっていてもよい。また、「東西の隔たりと南北の隔たりの積」という新しい項が出てくることもある。これを数学的に表すと、(距離)^2=g_{11}×(東西の隔たり)^2+g_{22}×(南北の隔たり)^2+g_{12}×(東西の隔たり)×(南北の隔たり) となる[6]。gの因子で表される数のことを空間の"計量"という(それぞれのgのことを、計量の"成分"という)。計量によって任意の二点間の距離が定まるのだから、幾何学的には、これによって空間の特性は完全に決定されることになる。ユークリッド平面では直交座標が使われるが、これを計量で表せば、g_{11}=g_{22}=1, g_{12}=0という簡単なものになる。この場合には、ノンピタゴラスの公式は普通のピタゴラスの定理になる。しかしこれ以外の場合には、計量の成分はそれほど簡単ではなく、一般に、値は場所ごとに変化する。一般相対性理論では以上の話が、三つの空間次元と、時間という四番めの次元を合わせた4次元時空に一般化されることになる(4次元では計量は10個の独立成分をもつ)[7]。

アインシュタインが1915年の論文で述べたのは、「空間(と時間)内の物質分布と4次元時空の計量とは、ひとつの式によって関係づけられる」ということだった。計量は

幾何学を決定するのだから,アインシュタインの方程式は時空の形を決定することになる.つまりこの理論によれば,質量の効果は重力をおよぼすことではなく,時空の形を変えることなのだ.

空間と時間は絡み合っている.しかし,速度が小さく,重力が弱いという条件の下では,空間と時間はほぼ別々なものとみなすことができる.そしてその範囲内では,空間だけを取り上げることも,空間の曲率を問題にすることも許容されるのである.アインシュタインの理論によれば,空間のある領域の曲率は(あらゆる方向に平均したものとして),その部分に含まれる質量によって決定される.

すでにみたように空間の曲率は,円の面積と半径との関係に影響をおよぼす.3次元でいえば,球の体積と半径との関係に影響をおよぼすことになる.アインシュタインの方程式によれば,球状の空間内に物質が均一に分布しているとき,球の半径を測定して得られる値は,体積から予想される半径よりも小さくなり,その差は,球内部に含まれる質量に比例する.その比例係数はきわめて小さく,質量1グラムにつき,半径の差は 2.5×10^{-29} センチメートル,すなわち 0.000000000000000000000000000025 センチメートルにしかならない.地球の場合,密度は一定と仮定すると,この差は 1.5 ミリメートル,同じく太陽では 0.5 キロメートルとなる[8].

地球の質量による時空の曲率は非常に小さいため,この理論が実際に応用されるようになったのはごく最近のこと

である(たとえば地球測位システム[GPS][9]では,同期をとるために一般相対性理論の補正が必要になる).アインシュタインは長らく,重力による光線の曲がりは小さすぎて測定にかからないだろうと考えていた.しかしその後彼は宇宙に目を向けた.光線の曲がりを検出するのは,原理的には簡単である.皆既日食のときに,太陽のそばに見える星の位置を測定すればいいのだ(日食でもなければ,太陽のそばの星など見えるはずがない).また,その星の位置を,別のデータからあらかじめ割り出しておく.そして日食のときに,星が"あるべき"位置にあるか,あるいは"少し"ずれているかを確認するのである.

太陽による光の曲がりの場合,"少し"というのはほんとうにわずかで,1.75秒すなわち0.00049度にしかならない.ニュートンの理論でも光は曲がるが,曲がりの大きさは異なる値になる.1915年には,アインシュタインはすでに重力場方程式を見いだし,彼としては最高の予測をしていた.一般相対性理論にとって最初の試練は,光が曲がるかどうかではなく,どれくらい曲がるかだったのだ.アインシュタインには自信があった.

28
史上最高の科学者の誕生

 1919年5月29日の皆既日食を利用して光の湾曲を観測しようと,イギリスからふたつの遠征隊が出発した.一方の隊を率いたアーサー・スタンリー・エディントンは,アフリカ沿岸のプリンシペ島に向かった[1].出発前,エディントンは次のように書いている.「この日食観測は史上はじめて,光には重さがあること(光が重力に引っ張られること——ニュートン流に言えばこうなる)を示すものとなるかもしれない.あるいはアインシュタインの奇妙な非ユークリッド空間理論を裏づけることになるかもしれないし,よりいっそう重大な結果,すなわち光がまったく曲がらないという結果をもたらすかもしれない」[2].データの精密な分析には数か月を要した.そして11月6日,王立協会と王立天文学協会の合同会議の席上で,ついに結果が公表された[3]."ニューヨーク・タイムズ"紙はそれまで一度としてアインシュタインの名前を載せたことはなかったが,今回はニュースになると踏んでいた.しかしそのニュースの価値はよく理解していなかったようである.同紙が取材のためにロンドンに送り込んだのは,ヘンリー・クルーチというゴルフの専門家だったのだ.クルーチは公表の場に出席さえしなかったが,その後どうにかエディントンに連絡をとって話を聞くことができた.

28 史上最高の科学者の誕生

　翌日，"ロンドン・タイムズ"は「科学に革命」との見出しを掲げ，「宇宙の新理論，ニュートン理論くつがえる」とつづけた．"ニューヨーク・タイムズ"にレポートが掲載されたのはそれから4日後，「アインシュタイン理論の勝利」というタイトルだった．"ニューヨーク・タイムズ"はアインシュタインを誉め称えたが，それと同時に，光の曲がりは光学的な錯覚の効果だったのではないかとか，アインシュタインはH. G. ウェルズの『タイムマシン』からアイディアを盗んだのではないかといった疑問も投げかけた．また同紙はアインシュタインの年齢をまちがえ，40歳にしかなっていない彼を「50歳前後」と紹介した．しかしそんな同紙も，名前の綴りは正しく書いたようである．アインシュタインは即座に世界の名士となり，彼のことを「この世のものとも思われない大天才」と思った人も多かった．ある空想好きの少女は，あなたはほんとうにいるのですか？　という手紙を送ってよこした．それから1年も経たないうちに，相対性理論について書かれた本は100冊を越えた．世界中の講堂は，一般向けの解説を聞こうとする聴衆であふれかえった．"サイエンティフィック・アメリカン"誌は，3000語で書いた解説記事を募集し，一等賞には5000ドルの賞金をつけた（身の回りで懸賞に応募しなかったのは自分だけだった，とアインシュタインは語った）．

　世間がアインシュタインを偶像視するなか，物理学者のなかには彼の理論を攻撃する者もいた．当時シカゴ大学の

物理学科主任になっていたマイケルソンは、エディントンの観測結果を認めはしたものの、アインシュタインの理論は支持しなかった。やはりシカゴ大学の天文学科主任は次のように述べている。「アインシュタインの理論はまちがっている。"エーテル"は存在せず、重力は力ではなく空間の特性だなどという理論は狂った考えであり、われらの時代の恥と言うしかない」[(4)]。ニコラ・テスラもアインシュタインをあざけったが、そういう彼自身は丸いものを怖がるような人間だった。

つい先日のわが家の夕食の席で、アレクセイが最近の芸術的欲求について語った。髪を青く染めたいというのである。21世紀に入った現在、子どもたちが髪を青く染めるようになってから少なくとも20年は経っている。とはいえ9歳で染めたがる子はそう多くない。次の月曜アレクセイは、彼の学校で髪を青く染めてきた最初の生徒になった。そして4歳のニコライはライムグリーンの前髪に恐れをなし、兄から遠ざかるようになった。

学校での反応は、ほぼ予想された通りだった。生徒のなかには深い知性と洞察力を示し、かっこいいと誉めてくれた子もいた（ほとんどはアレクセイの友人だった）。しかし大多数は伝統が破れることを好まず、彼を「ブルーベリー」などと呼んだ。先生は一瞬彼を見つめただけで、とくに何も言わなかった。

物理学と小学校の4年生とはよく似ている。20世紀初頭の物理学者にとって、非ユークリッド空間は主流の研究

分野ではなかった.好奇の目で見られることはあっても,青い髪と同じく,まじめに取り合うべきことではなかったのだ.そこにアインシュタインが現れて青い髪が流行になった.アインシュタインの場合,抵抗は何十年もつづいた.しかし古い世代が消えていくにつれて抵抗は徐々に弱まり,新しい世代は,もっとも合理的な考えを受け入れ,全宇宙を満たしているというエーテルは見捨てられたのだった.

相対性理論の反対者たちが最後の祭りを催したのは,この理論を最初に支持した人たちの国でもあるドイツでだった.反ユダヤ主義者たちが大反撃を展開したのである.1905年のノーベル賞受賞者であるフィリップ・レーナルトと,1919年の受賞者であるヨハネス・シュタルクは,相対性理論はユダヤ人による世界支配のたくらみだと主張する連中の側についていた.1933年にレーナルトはこう書いた.「自然研究におけるユダヤ集団の危険な影響がもっとも著しく現れているのは,見苦しい数学を用いたアインシュタインによる理論であり……」[5].1931年,『アインシュタインに反対する100人の著者』と題された小冊子がドイツで出版された[6].著者たちの数学的センスを反映してか,実際の人数は120人だったが,そこに著名な物理学者はほとんど含まれていなかった.

古くからアインシュタインを支持していたプランクとフォン・ラウエはこれに加担しなかったために攻撃を受けた.シュタルクは,レーナルトの名を冠する研究所設立の

祝辞のなかで次のように述べた.

> ……残念ながら，彼（アインシュタイン）の友人および支持者たちは，いまだに彼の精神を受け継いだ研究を続ける機会を有しております．彼の主たる支援者でありますプランクは，今なおカイザー・ヴィルヘルム研究所の所長の椅子にとどまっており，アインシュタインの友人であり解説者でもあるフォン・ラウエもベルリンの科学アカデミーで物理学の顧問として認められております．そして理論形式主義者であるハイゼンベルクは，アインシュタイン精神の真髄ともいうべき人物ですが，大学において際立った地位を得ようとしているのであります[7].

アインシュタインがパサデナのカリフォルニア工科大学に2か月ほど滞在していたときのこと，ドイツの大統領フォン・ヒンデンブルクがヒトラーを首相に任命した．じきに警察がベルリンのアインシュタインの家と別荘を襲った．1933年4月1日，ナチスは彼の財産を没収し，国家の敵として彼の首に賞金をかけた．そのときアインシュタインはヨーロッパを旅行中だったが，アメリカに亡命することを決意し，プリンストン高等研究所にやってきた．カリフォルニア工科大学ではなくプリンストン高等研究所を選んだのは，彼の助手ヴァルター・メイヤーも同時に受け入れてくれるという条件のためだったようである[8]．1933

年10月7日,アインシュタインはニューヨークに着いた.

その後のアインシュタインは,自然界のすべての力を統一する理論を作ることに精力を傾けた.これを達成するためには,一般相対性理論と,マクスウェルの電磁気理論,強い核力と弱い核力の理論,そしてなによりも量子力学を融和させなければならない.彼の統一計画に実現の見込みがあると考えた物理学者はほとんどいなかった.オーストリア系アメリカ人の著名な物理学者ヴォルフガング・パウリは,統一理論を否定してこう言っている.「神がばらばらにしたものを,ひとつにしてはいけない」[9].アインシュタイン自身もこう言っている.「私は古びて目も見えず,耳も聞こえなくなった化石だと思われているようだ.しかしそう思われるのもそれほど悪くはない.私の性分に合っているのだろう」[10].次章以降でみるように,アインシュタインの取った路線は正しかった.だが彼は何十年も時代に先駆けていたのである.

1955年,アインシュタインの腹部大動脈の動脈瘤が破裂し,激しい痛みと失血を引き起こした.プリンストンで彼を診察したニューヨーク病院の外科主任は,手術は可能だとの判断を下したが,アインシュタインは「人工的に命を延ばそうとは思わない」[11]としてそれを拒んだ.当時カリフォルニア大学で土木工学教授になっていたハンス・アルベルトがバークレーから飛んできて,なんとか父親に考えを変えてもらおうとした.しかし翌日未明,アインシュタインは息をひきとった.1955年4月18日,午前1時15

分．76歳だった．ハンス・アルベルトはそれから18年後の1973年，心臓発作で世を去った．

　アインシュタインが耐えなければならなかった抵抗と悪意，そして彼が巻き起こした畏敬の念と英雄崇拝はさておき，彼の幾何学への貢献をひとことで言うならば，彼自身のさりげない次の言葉がもっともふさわしくはないだろうか．その革命的研究について，彼はこう書いたのだ．「目の見えないカブトムシが地表を這うとき，自分の来た道が曲がっていることに気づきはしない．それに気づいた私は，十分に幸福だった」[12]．

第 V 部
ウィッテンの物語

21世紀の物理学によれば,
空間の性質が自然界の力を決定する.
われわれの住むこの空間は何次元なのだろう?
深いレベルでも,空間と時間は
やはり存在するのだろうか?

29
奇妙な革命

　空間の性質と自然の法則とのあいだに，何か関係はあるのだろうか？　アインシュタインは，物質が存在すれば空間（と時間）が歪み，幾何学にも影響が現れることを示した．これは当時としてはきわめて過激な考えだった．しかし今日の理論によれば，空間の性質と物質とは，アインシュタインが思い描いたよりもはるかに深いレベルで絡まり合っている．なるほど物質が存在すれば空間は多少とも歪むし，大量の物質が一か所に集中すれば，そのあたりでは空間の歪みもそれなりに大きくなる．しかし新しい物理学によれば，空間は一方的に物質から影響を受けるだけでなく，物質に対してたっぷりとお返しをする．空間のもっとも基本的な特性（たとえば次元の数など）が，自然法則や，宇宙を構成する物質とエネルギーの性質を決定するのである．これまでは宇宙の器にすぎなかった空間が，いっさいの裁定者になるのだ．

　ひも理論によれば，空間の次元は3次元よりも多い．しかし増えた次元の空間はあまりにも小さいため，今日の実験技術では観測できない（間接的な実験ならまもなくできるようになるかもしれないが）．しかしどれほど小さくても，その空間の次元やトポロジー（平面なのか，球状なのか，プレッツェル状なのか，ドーナツ状なのか）が，普通

の3次元空間内に存在するもの(私とか,あなたとか)を決定するのである.ドーナツ状の小さな空間をちょっとねじってプレッツェル状にしただけで,あら不思議,電子が(それゆえ人間も)消えてしまうかもしれない.しかもひも理論は,まだ十分に解明されてもいないうちに,"M理論"と呼ばれるものに進化した.M理論はひも理論よりさらに未解明だが,この理論によれば,空間と時間は,実はもっと複雑なものの近似に過ぎないらしい.

こんな話を聞かされたときの反応で,人はふたつのタイプに分かれるようだ.馬鹿にしたように笑うタイプと,血税を浪費しているといって科学者に悪態をつくタイプである.これからみていくように,物理学者たちの多くも長年そんな反応をしてきたし,今でもそういう人たちはいる.だが今日の素粒子論研究者にとって,ひも理論とM理論は,知りませんではすまされないものになっているのだ.ひも理論やM理論,あるいはそこから派生する理論が,いわゆる「最終理論」になるかどうかはわからない.しかしいずれにしても,これらの理論がすでに数学と物理学の双方を変えてしまったのはまちがいない.

ひも理論が登場したことで,物理学は相棒である数学のほうに向き直った.数学はヒルベルト以降,現実世界を対象とするのではなく,規則を対象とする抽象的な分野になっていた.そしてこれまで物理学に大きな発展が起こったのは,新しい物理的洞察や実験データが得られたときだった.しかしひも理論とM理論に関するかぎり——少なく

ともこれまでのところは——理論に内在する数学的構造の発見がきっかけとなって発展が起こっている．存在を予測されていた粒子が見つかったことがめでたいのではなく，既知の粒子をうまく説明できる理論が見つかったことがめでたいのである．このプロセスが通常の科学的方法とは逆であることに気づいた物理学者たちは，"予　測"（プレディクション）に対して"後　測"（ポストディクション）という言葉を作った．科学的方法論は奇妙にねじれ，理論そのものが（思考）実験の対象になっている——つまり，理論の実験が行われているのである．今日，この理論の指導的研究者であるエドワード・ウィッテンが，ノーベル賞ではなく，数学のノーベル賞と言われるフィールズ賞を受賞したのは決して偶然ではない．幾何学と物質とがお互いの姿を映し合うように，数学と物理学もお互いの姿を映し合わなければならないのだ．ウィッテンはさらにこれを一歩進めて，ひも理論はいずれ幾何学の新領域になるだろうと言っている[1]．

　ひも理論とM理論による革命は，空間概念を変えただけでなく空間の研究方法をも変えたという点では，これまでの革命と同じである．しかし今度の革命には，これまでとは異なる点がひとつある．それは，この革命が今まさに進行中であり，どんな結果になるかは誰も知らないということだ．

30
シュワーツにしか見えない美しいひも

 1981年のこと, ジョン・シュワーツは, 廊下の向こうから呼びかける耳慣れた声を聞いた.「やあシュワーツ, きみは今日, 何次元にいるんだい？」声の主はファインマンだった. 当時ファインマンは, 素粒子物理学の世界ではカリスマ的な人物だった. 彼は, ひも理論はクズだと考えていた. しかしシュワーツは気にしなかった. まじめに取り合ってもらえないのには慣れっこになっていたのだ.

 その同じ年, ある大学院生が, ムロディナウという新任の教員をシュワーツに引き合わせてくれた. シュワーツが立ち去ってから, その大学院生は首を振ってこう言った.「彼は講師さ. 教授じゃないんだ. ここに9年もいて, まだテニュア（終身在職権）を取れないなんてね」. そして含み笑いをして, こうつけ加えたのだ.「26次元もあるおかしな理論にこだわってるからさ」. しかしこの点について, この大学院生はまちがっていた. はじめ26次元だったその理論は, そのころまでには10次元に減っていたのだ——それでもまだ多すぎるが.

 ひも理論は長年,「困難」につきまとわれていた. ここで「困難」というのは,「現実に合わない予測をしてしまう」という意味である. 確率が負になったり, 質量が虚数で光より速く動く粒子が出てきたりするのだ. しかしシュ

ワーツは，キャリアを棒に振ってまでも，この理論を手放そうとはしなかった．

アレクセイの好きな映画に，高校生の生活を描いた「あなたが嫌いな10の理由」というのがある．その最後の場面で，主人公の少女がクラスのみんなの前に立ち，ボーイフレンドの嫌な点を10個あげつらった詩を朗読する．でも，その詩はほんとうは，どれほど彼のことが好きかを表現しているのだ．ジョン・シュワーツがそんな詩を朗読している姿が目に浮かぶようではないか．小さな欠点はあるけれど，いや，むしろそんなかわいい欠点があるからこそ，彼はその理論が大好きで，到底手放したりはできないのだ．

シュワーツはひも理論のなかに，ほかの人たちには見えない何かを見ていた．それは偶然の産物とはとても思えないような，あまりにも深い数学的な美しさだった．その理論を作るのはとても難しかったが，シュワーツはひるまなかった．彼は，アインシュタインをはじめ，ほかの誰にも解けなかった問題を解こうとしていた——量子論と相対性理論を統合しようというのである．それは簡単に解ける問題ではなかった．

はじめから完全な姿で登場した相対性理論とは異なり，量子論は，プランクが放射エネルギーを量子化してから（つまり，エネルギーは連続量ではなく，小さな塊になっていると考えること）20年以上も，まとまった理論としての体裁をもたなかった．そんな状況が変化したのは，

1925年から27年にかけて，オーストリアのエルヴィン・シュレーディンガーとドイツのヴェルナー・ハイゼンベルクが成し遂げた仕事のおかげだった．ふたりはそれぞれ別々に，エレガントな理論を発見した——この場合には，発見，すなわち見いだしたというよりも，発明，すなわち作り上げたと言うほうがふさわしいかもしれない．ふたりの理論はそれぞれ，ニュートンの運動法則に量子原理を取り入れるためのプロセスを説明するものだった．シュレーディンガーの理論は「波動力学」，ハイゼンベルクのそれは「行列力学」と呼ばれた．特殊相対性理論もそうだったように，量子論の影響が目立ってくるのは，日常生活とはかけ離れた領域である．相対性理論の影響が現れるのは速度の大きな領域だが，量子論の影響が現れるのは空間の小さな領域である．はじめのうち，波動力学および行列力学と相対性理論との関係はよくわからなかったし，波動力学と行列力学との関係もよくわからなかった．このふたつの理論は，数学的には大きく異なって見えたのだ——それぞれの発見者であるふたりのキャラクターも大きく異なっていたように．

 ハイゼンベルクは，いかにも育ちの良さそうなドイツ人で，スーツとネクタイを完璧に着こなし，きれいに整理整頓された机に座っているようなタイプだ．後年，ドイツの原子爆弾開発を率いることになったハイゼンベルクの立場は，「単に国を愛していただけ」とも，「控えめなナチス賛同者」とも言われている．戦後，そのことで批判される

と，あれは私の本心ではなかったと言い訳をした．ハイゼンベルクは実験データを重視し，マックス・ボルンや，後年ナチスの手先となったパスクァル・ヨルダンとともに理論を作り上げた[1]．その理論は，それまで取ってつけたようにもち込まれていたさまざまな規則や，20年来知られていた実験データの奇妙なパターンをうまく説明するものだった．物理学者のマレー・ゲルマンは，ハイゼンベルクらの理論作りについて次のように語っている[2]．「彼らは（実験データをもとに）パズルのピースをはめていったのです．総和則のようなものはわかっていました．それで，たまたまボルンが休暇で留守だったときに，総和則から行列の積の法則を見いだしたのです．彼らはそれが行列の積だということを知らなかったのですよ．帰ってきたボルンはこう言ったにちがいありません．おいきみたち，これは行列理論だよ，とね」．彼らは物理学を突き詰めることで，数学的構造にたどり着いたのである．

対するシュレーディンガーは，物理学界のドン・ファンだった．彼はこう書いている．「私と一夜を共にした女性が，一生を私と共にしたいと願わなかったためしはない」[3]．不確定性原理を発見したのが，女性関係において百発百中のシュレーディンガーではなく，ハイゼンベルクだったのもうなずけようというものだ．

シュレーディンガーは数学的論証に重きを置き，ハイゼンベルクほどには実験データを重視しなかった．彼はとてもまじめそうな風貌で，口元には微笑をたたえ，髪はアイ

30 シュワーツにしか見えない美しいひも

ンシュタインと同様にほったらかしだった．小学生が使うようなノートに，考え深そうに何かを書きつけ，出物腫れ物所嫌わずとばかりエチケットには頓着せず，耳には真珠を詰めて気が散らないようにしていた．だが，彼が創造性を発揮するために必要としたのは，静寂だけではなかったようだ．彼の波動力学は，人里離れた修道院での隠遁の日々から生まれたのではなく，プリンストンの数学者ヘルマン・ヴァイル言うところの「遅れてきた性欲の噴出」[4]から生まれたのである．

シュレーディンガーがはじめて波動方程式を書き下ろしたのは，ある女性とともにスキーリゾートに来ているときだった．妻ははるかチューリヒにいた．この謎の女性が彼に霊感を与え，狂ったような想像力のほとばしりをその年いっぱい維持させたといわれている．このタイプの共同作業は学問的には認知されないので，彼の論文に共著者の名はない．この協力者の名前は，永遠に失われてしまったようである．

シュレーディンガーの波動力学のほうが使いやすかったが，まもなくイギリスの物理学者ポール・ディラックが，波動力学と行列力学は実は同等であることを証明した．そこで，これらふたつの理論が表していたひとつの理論は，どちらにも偏らず「量子力学」と呼ばれることになった．またディラックは，特殊相対性理論の原理を取り込むように量子力学を拡張した（1932年にはハイゼンベルクが，1933年にはディラックとシュレーディンガーが共同で，

それぞれノーベル賞を受賞している）．しかしディラックは一般相対性理論を量子力学に取り込むことはしなかった——それはできない相談なのだ．

一般相対性理論の父であり，量子論の誕生にも関与したアインシュタインは，これらふたつの理論が矛盾することをよく理解していた．一般相対性理論はニュートン的宇宙観を大きく修正したが，ニュートンの古典理論の教義のひとつである"決定論"は保持していたのだ．決定論とは，ある系（あなたの身体でも宇宙でもよい）に関して必要なだけの情報があれば，その系の未来に起こることはすべて原理的にはわかるということだ．ところが量子力学ではそうはならないのである．

アインシュタインが量子力学を嫌ったのは，ひとつにはこのためだった．この非決定論性を嫌うあまり，彼は量子力学そのものを激しく批判した．アインシュタインは人生最後の30年間を費やして，一般相対性理論をさらに一般化し，重力とそれ以外のすべての力を取り込む方法を探った．また彼はその過程で，相対性理論と量子論との軋轢を解明したいとも考えていた．だがその夢は叶わなかった．そしていま，アインシュタインの死から三十有余年を経て，ジョン・シュワーツは自分がその答えを手にしたと思っていたのだ．

31
存在のなくてはならない不確かさ

　量子力学に非決定論が入り込むのは，不確定性原理のためである．この原理によれば，ニュートン力学ではきちんと数値で表される系の特徴のなかに，無限に高い精度では表せないものがあることになる．

　つい先日，アレクセイが古いジョークを聞いて大喜びしていた．尼僧と司祭とラビ（ユダヤ教の宗教的指導者）がゴルフをしていた．ラビはミスショットをするたびに「ちくしょう！ しくじった（God dammit!）」と叫んだ．17番ホールをまわるころには，司祭の堪忍袋の緒も切れそうになった．ラビはもう言わないと約束した．ところがパットでミスをしてまた叫んだ．「ちくしょう！ しくじった」．これを聞いた司祭が言った．「もう一度言ったら，神はまちがいなくあなたを罰するでしょう」．18番ホールでラビはミスをし，またしても叫んでしまった．すると一天にわかにかき曇り，風が吹き荒れて，目もくらむ雷光が空から落ちた．あたりの煙が消えたとき，震える司祭とラビが見たものは，黒こげになった尼僧の姿だった．すると空から，轟くような声が聞こえた．「ちくしょう！ しくじった」．

　アレクセイが言うには，このジョークがおもしろいのは神を小馬鹿にしているからだという—— 欠陥をもつ神が，

人間的なミスを犯すのがおもしろいというのだ．量子力学によれば，神あるいは自然は，不完全である．そこが多くの物理学者にとって気に入らない点だった．神は，位置を正確に指定することもできないのだろうか？

これに触発されて，アインシュタインはかの有名なセリフを吐いた．「この理論（量子力学）は多くをもたらしますが，古代の神の謎にわれわれを近づけてはくれません．いずれにせよ，神はサイコロを振らないと私は確信しています」[1]．もしもその当時，アインシュタインが尼僧と司祭とラビのジョークを聞いたら——実際これはとても古いジョークなのだ——こうつぶやいたかもしれない．「古代の神は，好きなときに好きなところに稲妻を落とせるものだ」．

シュレーディンガーの女性関係は百発百中だったかもしれないが，この世で起こることにはつねにあいまいさがある．だとすれば，そんなあたりまえのことを述べているだけの原理に，なぜこんな高尚な名前がつけられたのだろうか？ 実は，ハイゼンベルクの不確定性原理の「不確定性」は，普通の「不確かさ」とは別のものなのだ．その不確実性が古典論と量子論とのあいだに一線を画し，いわば人間の限界と神の限界ほどもちがうものにしているのである．

今度マクドナルドに行くことがあったら子どもにこんなクイズを出してみよう．クオーターパウンダーの重さはほんとうにクオーターパウンド（4分の1ポンド）なのだろ

うか？ ひねた子どもなら「ちがうに決まっているよ」と答えるかもしれない．マクドナルドは1日にハンバーガーを4000万個も売るのだから，1個のハンバーガーを100分の1パウンド軽くするだけで大量の肉が節約できるはずだ，と．しかし今問題なのは「系統誤差」ではない．それに，すべてのクオーターパウンダーが0.25パウンドではなく，きっかり0.24パウンドになることもありえない．マクドナルドのハンバーガーの重さは，ひとつずつわずかにちがっているのである．

これはケチャップの量だけの問題ではない．細かく見ていけば，ハンバーガーはひとつずつ厚さもちがえば形もちがうことがわかるだろう．人間と同様，ハンバーガーにも同じものはふたつとないのだ．個々のハンバーガーを重量で区別するには，小数点以下第何位まで計る必要があるだろうか？ ハンバーガーは1年で10億（10^9）個以上販売されるから，少なくとも小数点以下第9位までは必要だ．だからといってマクドナルドがハンバーガーの名前を「0.250000000パウンダー」に変えることはないだろうけれど．

ハンバーガーそのものが個々に異なるだけでなく，測定するたびに周囲の環境も変化する．秤の機械的状態もちがえば，周囲の物理的な環境も変わり，空気の流れも地面の揺れも，温度，湿度，気圧，その他諸々の要因が少しずつ変わる．十分に細かく見ていけば，測定値が一致することは決してないのである．

だが、このことは不確定性原理とはまったく関係がない。

量子論の不確定性原理によれば、物理量のなかには"相補的"なペアになるものがあり、そのペアの両方を、ある限界よりも高い精度で同時に決定することはできない。一方の物理量を正確に測定すればするほど、もう一方の物理量はおおざっぱにしかわからなくなるのだ。測定機器の精度が低いからではなく、原理的にわからないのである。

物理学者たちは長年にわたり、これは理論の限界にすぎず、自然界の限界ではないことを論証しようとしてきた。厳密に決定できる"隠れた変数"がどこかに潜んでいるのではないかという提案もされたが、しかしその変数を測定する方法はわからなかった。そうこうするうちに、ある種の測定を行えば、隠れた変数の可能性が排除できることがわかった。1964年、アメリカの物理学者ジョン・ベルが具体的な測定方法を示し[2]、1982年には実際に実験が行われた。その結果、隠れた変数説は正しくないことが明らかになった。測定の限界は、物理法則によって課されていたのである。

不確定性原理は、次のように述べることができる。「ふたつの相補的物理量のあいまいさの積は、"プランク定数"と呼ばれる値より小さくなることはない」。

位置と運動量は、不確定性原理の相補的なペアの例である。運動量というのは、単に速度に質量を掛けただけのものだ。不確定性原理は、両者を結びつける結婚証明書のよ

うなものである．その証明書によれば，ペアの一方を精密に決定しようとすればするほど，他方はあいまいにしか決定できなくなる．このルールに例外はない．不貞も離婚もない，もっともカトリック的な結婚といえよう．位置の不確定性と運動量の不確定性を掛け合わせたものは，プランク定数よりも小さくなることはない．

プランク定数の値はとてもとてもとても小さい．さもなければ，量子効果はもっと身近なものになっていただろう（そんな世界にわれわれが存在できればの話だが）．ここでは「とても」1個が10億分の1程度に相当する．つまりプランク定数は，ざっと10億分の1の10億分の1の10億分の1，すなわち10のマイナス27乗ほどになり，このとき単位はエルグ・グラムである．もちろん単位が変わればプランク定数の値も変わる．エルグ・グラムは，われわれの日常生活に都合のよい尺度だ．テーブルの上に重さ1グラムのピンポン玉が静止しているとしよう．普通，静止といえば速度ゼロのことである．しかし実験物理学者にとっては，エラーバーのついていない測定結果にはほとんど意味がない．実験物理学者の論文には，「玉は静止している」ではなく，「玉は秒速1センチメートル以上の速度では動いていない」と書かれるだろう．古典物理学なら話はそれですんだ．しかし量子力学では，このおおざっぱなエラーバーでさえ窮屈になるのだ．速度に秒速1センチメートル未満という制限を課したがために，ピンポンの玉の位置があやふやになってしまうのである．

このあやふやさは、プランク定数同様、とてもとてもとても小さい。実際に計算してみると、玉の位置は10^{-27}センチメートルという小さな誤差の範囲で特定できることがわかる。この精度はきわめて高いから、いつもの疑問が頭をもたげる。いったい何が問題なんだ？ 実をいえば、19世紀の終わりまでは誰も問題視しなかったし、さらに正確にいえば、誰もこのことに気づいていなかった。だが、もしもピンポン玉を電子に置き換えたらどうなるだろう？ 19世紀末、物理学者はその置き換えをやったのである。

運動量の定義にさりげなく含まれていた、「質量を掛けただけ」という部分を覚えているだろうか？ 大した意味があるとは思えなかったかもしれないが、ピンポン玉では目立たなかった量子効果が、電子では目立つようになるのはこのためなのだ。

ピンポン玉の重さは1グラムだったが、電子の重さは10^{-27}グラム。ピンポン玉とは異なり、電子の場合には、速度にして1センチメートル毎秒の誤差が、運動量では10^{-27}グラム・センチメートル毎秒の誤差になる。ゆるやかだった速度制限が、質量が掛かったがために、運動量ではきわめて厳しい制限になるのだ。そして、運動量がこれだけ精密に測定されれば、位置は非常にあいまいにしか測定できなくなるのである。

ピンポン玉の場合と同様、電子の速度を±1センチメートル毎秒の範囲で決定したとすると、電子の位置は±1セ

ンチメートルより高い精度では決定できない．この精度はかなり低い．電子を使ったピンポンゲームはかなりでたらめなものになるだろうが，それが原子レベルの現実なのである．原子内の電子では，おおよその原子のサイズである10^{-8}センチメートルの範囲内に位置が制限されれば，速度の不確定性は秒速10^8センチメートルにも達する．速度と速度の不確定性とが，同程度になってしまうのだ．

　ハイゼンベルクとシュレーディンガーが定式化した量子力学を使えば，原子物理学の現象をとてもうまく説明できたし，当時知られていた範囲内で核物理学の現象も説明できた．ところが不確定性原理をアインシュタインの重力理論にあてはめようとすると，空間の幾何学におかしなことが起こるのである．

32
アインシュタインとハイゼンベルクの激突

　統一場理論を探すというアインシュタインの研究は, ほとんど支持されなかった. その理由のひとつは, 一般相対性理論と量子力学との矛盾は, 今日でさえ直接には観測できないほど小さな空間領域でしか生じなかったからだ. しかしユークリッドが言うように, 空間は点の集まりだから, 幾何学はどんなに小さな領域でも使えなければならない. 小さな空間領域でふたつの理論が矛盾するなら, どちらかが, あるいは両方が, まちがっているはずなのだ——あるいはユークリッドが誤っているかだ.

　この問題が起こる領域のことを, しばしば"超微視的"領域という. 数値で示されたほうがわかりやすい人のためにいうと, 10^{-33} センチメートルほどのスケールの空間である. この長さのことを"プランク長"という. 視覚的な説明のほうがわかりやすい人のためにいうと, プランク長を人間の卵細胞ほどの大きさに引き伸ばせば, ビー玉は観測可能な宇宙ほどの大きさになる. プランク長はそれぐらい小さいのである. しかし, いわゆる"点"にくらべれば, プランク長はとてつもなく大きい.

　本章を執筆中のある晩のこと, 私はアインシュタインとハイゼンベルクが激突する夢を見た. はじめにアインシュタイン役のニコライが私の部屋に入ってきて, お絵描き帳

32 アインシュタインとハイゼンベルクの激突

にクレヨンで書いた理論を見せてくれた.

□**アインシュタイン役のニコライ** 父さん,ぼくは一般相対性理論を発見したよ! 物質があると空間は曲がるんだ.だけど空っぽの空間なら重力場はゼロだから,空間は平らになる.そしてとっても小さな領域なら,空間は平らだと考えていいんだ.

(「なんてすてきな理論なんだ.それを壁に飾ってもいいかな?」と言いかけたとき,アレクセイが登場)

■**ハイゼンベルク役のアレクセイ** ちょっと失礼するよ.重力場だろうが,ほかのどんな場だろうが,不確定性原理から逃れることはできないんだぜ.

□**アインシュタイン役のニコライ** だから?

■**ハイゼンベルク役のアレクセイ** だから,空っぽの空間だろうと,場を平均したものがゼロになろうと,時間と空間は揺らいでいるのさ.そしてとっても小さな領域では,揺らぎが馬鹿でかくなるんだ.

□**アインシュタイン役のニコライ** (泣きそうな声で) だけど,もしも重力場が揺らいだりすれば,空間の曲率だって揺らいじゃうよ.ぼくの方程式によると,曲率は場の値に関係しているから……

■**ハイゼンベルク役のアレクセイ** (あざけるように) ふん.それなら,小さな領域の空間は平らだなんていえないじゃないか.だいたいプランク長より小さな領域では,小さな仮想ブラックホールが生まれて……

□アインシュタイン役のニコライ　いやだい！　小さな領域では、空間は平らなんだい！
■ハイゼンベルク役のアレクセイ　平らじゃないったら．
□アインシュタイン役のニコライ　平らだ！
■ハイゼンベルク役のアレクセイ　平らじゃない！
□アインシュタイン役のニコライ　平ら！

　……この言い争いが延々とつづき、私はついに動悸がして目が覚めた（この夢は、本章を書き上げるまでは寝てはならないという神のお告げだったのかもしれない）．

　空間の小さな領域に、不確定性原理と一般相対性理論を同時にあてはめると、根本的なところで相対性理論に矛盾が生じる．では、ハイゼンベルクとアインシュタインのどちらが正しいのだろうか？　アインシュタインが正しければ、量子論はまちがっていることになる．しかし量子論にまちがいがあるとは思えない——なにしろこの理論は、100万分の1の狂いもなく実験にぴたりと合っているのだから．量子電磁力学の第一人者であるコーネル大学の物理学者、木下東一郎は、この理論について次のように述べている．「地球上でもっとも、いやおそらく宇宙でもっとも高度に検証された理論である．異星人がどれくらいいるかにもよるが」[1]．

　一方、量子論が正しければ相対性理論がまちがっていることになる．相対性理論もさまざまな検証を受けているが、量子論とはちがう点がひとつある．それは、一般相対

性理論は巨視的な現象でしか検証されていないという点だ．たとえば太陽のそばを通り過ぎる光とか，地球の軌道を回る時計の進み方などがそれである．ところが素粒子レベルの小さなスケールでは，一般相対性理論はまだ一度も検証されたことがない．素粒子の質量はあまりにも小さいため，重力の影響を測定することができないのだ．そこで物理学者たちは問題の立て方を変えて，むしろ相対性理論の妥当性，つまり「小さな領域はほぼ平坦だ」というアインシュタインの仮説を検証しようとしている．もしかすると超微視的な領域に関しては，アインシュタインの理論は見直しを要するのかもしれない．

　ハイゼンベルクとアインシュタインの論争で勝利するのがハイゼンベルクなら，そして超微視的領域では計量が大きく揺らいでいるなら，さらに大きな別の疑問が生じる．超微視的スケールの空間は，どんな構造になっているのだろう？　この問いへの答えのカギを握るのが，ファインマンをはじめ，多くの物理学者がなかなか受け入れようとせず，シュワーツが物笑いの種になったアイディア，すなわち，超微視的領域では次元が増えるというアイディアらしいのだ．しかし，増えた次元はくるりと丸まって小さくなっているため，これまで発見されることはなかった——ちょうど1899年までの量子が，あまりに小さすぎて発見されなかったように．新しくつけ加わるその次元が，一般相対性理論を修正するためのカギなのである．そして次元を増やすというこのアイディアは，相対性理論の生みの親で

あるアインシュタインが何十年も前に検討し，そして諦めたものでもあった．

33
カルツァとクラインのメッセージ

アインシュタインはその死の前日に,統一場理論について最近計算したメモを病院までもってきてくれるよう頼んでいる.彼はそれまでの30年間,一般相対性理論に修正を加えて電磁力を組み込もうと努力してきたが,いずれの試みもうまくいかなかった.なかでももっとも有望そうなアプローチが彼のもとに届いたのは,1919年,この研究に着手してまもないころのことだった.そのアイディアは彼が考えついたものではなく,テオドール・カルツァという貧しい数学者からの手紙に書かれていたのである.

その手紙には,電力と重力を統一する方法が提案されていた.それはちょっと奇妙な理論だった.アインシュタインはこう語っている.「5次元の円筒世界を使って(統一理論を)作り上げるなどという考えは,まったく思い浮かびませんでした」.5次元の円筒世界? そんなアイディアがいったいどこから出てきたのだろう? カルツァがどうやってそんなアイディアを得たのかはわからないが,ともかくアインシュタインは返事を出した.「あなたのアイディアがとても気に入りました」[1].今からみれば,カルツァは大きく時代に先んじていたことがわかる——そして次元の増やし方に関しては,少々しみったれていたことも.

すでに述べたように,一般相対性理論では,物質は計量

を介して空間に影響をおよぼす．そして計量の要素（例のg因子）がわかれば，座標の差から二点間の距離を求める方法もわかる．3次元空間の場合，計量には六つの独立な（他の要素からは決まらない）要素がある．平坦な3次元空間なら，距離は，（x座標の差の2乗）+（y座標の差の2乗）+（z座標の差の2乗）に等しく，g_{xx}, g_{yy}, g_{zz}はそれぞれ1，g_{xy}, g_{xz}, g_{yz}はそれぞれ0である．一般相対性理論の4次元非ユークリッド空間（いわゆる「4次元時空」）では，計量の独立な要素は10個となり（$g_{xy}=g_{yx}$などの性質が考慮されている），それらはみなアインシュタイン方程式によって記述される．カルツァは，次元を5次元にすれば，g因子はさらに増えることに気づいた．

彼はこう考えた．「アインシュタインの場の方程式を形式的に5次元に拡張すれば，増えたg因子に対してどんな方程式が得られるだろうか？」その答えは驚くべきものだった．なんと，マクスウェルの電磁場の方程式が得られたのである．五つめの次元を通して，突如として電磁気が重力理論のなかに顔を出したのだ．アインシュタインはカルツァへの手紙に，「あなたの理論の形式的な統一性には驚かされました」と書いている[2]．

もちろん，新たにつけ加わった次元の計量を物理的電磁場と解釈するためには，ある程度の理論的作業をしなければならない．それに，奇妙なこの次元はいったい何を意味しているのだろう？ カルツァによれば，新たに増えた次元の広がり（つまり長さ）は有限で，きわめて小さい．そ

のため，たとえその長さの幅で世界がぐらぐら揺れたとしても，われわれがそれに気づくことはないだろう．しかもその次元は新しいトポロジーをもっている．線ではなく円のトポロジーをもっていて，くるりと丸まっているのだ（それゆえ有限な線分とは異なり，端点がない）．5番街に幅がなく，単なる線だと考えてみよう．それに交差する道路がカルツァの新しい次元に沿って伸びているとすると，それは5番街から生え出た円のようなものになる．交差路は一ブロックごとに出ているが，新しい次元そのものは5番街に沿ったあらゆる点に存在する．したがって，一本の線に新しい次元をつけ加えたときにできるものは，あちこちから円の生え出た直線ではなく，ホースのような円柱である．そしてカルツァのホースは，とても細いホースだった．

　カルツァのアイディアの要点は次のとおり．重力と電磁力は同じひとつのものの異なる側面なのだが，われわれが観測するものは，四つめの小さな空間次元内の運動（これは検出できない）について均されているため，重力と電磁力が異なって見える，ということだ．アインシュタインはその後，このアイディアではうまくいかないだろうと考えるようになった．しかし彼は後にまた考えを変えて，1921年，カルツァの論文発表に力を貸している．

　1926年，ミシガン大学助教授であったオスカー・クラインが，カルツァと同じ理論を独自に作り上げた．しかしクラインの理論にはいくつか改良点もあった．そのひとつ

は，正しい粒子の運動方程式が導かれるのは，謎の5次元内での粒子の運動量が，特定の値になる場合だけだとわかったことである．それら"許される"運動量の値はすべて，ある最小運動量の整数倍になっていた．カルツァがやったように，五つめの次元がくるりと丸まっているとイメージすれば，最小運動量に量子論をあてはめ，5次元めの"長さ"を求めることができる．そうして求めた長さが観察可能なサイズなら，この理論には問題がある．なぜなら，そんな次元は観測されていないからだ．しかし得られた長さはわずか10^{-30}センチメートルだった．これらなら大丈夫，見えなくて当然である．

カルツァ゠クライン理論は，重力理論と電磁力の理論に形式上のつながりがあることを示唆したが，すぐに新しい成果を生んだわけではなかった．物理学者たちはそれから二，三年のあいだ，この理論から新しい予測を引き出そうと努力した．たとえばクラインがやったように，新しい次元のサイズを予想するようなことである．そうするうちに，この理論から電子の電荷とその質量の比が予測できることがわかってきた．ところが得られた予測値は，現実に観測されている値とは大きく異なっていたのである．難解なばかりかおかしな予測をするとなって，物理学者たちはしだいにこの理論への興味を失っていった．アインシュタインも，1938年に再考したのを最後に，この理論を顧みなくなった．

アインシュタインより1年早く死んだカルツァの研究

は，その後ほとんど進展しなかった．しかしこの理論は彼に大きな恵みをもたらした．アインシュタインに手紙を書いたとき32歳だった彼は，それまでの10年間，ケーニヒスベルク大学の私講師として家族を養っていた．カルツァが1学期間に受け取っていた給料は，彼の愛した数学の言葉でいえば，$5xy$ ドイツマルクだった．x はクラスの学生数，y は1週間の授業時間である．10人の学生に週5時間教えたとすると，1年間（つまり2学期）で100マルクになる．1926年，アインシュタインはカルツァの暮らしのことを「困難な状況」と言った——「犬のような生活」という意味だ[3]．カルツァはアインシュタインの助力を得て，1929年，キール大学の教授になった．1935年にはゲッティンゲン大学の正教授となり，19年後に亡くなるまでその地位にとどまった．新しい次元というアイディアが本格的に再考されるのは，ようやく1970年代のことである．

34
ひも理論の誕生

 ひらめきがいつ訪れるかは誰にも予測できない.そのひらめきの向かう先を知ることはさらに難しい.ひも理論の物語は,海抜751メートルの山の上で幕を開ける.地中海に浮かぶシチリア島のエリーチェは,古い石造りの家々を縫うように細い路地が通る,暑くてのんびりとした町である.タレスの生きていた時代から,エリーチェはエリーチェだった.今日この町は,エットーレ・マヨラナ科学文化センターによってその名を知られている.ここではもう何十年来,"サマー・スクール"と呼ばれる1週間程度のセミナーが開催されてきた.エットーレ・マヨラナ・センターのサマー・スクールでは,大学院生や若い大学教員が各分野の第一人者のもとに集まり,最先端のテーマで行われる講義に参加している.

 1967年の夏,そんな最先端のテーマのひとつに,S行列理論という素粒子理論のアプローチがあった.イスラエルのヴァイツマン研究所からやってきたイタリア人大学院生[1]ガブリエレ・ヴェネツィアーノは,当時の知的英雄のひとりであったマレー・ゲルマンの講義に参加していた.ゲルマンは,クォーク概念の発見により,まもなくノーベル賞を受賞することになる.クォークは,ハドロン(陽子や中性子などもこの仲間である)と呼ばれる粒子の構成要

素と考えられていた．そのときヴェネツィアーノの頭に，あるひらめきが訪れた．そのひらめきが何年かのちに，ひも理論をもたらしたのである．ゲルマンの講義のテーマは「S行列という数学的構築物の規則性について」だった．

S行列はもともとハイゼンベルクが発明したもので，その後1937年にはジョン・ホイーラーによって紹介され，1960年代になってカリフォルニア大学バークレー校の物理学者ジェフリー・チューが大きく発展させたアプローチである．「S」は「散乱（scattering）」の頭文字だ．粒子を研究するとき，物理学者は散乱という方法を駆使する．粒子をどんどん加速して莫大なエネルギーをもたせてから，粒子同士を衝突させ，そこから飛び出してくるものを観察するのである．車を調べるために，車同士を激突させるようなものだ．

ちょっとした衝突からはバンパーなどのつまらないものしか得られないだろうが，F1レベルのスピードで激突すれば，操縦席の奥深くからナットやボルトが飛び出してくるかもしれない．しかし，粒子と車とでは大きく異なる点もある．物理学では，フォードとシボレーを激突させたら，ジャガーの部品が飛び出してくるようなことが起こりうるのだ．車と違って粒子は，別種の粒子に変身することができるのである．

ホイーラーがS行列を研究した当時は，実験データは膨大に蓄積していたにもかかわらず，粒子の生成や消滅をうまく説明できる理論もなければ，電気力学の量子論さえな

かった．S行列は，いわばブラックボックスである．衝突する粒子の種類や速度などを入力してやると，衝突の結果飛び出してきた粒子について，入力したものと同様のデータが出力されるのだ．

ブラックボックスであるS行列を組み立てるには，原理的には，相互作用の理論が必要になる．しかし，たとえ理論は手に入らなくても，自然の対称性と一般原理（たとえば相対性理論と矛盾しないことなど）だけからでもS行列についてある程度のことは言える．S行列によるアプローチの核心は，そうした一般的な原理だけでどこまで探れるかという点である．

1950年代から60年代にかけて，このアプローチが大流行した．ゲルマンがエリーチェの講義で取り上げたのは，ハドロンが衝突したときにみられる"双対性"という驚くべき規則性だった．ヴェネツィアーノは，その規則性がより一般的な状況でもみられるのではないかと考えた．それから一年半考え続けた彼は，ついにあることに気がついた．彼が探していたS行列の数学的特性はすべて，"オイラーのベータ関数"と呼ばれる簡単な関数に含まれることがわかったのだ．

二重共鳴モデルと名づけられたヴェネツィアーノの理論は衝撃的な発見だった．非常に複雑であってもおかしくないS行列が，なぜこれほど単純でエレガントな形になるのだろうか？　これはひも理論に繰り返し現れることになる数学的奇跡の最初の例だった．そんな奇跡のおかげで，ひ

も理論を追いつづけたシュワーツも,自分は人生を無駄にしているわけではないと確信できたのである.

ヴェネツィアーノの発見があまりにもエレガントだったため,物理学者のあいだにあまりS行列的とはいえない疑問が湧き起こった.S行列を生み出す衝突の詳細はどうなっているのだろう? ブラックボックスの中身はどうなっているのか? もしそれがわかれば,衝突するハドロンの内部構造と,それらを支配する"強い力"が解明できるはずである.

1970年,シカゴ大学の南部陽一郎と,ニールス・ボーア研究所のホルガー・ニールセン,そして当時イェシーヴァ大学にいたレナード・サスキンドがこの疑問に答えた――素粒子を,点としてではなく,振動している小さなひもとみなせばいい,と.

理論は"発見"するものだろうか"発明"するものだろうか? 物理学者たちは懐中電灯を手に,真理を求めて薄暗い公園を探し回るのだろうか? それともブロックを積み上げ,崩れる前にどこまで高くできるかに挑戦しているのだろうか? あるいはその両方が微妙に絡み合っているのだろうか――ちょうど,ゲルマンが講義した双対性や,粒子と波の二重性のように.

"発明"と"発見"に対しては,もう少し意地悪な言い方もある――"こしらえる"と"たまたま出くわす"だ.最初のひも理論("ボソンひも理論"と呼ばれる)は,たしかにこしらえたものだった.それは人為的で,現実とは

合わない特徴をもち,ヴェネツィアーノの思いつきを形にするためだけに作られたことが明らかな代物だった.南部らも,たまたま何かに出くわしたのだった.彼らがひも理論を見つけたときの状況は,プランクが量子論を見つけたときのそれに似ている.両者が見つけたのはアイディアだった.プランクは,エネルギーは量子化できるのではないかというアイディアを,南部らは,粒子はひもでモデル化できるのではないかというアイディアを.それがどんな意味をもつのか,あるいはどんな影響があるのかまではわからず,きちんとした理論ができるまでには長い年月を要した.彼らがたまたま出くわしたものは,新しい自然法則になるものかもしれず,あるいは単なる小手先の数学的トリックかもしれなかった.それを明らかにするには,長年努力を積み重ねるしかない.量子論の場合,プランクが着手してからハイゼンベルクとシュレーディンガーが理論を作り上げるまでに25年を要した.ひも理論も,すでに年数ならばそれに負けないほどかかっていた.

35
粒子を超えて

 ひも理論が誕生する10年ほど前,ジェフリー・チューはある会議の席上で,場の理論はだめだと言い切った.チューは,1950年代末から60年代にかけてもっとも有望な物理学者のひとりだった.その彼が,素粒子などは存在するはずがないと言ったのである.粒子は互いに互いを織りなしているのであって,物理学者はそういう理論を探すべきだというのである.チューのアイディアは,冷戦時代の雰囲気のなかで「核の民主主義」と呼ばれるようになった.さらに彼は,さまざまな力の特性に応じて理論を作るようなアプローチでは成功するはずがないと信じていた.そうではなく,ありうるかぎりのS行列を十分詳しく調べていけば,物理学や数学の一般原理と矛盾しないS行列がただひとつ見つかるだろうというのだ.つまりチューは,宇宙が今あるようなものになったのは,それが唯一の可能性だからだと考えていたのだった[1].

 今日では,チューが課したような条件では,物理学をひとつに絞るには不十分だということがわかっている.ウィッテンはS行列理論のことを,「理論ではなくひとつのアプローチ」だと言っている[2].マレー・ゲルマンは,1956年のロチェスター会議でこのアプローチを提唱した当の本人だが,S行列という名前はひとつのアプローチにつける

には大仰すぎると述べた(3). しかしその一方で, ゲルマンはこうも言うのである.「S行列は正しいアプローチだった. 今日でも, ひも理論に利用されているのだから」と. チューがそんな美意識をもつようになったのには, それなりの背景があった. 今日の標準模型は, 大きな成功を収めてはいるものの, 美しいとはいえない理論である. 振り返れば1932年, ふたつの奇妙な新粒子が発見されたことが問題の発端だった. 一方の粒子は"陽電子"といい, 電子の反粒子である. もうひとつは原子核の構成要素で, 電荷をもたないことを別にすれば陽子とよく似た"中性子"という粒子だった. 物理学者たちは, 新粒子が存在するという可能性を認めたがらなかった. そこでいろいろな説明がひねり出された. 陽電子の存在を理論的に予測していたディラックでさえ, 当初はそれを軽い陽子のようなものだろうと考えたほどだった (陽電子は, 電荷の符号こそ陽子と同じだが, 質量は1000分の1にも満たない). また, 陽子と電子が強く結合したものとして中性子を説明しようという試みもあった. だが, ティーンエイジャーの親と同様, 物理学者たちも立場を固守するわけにはいかなかった. やがて彼らは, 新粒子だけでなく, 反物質という概念や, 原子核内で重要な働きをする強い力や弱い力といったものまで認めるようになったのである.

1950年代になると粒子加速器のおかげで, ニュートリノ, ミュー粒子, パイ粒子など, 何十種類もの粒子を研究できるようになった. あまりにも新粒子が続々と発見され

るので，J. ロバート・オッペンハイマーは，新粒子を発見
し・な・い・物理学者にノーベル賞を贈ってはどうかと言ったほ
どだった⁽⁴⁾．またエンリコ・フェルミはこう言った．「こ
んなにたくさんの粒子の名前をすべて覚えられるくらいな
ら，私は植物学者になっていたよ」⁽⁵⁾．

　物理学者たちはこの状況に対応すべく，場の量子論とい
う新理論を作った．この理論では，粒子が生まれたり消え
たりするようすを説明することができる．量子力学は，す
でに存在する粒子が相互作用する状況を説明するもので，
粒子が生まれたり消えたり，別の粒子に変わったりするの
を説明することはできない．場の量子論によれば，相互作
用はすべてひとつのやり方で行われる．すなわち，力を媒
介する粒子を交換するのである．何世紀ものあいだ物理学
で「力」と呼ばれてきたものは，場の理論によれば，粒子
同士が媒介粒子を交換する過程を，より高い階層から記述
したものだったのだ．

　ふたりのバスケット選手が，ボールをパスしながらコー
トを走り回っているのを想像してみよう．ふたりの選手
は，相互作用をする粒子だ．そして相互作用は——ふたり
を近づけるにせよ遠ざけるにせよ——ボールという媒介粒
子を通して行われる．電磁力の場合，媒介粒子は光子であ
る．量子電気力学によれば，電子や陽子などの荷電粒子
は，光子を交換することによって電磁力という力を感じ
る．一方，ニュートリノなど荷電をもたない粒子は，光子
を交換しない．

場の量子論としてはじめて成功を収めたのは,ファインマン,ジュリアン・シュウィンガー,朝永振一郎が1940年代に発展させた電磁場の量子論だった.1970年代には,電磁場と弱い力を統一する理論が生まれた.それからまもなく,量子電気力学との類推により,強い力の理論ができた.強い力は,グルオンという粒子が媒介する.これら三つの力の場を合わせたものが,いわゆる標準模型である.

　物理学者たちは立派な仕事をした——と,植物学者なら言うだろう.標準模型は粒子の分類を行ったが,それは予測力の勝利とはいえても,あまり美しいとはいえない代物だった.粒子は,物質粒子と,力を伝える媒介粒子のふたつのグループに分けられる.物質粒子はさらに三つの世代に分かれ,それぞれの世代には,「電子型の粒子」,「ニュートリノ型の粒子」,「2種類のクォーク」が含まれる.第一世代には,普通の電子,普通のニュートリノ,そして陽子や中性子を構成する2種類のクォークが含まれる.第二世代,第三世代(これらの世代に含まれる粒子は"エキゾチック"だと言われる)と世代が進むにつれて,粒子の質量は大きくなる.標準模型にはこの構造が,何の説明もなく組み込まれているのだ.なぜ世代は三つでなければならないのか? 各世代の構成要素はなぜ四つなのか? それぞれの質量はなぜその値でなければならないのか? 標準模型をいくら眺めても,答えは見えてこない.

　それぞれの力の強さもまた,何の説明もされないまま,"結合定数"と呼ばれる数値によって表される.どれかの

力に対してそれぞれの粒子がどのように反応するかは、電荷を一般化した"荷（チャージ）"という量によって特徴づけられる。典型的なところでは、粒子は2種類以上の荷をもち、2種類以上の力を感じる。そして粒子がどの荷をもつかという点も、説明抜きで理論に持ち込まれている。

フェルミは粒子の名前を覚えられなくて苦労したらしいが、標準模型ができてからも状況は良くなるどころかさらに悪化した。この模型の式を覚えようとすれば、説明抜きでもち込まれた19個ものパラメーターの値を覚えなければならないのだ。それらの値はピタゴラスが喜ぶような美しいものではなく、カビボ角などという妙な名前がついていたり、1.166371×10^{-5}（GeV^{-2}を単位とするフェルミ結合定数）[6]といった中途半端な値だったりする。創世記には「光あれ。こうして光があった」とあるが、現代物理学によれば、神はよほど深い考えがあって微細構造定数を$\frac{1}{137.03599074}$と定めたのだろう（±10億分の1程度の誤差を含む）。

科学哲学の領域に踏み込まずとも、「根本理論」というからには、何かすっきりしたものを期待したくなるではないか。大勢の研究者が19もの基本的パラメーターの値を小数点以下第7位までの精度で測定することでメシを食う、などという状況は、根本理論にはそぐわない。理論家たちの肩を叩いて、「プトレマイオスという男の話を聞いたことがあるか？」と尋ねてみたくもなろうというものだ。頭のよい科学者が円に円を重ねれば、どんなデータに

だって合わせられるだろう.

 ひも理論の研究者は,標準模型が根本理論だという考えに反逆した.彼らの望みは,いつの日か,ひも理論から根本理論を導くことである.そして基本的なパラメーターを――空間の次元のような構造的なものも含めて――あらかじめ入力しないでもすむようにしたいと考えたのだ.ここが場の理論とは異なり,S行列理論に相通じる点である.ひも理論の研究者たちは,チューもそうだったように,一般的な原理だけによって完全に定義できる理論を見いだそうとしている.そしてひも理論から,四つの力の強さとその起源,粒子の種類とそれぞれの性質,そして空間構造そのものまでも解明できるのではないかと期待しているのだ.ひも理論によれば,チューが夢見たように,ひとつの粒子ですべてを説明できる.ちがいはただ,粒子がひもになったことだ.

 このひもは,それ以上小さな構成要素をもたない.そしてあらゆる物質はひもから構成される.ひもの長さは,わずか10^{-33}センチメートル.われわれが直接的に観察できるサイズは,これより10^{16}倍ほども大きい.視力検査表にこのひもを載せれば,縦横斜め,どちらを向けても同じことだ.現代科学の粋をこらした拡大鏡を使ってさえ,視力検査に合格できる見込みはない.「上? 下? 横向きかなあ? うーん,どうやっても点にしか見えないんですけど」.

 ひものサイズが小さすぎて目に見えないこと自体は,とくに驚くべきことではない――なにしろこのひもは理論上

の存在であり，観察されてはいないのだから．しかしその小ささにはあ然とさせられる．ひもを直接見るために必要な加速器のサイズは，銀河系ほどとも，全宇宙の大きさほどともいわれている．西暦3000年，ぼろぼろに古びた本書を発掘した歴史家は，この見積もりを見て苦笑するかもしれない．そのころまでには，ベルモットとウォッカをうまい比率で混ぜ合わせればひもが見えるようになっているかもしれないからだ．だが，そんな方法が発明されないかぎり，直接にひもを観測することはできそうにない．

量子力学では，波と粒子は，同じひとつの現象の異なる側面だった．場の量子論では，物質粒子も力の粒子も，それぞれの場の励起とみなされる．ひも理論でもこの点は同じだが，場はひとつしかない．すべての粒子は，基本となるただひとつのもの，すなわちひもの振動による励起状態なのである．

適当な力で引っ張られチューニングされたギターの弦を考えてみよう．その音（基音）で振動している弦に対し，整数倍の周波数で振動している弦は"励起モード"にあるという．音響学ではそれら周波数の高い音のことを倍音という．ひも理論では，異なる振動状態にあるひもはそれぞれ異なる粒子を表す．

音を数学的・審美的側面からはじめて研究したのは，ピタゴラス学派の人たちだった．彼らは，はじかれた弦はある振動数で振動し，振動数は弦の長さに反比例することに気がついた．この基本振動数は，弦の中点で変位が最大に

なるような振動モードに対応する[7]．しかし弦の中点を押さえれば，中点と両端点のまんなかで変位が最大になるような振動をする．この場合は，これが振動の基本モードであり，弦の長さの半分に相当するふたつの波が含まれることになる．この場合，波長は基本振動数の半分，振動数は倍になる．これを音楽用語では2倍音といい，基音の1オクターブ上の音が出る．

　弦をはじくと，3倍，4倍，……の振動が起こることもある（これらは必ず整数倍になり，分数倍になることはない．さもないと端点が固定されているという条件が満たされなくなるからだ）．これらがいわゆる倍音である．一般にヴァイオリンやピアノの音には，他の楽器にくらべて最初の六つの倍音が多く含まれる．逆にパイプオルガンの音には倍音が少ない．この倍音が，楽器の音色に，そして素粒子の世代にも多様性をもたらしているのである．

　ひも理論のひもは，ギターの弦のように両端を固定されているわけではなく，両端が自由であっても，ループのように閉じていてもよい．ループを切り離すことも，また両端をくっつけてループにすることも，切り離してからくっつけてふたつのループを作ることもできる．ひもを切り離したりくっつけたりすれば性質が変わり，遠目には新粒子のように見える．力を媒介する粒子の交換というのは，実は，時空に浮かぶひもを切り離したりくっつけたりすることなのである．

　われわれが観察するさまざまな粒子は，オルゴールのよ

うなものだ．オルゴールの奏でる音が粒子の特性である．曲目で分類すれば，オルゴールにはさまざまな種類がありそうに思えるだろう．しかしひも理論によれば，オルゴールは物理的にはみな同じ構造をもち，違うのはただ内部のひもの振動状態にすぎない．

たとえば振動エネルギーを決めているのは波長と振幅である．山と谷が多いほど，そしてそれらのサイズが大きいほど，振動エネルギーも大きくなる．相対性理論から質量とエネルギーは等価だから，ブラックボックスの外から見れば，エネルギッシュに振動しているひもほど質量が大きく見えるのは驚くべきことではない．

質量以外の特性，たとえばさまざまな"荷"についても同様である．それも当然だろう．なにしろ場の理論の観点からいえば，粒子の質量は，重力を感じるための"荷"にほかならないのだから．自然界には媒介粒子をはじめさまざまな粒子が存在するけれど，ひも理論によれば，それらはみなひもの振動パターンがちがうだけなのである．

宇宙には多様な粒子が存在する．ひもは，それらすべてを説明できるほど豊かな性質をもつのだろうか？　ユークリッドの世界では，その答えは「ノー」である．

ひもの振動モードは，空間が何次元なのか，その空間はどんなトポロジーをもつのかに大きく左右される．それはとりもなおさず，どんな粒子が存在するか，それらの粒子はいかなる性質をもつのかを予測することでもある．ここから，空間の特性と物質の特性との深いつながりが生まれ

る．ひも理論によれば，粒子や自然界の力の物理的特性を決定しているのは，空間次元の構造なのだ．そしてひも理論では，空間次元が3次元しかないのではうまくいかない．ひも理論は，3次元よりも多い空間次元の幾何学とトポロジーを予測する．その幾何学とトポロジーが，粒子と力に関する理論を決定するのである．

1次元のひもは，一方向にしか振動できない．つまり伸びたり縮んだりするだけである．このタイプの振動のことを縦振動という．2次元では，ひもは長さに沿った縦振動もできるが，ひもの長さに対して垂直方向にも振動できるようになる．これを横振動という．2次元では，本質的にはこのふたつのタイプの振動しかない．3次元になると，横振動の向きが回転できるようになる——階段を降りるバネのおもちゃをイメージしよう．高次元になるほど振動も複雑になる．

空間のトポロジーも振動に影響をおよぼす．トポロジーをきちんと定義するのは難しいが，大ざっぱにいうと，面や空間の特性のうちでも形に関する部分を扱い，計量（距離にかかわるもの）や曲率などは扱わない幾何学の一分野である．トポロジー的には，線分と円は別のものである．なぜなら，線分にはふたつの端点があるが，円には端点がないからだ．一方，円と楕円とは単に曲がり方が異なるだけなので，トポロジー研究者にとってこれらふたつは同じものだ．要するに，切り分けたり，引き裂いたりすることなく，伸び縮みさせるだけで一方の形を他方の形に変形さ

せることができるならば，そのふたつはトポロジー的に同じなのである．

　空間のトポロジーは，ひもにどんな影響をおよぼすのだろうか．増えた次元が2次元だったとしよう．増えた次元の空間は小さいと考えられるから，小さな2次元空間を考える．正方形か長方形のような有限平面をイメージすればいいだろう．このような2次元空間は，これはこれでひとつのトポロジーをもっている．さて，この有限平面をくるりと丸めて円柱を作る．直観的には，円柱の面は曲がっているように思われるかもしれないが，幾何学的には，円柱面は平面と同じく平坦である．つまり曲率がゼロなのだ．平面上に図を描いたとき，図の任意の二点の距離を変えることなく，くるりと丸めて円柱にすることができるからである．しかし平面の連結性，すなわちトポロジーという観点からは，平面と円柱は別のものである．たとえば，平面上に描いた円や閉曲線は，そのまま一点に縮めることができる．ところが円柱上に描かれた円もしくは単純な閉曲線のなかには，一点に縮められないものが存在する．実際，円柱の軸のまわりをぐるりと一周するような曲線は一点に縮めることができない．そのようなひもに対しては，振動運動にも拘束条件がかかるため，平面上のひもとは異なる振動をする．そのためひも理論によれば，円柱状の空間からは別種の粒子や力が生じることになるのである．円柱は，トーラスやドーナツなどと近い関係にある．円柱からトーラスを作るためには，その円柱の底面同士をつなげて

やればよい．しかしもっと複雑なトポロジーを考えることもできる．たとえば，穴がひとつではなく複数あるようなドーナツを考えよう．穴の数が変われば，振動スペクトルも変わる．そして次元を増やせば増やすほど，その空間はいっそう複雑になる．空間が平坦でなくなればなおさらである．そして多様な空間のそれぞれに，異なる振動モードがあるのだ．振動の種類がこれだけ多くなるおかげで，ひも理論は，さまざまな素粒子や力を説明することができるのである——少なくとも理論上は．

さてここで，さまざまな条件を考慮すると，増えた次元の空間はただひとつしか考えられず，しかもその空間におけるひもの振動モードは既知の粒子の特性にぴたりと一致する——と言えればいいのだが，そうは問屋が卸さない．それは夢のまた夢である．しかしまったく希望がないこともない．まず，どんな次元でもいいわけではないということだ．増える次元はどうやら6次元らしく（これについては後述），満たすべき性質がいくつかあることがわかっている——そのひとつは，カルツァの場合と同様，くるりと小さく丸まる性質である．1985年，物理学者たちは，カラビ゠ヤウ空間（あるいはカラビ゠ヤウ図形）と呼ばれる有限空間が，ちょうど都合のよい性質をもつことを発見した[8]．しかし，6次元のカラビ゠ヤウ空間が，そのへんの店にあるドーナツなどよりはるかに複雑だということは想像に難くない．とはいえ，カラビ゠ヤウ空間とドーナツには共通点もある——どちらも穴が開いていることだ．実を

いえば，穴はたくさんあって，穴そのものも複雑な高次元の図形だったりするのだが，それは専門的な細かい点である[9]．重要なのは，それぞれの穴に対して，ひもの振動がひとつのグループとして対応することである．そこで，ひも理論によれば，素粒子は世代というグループで現れると予想されるのである．実験で観測されているこの事実は，標準模型では説明できず，データとして「手で入れ」なければなかった．それが理論的に導かれるというのは衝撃的な事実といえる．以上は良い知らせである．

悪い知らせは，カラビ=ヤウ空間の種類が，知られているだけで何万もあることだ．そのほとんどは四つ以上の穴をもつが，素粒子の世代は三つしかない．また，標準模型では「手で入れて」いる粒子の特性（たとえば質量や荷など）を，計算して導き出したいところだが，たくさんある空間のどれについて計算すればいいのかがわからない．これまでのところ，われわれの知る物理的世界を正確に描き出すようなカラビ=ヤウ空間は見つかっていない．あるいは，どれかの空間を選び取ることを正当化するような物理的基本法則が見つかっていない，と言ってもいい．このアプローチは成功しないだろうと考える人たちもいる．しかし，ひも理論の研究をすることがキャリアを捨てることを意味した時代にくらべれば，批判者はめっきりと減り，その声も小さくなっているのである．

36
ひもの問題点

　南部陽一郎らが提唱したひも理論には、いくつか奇妙な点があった。たとえば、ある因数がゼロにならないかぎり、相対性理論と矛盾してしまうのだ。その因数は $1-\frac{D-2}{24}$ という形をしていた。これがゼロになるのは、$D=26$ の場合だということは高校生でもわかる。これが問題の発端だった。なぜならこの D は、空間の次元数だったからだ。やがてカルツァの研究がふたたび注目を浴びたが、今度は、5次元は多すぎるとも奇妙すぎるとも思われなかった——むしろ、奇妙さが足りないと思われたのである。

　ひも理論はこのほかにも問題を抱えていた。すでに述べたように、量子力学のルールにしたがって、ある種のプロセスが起こる確率を計算すると、マイナスの値になってしまうのだ。またこの理論は、質量が実数でなく、光よりも速く進む"タキオン"という粒子の存在を予言していた（厳密なことを言えば、アインシュタインの理論はこれを禁じていない。禁じているのは、粒子がちょうど光速で動くことである）。さらにこの理論はいくつか新しい粒子の存在を予測するのだが、そんな粒子は観測されていなかった。

　「明日の天気は、マイナス50パーセントの確率で雷雨に

なるでしょう．また，雨は地面から上に向かって降り，空からはカエルが落ちてくるでしょう」などという天気予報が出たら，そんな予報をはじき出すコンピュータ・モデルは信用できないと思うだろう．物理学者だってそれは同じだ．だが，その天気予報が気温をぴたりと予測したら？ "ボソンひも理論"という理論は，ハドロンの振る舞いをとてもよく予測したのである．それはとても無視できないほど魅力的な一致だった．

以上のような話からは，あまりできの良い理論とは思えないだろう．さらに，ひも理論はもっと重大な問題を抱えていることがわかったのだ．量子力学では，すべての粒子は"ボソン（ボーズ粒子）"または"フェルミオン（フェルミ粒子）"のいずれかに分類される．専門的なことを言えば，ボソンとフェルミオンとのちがいは，スピンという内部対称性のちがいである．しかしもっと実際的なちがいもある．フェルミオンは，ひとつの量子状態にひとつしか入れないのだ．原子を積み上げて物質を作るときには，この性質が非常に役に立つ．この性質のおかげで，原子内の全電子が最低エネルギー状態に落ち込まずにすんでいるのである．さもなければ，あらゆる元素で，全電子は最低エネルギー状態に落ち込んだままになるだろう．しかし現実はそうではなく，周期表の原子は，電子がひとつずつ外側の電子状態につけ加わったものになっている．そしてそれが，各元素にそれぞれの物理的・化学的性質を与えているのだ．一方，ボソンにはそんな制約はない　物質がフェル

ミオンでできているのはこのためだ．それに対して，力を伝える媒介粒子はみなボソンである．ところがボソンひも理論によれば，"すべての"粒子は——ご想像のとおり——ボソンなのである．

シュワーツがはじめて取り込んだ当時，ひも理論はこれだけの問題を抱えていた．彼はひも理論の研究によって職を得ることができたし，一流大学に留まるチャンスも得た．そしてその大学では，ひも理論の研究は，信じてはもらえないにせよ，名前ぐらいは知られるようになったのだ．

1971年，フロリダ大学のピエール・ラモンは，ボソンとフェルミオンを結びつける"超対称性"という新しい対称性を発見し，そこからフェルミオン用のひも理論を作った．その後，シュワーツとアンドレ・ヌヴーは，スピニングひも理論の名で知られる理論を生み出した．その理論は，フェルミオンとボソンの両方を取り込み，タキオンを除外し，必要な次元数を26から10に減らした．ふたりの研究はひも理論にとって大きな転換点となるものだった．そしてこの理論は，シュワーツのキャリアにとっても大きな節目となったのである．

当時ジュネーブのCERN（欧州原子核共同研究所）にいたゲルマンはこう語る．「シュワーツの論文が出るなり，私はすぐに彼を雇いました」[1]．ふたりはそれまで面識もなかった．翌秋，シュワーツは，終身在職を拒まれたばかりのプリンストンからカリフォルニア工科大学に移った．

それまで長年のうちには,物理学の難問をきれいに解決するという奇跡の治療法が登場しては消えていった.ファインマンはひも理論もそんな理論のひとつだと見ていたが,ゲルマンはひも理論への忠誠をシュワーツと分かちあっていた.ゲルマンは言う.「何かの役に立つはずだと思ったのです.それが何かはわからなかったが,とにかく何かの役に立つだろうとね」.1974年,ゲルマンはもうひとりのひも理論研究者をカリフォルニア工科大学に招いた.ジョエル・シェルクである.じきにシュワーツとシェルクは驚くべき発見をすることになった.

ひも理論には,強い力の媒介粒子であるグルオンの特性をもつ粒子が含まれていた.ところがこの理論にはいくつか困難があった.そのひとつは,現実世界とは関係なさそうな,媒介型の余計な粒子が出てくることである.シュワーツとシェルクの研究以前,ひもの長さは10^{-13}センチメートル程度と考えられていた.これはおおよそハドロンの直径に相当する.ところがふたりは,余分な媒介粒子の大きさをプランク長と同じ10^{-33}センチメートルだと仮定すれば,重力の媒介粒子とされているグラヴィトンの特性にぴたりと合うことを発見したのである.ひも理論は単なるハドロンの理論ではなく,重力を含む理論だったのだ.しかも,おそらくは電弱力も含めることができそうだった.

しかし,ちょっと待て.重力と量子力学を混ぜれば,混沌と矛盾が出てくるはずではなかったのか? ところがシュワーツとシェルクの理論では,超微視的領域で生じるは

ずの問題が生じないのである．というのは，ひもは点とはちがい，有限の大きさをもつからだ．アインシュタインの方程式を導き出せるような矛盾のない場の量子論で，なおかつ超顕微鏡的スケールでは一般相対性理論と量子力学との矛盾を避けるような振る舞いをする理論がついに見つかった——と，ふたりは考えた．相対性理論を発表したとき，アインシュタインは攻撃がくるものと予想していた．しかしシュワーツとシェルクは，学会が興奮のうずに巻き込まれるのを予想したのだった．

ふたりは世界中を講演してまわった．聴衆は礼儀正しく拍手をし，ふたりの研究を無視した．それでも強いて尋ねられれば，ひも理論が正しいとは思えないと答えるのだった．そう答えた人たちの弁護のために言っておくと，ふたりの理論に使われている数学はとてつもなく難しかった（今も難しい）．シュワーツは語る．「わざわざ時間を割いてまで数学を勉強しようとする者はいなかった．連中は，大ボスにやれと言われるまではやらないんですよ」[2]．

ゲルマンはそんな大ボスの適任者だったろう．だが彼自身は，この分野ではほとんど仕事をしていない．彼とシュワーツの数少ない共著論文について，シュワーツは笑いながらこう言った．「あれはいちばんつまらない論文だね．彼にとっても私にとっても」[3]．カリフォルニア工科大学は，ジョン・シュワーツを教授にはせず，研究員としての任期を何度か延長しただけだった．ゲルマンは言う．「当時，ジョンに正規のポストを取ってやることはできません

でした. みんな彼の仕事には懐疑的だったのです」(4).
1976年, シェルクらがひも理論に超対称性を組み込む方法を示し, ついに超ひも理論が誕生した. これもまた革命的な進展だったが, やはり誰の興味も引かなかった. むしろ超重力理論というライバル理論や, 重力抜きの場の量子論である標準模型のほうに人気があったのだ. 標準模型は, 電磁力, 核の弱い力・強い力をひとつにまとめながら次々と成果をあげていた. たとえば1983年の実験では, 弱い力を媒介するW粒子とZ粒子が実験的に生成されている.

こののち, ひも理論は長引く不毛の時期に入った. ひも理論を使って, 何か現実的な数値をはじきだす方法を知る者はいなかった. 次元の問題をはじめ, 未解決の問題もいくつもあった. そのうちにジョエル・シェルクは心の病にかかった. パリの街を徘徊する彼の姿が見られ, また彼はファインマンのような人たちに奇妙な電報を打ったりもしたようである. しかしそうなってもなお, シェルクがときおり研究をしていたことに, 医者も仲間の物理学者も驚いた. その後彼は離婚し, 妻と子どもたちはイギリスに渡った. そして1979年, シェルクは自ら命を絶った. 小さなグループだったひも理論研究者にとって, 彼を失ったことは大きな痛手だった. 1980年代のはじめには, ひも理論に新たな問題点がいくつも見つかった. シュワーツは逃げ場のない袋小路に入り込んだかに見えた.

シュワーツは, 博士論文の指導教授だったジェフリー・

チューの無駄骨をまた繰り返そうとしている，と言われることもあった．チューは，シュワーツとよく似たゴールを目指し，S行列理論の研究に25年を費やした．当初は大勢の仲間に恵まれたが，後半の15年間は実質的にひとりぼっちだった．そしてシュワーツと同様，ときには笑い者にされた．そしてとうとうチューは夢を捨てた．今にして思えば，チューの努力はまったくの無駄ではなかったのだ．シュワーツは言う．「はっきりしているのは，もしも彼がいなかったら，ひも理論もなかったということだ．ひも理論はS行列のアプローチから芽生えたのだから」[5].

しかしカリフォルニア工科大学では，ゲルマンが一貫して強力に支援してくれた．「カルテック（カリフォルニア工科大学）に彼らがいてくれて私は嬉しかったし，私は彼らを誇りに思っています」[6]. ゲルマンは言う．「あれはほんとうにいい経験だった．私にはピンと来るものがあったのです．それで私は，絶滅危惧種のための保護区をカルテックに作った．私はそれまでも第三世界でいろいろ保存活動をしていたが，それをカルテックでもやったというわけです」．1984年，シュワーツはまたしても突破口を開いた．マイケル・グリーン（当時はロンドン大学のクイーン・メアリー・カレッジにいた）との共同研究で，ひも理論のなかの望ましくない項が互いに打ち消し合う可能性に気づいたのである．その研究結果は，その年の夏，コロラド州アスペンで開かれたワークショップで発表され，寸劇としてホテル・ジェロームで演じられた．その劇は，シュワーツが白衣の男たちに抱えら

れ,「すべてを説明する理論を見つけたぞ!」と叫びながら演壇から連れ去られるシーンで終わっていた.冷笑を誘うこの設定は,シュワーツの予想を表していた.彼は今回もまた無視されるだろうと思っていたのである.

しかしこのたびは,シュワーツとグリーンがその結果を論文として発表する前に,エドワード・ウィッテンという男が電話をよこした.彼は人づてに,アスペン・ワークショップで発表されたふたりの研究のことを聞いたのだった.自分たちの研究に興味をもってくれた人物がいたことで,シュワーツは大喜びだった.しかもウィッテンは並の物理学者ではなかった.彼は世界一大きな影響力をもつ物理学者にして数学者でもあったのだ.それから数か月も経たないうちに,ウィッテン(当時はプリンストン大学,現在は高等研究所にいる)とその共同研究者たちは大きな成果をいくつもあげた.たとえばカラビ=ヤウ空間が,小さくまるまった次元の候補になることを明らかにしたことなどがそれである.この仕事により,何百人という物理学者がひも理論は正しいかもしれないと考えるようになり,この分野に参入してきた.ついにシュワーツは大ボスの認可を得たのである.

突如としてシュワーツは,大型新人科学者を迎えようとする一流大学に注目されるようになった.ゲルマンは,今度こそシュワーツにカルテックの終身在職権をとらせようとした.だがこうなってもまだ容易に事が進んだわけではなかった.理事のひとりはこう言った.「この男がどんな

気の利いたものを作ったかは知らないが,いずれにせよ,その仕事はカルテック時代に成し遂げられたと人びとは言うだろう.彼をここに置いておく必要はないさ」[7].しかし12年と半年の歳月を経て,シュワーツはついにカルテックの終身在職権を手に入れた.それはカルツァよりも数年ほど速い昇進だった.

今日,シュワーツとグリーンの論文は"最初の超ひも革命"と呼ばれている.ウィッテンはこう語る.「ジョン・シュワーツがいなかったら,ひも理論はかなりの高確率で消滅していたでしょう.そして21世紀のいつごろかに再発見されることになったでしょう」[8].しかし主役はすでに交代していた.それから10年後にはウィッテンが圧倒的な影響力をもち,彼自身のひも理論革命を推進することになるのである.

37
かつてひもと呼ばれた理論

 しかしその後,ひも理論の人気は低迷し,その状況は1990年代のはじめまでつづいた.1980年代の後半には,「ひも理論の研究者たちが大学から給料をもらって,若く多感な学生たちを誤った道に踏み込ませるのを黙認していいのか」という意見が"ロサンジェルス・タイムズ"紙に掲載されたりもした[1](最近のLAタイムズは,ウォーレン・ビーティとアネット・ベニングの関係の行方など,地元密着の話題を扱うことが多いようだが).興奮が冷めたのには,それなりの理由があった.当時,ひも理論研究者のアンドリュー・ストロミンジャーはこう語った.「大きな問題がいくつかあるのです」[2].問題のひとつは,あっと言わせるような予測を理論から引き出せなかったことである.しかしそのほかにも,過去のどの問題にも勝るとも劣らない重大な困難があった——どうやらひも理論には,5種類あるらしかったのだ.候補のカラビ゠ヤウ空間が五つあるのではなく(五つしかないなら,それはよいことだ),根本的に異なる構造をもつひも理論が五つあったのである.ストロミンジャーの言葉を言い換えれば,「自然を説明する唯一の理論が五つもあったのでは美しくない」ということになる[3].ひも理論の不毛の時期は10年ほどもつづいた.それはシュワーツが踏破しなければならない

新たな砂漠だった．しかしこのたびは，約束の地をめざす仲間がたくさんいたし，彼を導いてくれる預言者もいた．

物理学者のどの世代にも，その時代の顔ともいうべき物理学者がいるものである．ひも理論以前の世代にとって，それはゲルマンとファインマンだった．そしてここ二，三十年間は，エドワード・ウィッテンがその役割を担っている．コロンビア大学のブライアン・グリーンはこう語る．「私の研究はどれもみな，その知的ルーツを探っていくとウィッテンの足元にたどりつくのです」[4]．

私がウィッテンの名前をはじめて聞いたのは，1970年代の後半のことだった．当時私はブランダイス大学の物理学専攻の学生だった．ウィッテンは同じ大学で，数年ほど先輩にあたっていた．その私に，ふたりばかりの教授がこう言ったのだ．「きみは頭がいいよ．だけどきみはエド・ウィッテンじゃない」[5]．いったいこの教授たちは，妻に向かってこんなことを言うのだろうか？「きみはすてきだよ．だけど，昔のガールフレンドはもっとずっとすてきだった」．私はしばらく考えたのち，彼らなら言うかもしれないと思った．しかしそれにしても，そのウィッテンという男は何者なのだろう？

悔しいことに，彼はなんと歴史学専攻の学生だったのだ．読まされている文献の量を別にすれば，頭は高校生並みだろうとわれわれ物理学の学生がタカをくくっている，あの非科学分野の学生だったのである．さらに悪いことに，彼は物理の講義をただのひとつも受講していなかっ

た．私などが逆立ちしてもかなわない彼の物理学は，単なる趣味だったらしいのだ．

ウィッテンが1972年に，ニクソン対マクガヴァンの大統領戦でマクガヴァン陣営を応援したと知ったときは嬉しかった．それはつまり，彼があっぱれにもアンチ゠ニクソンだったというだけでなく，「時間の有効活用」の方面では大きなハンディを背負っていることを意味したからだ．それに彼が天才だというなら，ジョージ・マクガヴァンはなぜ勝てなかったのだろう？　ただし，マクガヴァンはマサチューセッツ州では勝っている――彼の勝った唯一の州がここなのだ．それはウィッテンのおかげだったのだろうか？　数年前，そうではないことが明らかになった．引退したマクガヴァンがレポーターに問い詰められて，「世界一頭のいい男」のことを覚えていないと言ったのである．しかしマクガヴァンは，ウィッテンの評価をとりあえず認めてこう言った．「まあ，72年の選挙で私を応援したのだから頭がいいにはちがいないね．私はそれを基準に人々の頭を判断しているんだ」．

ブランダイス大学を卒業後，ウィッテンはプリンストンの大学院に進んで物理学をやることになった．学部では物理学の単位をひとつも取っていないのだからその資格はないはずだが，あとで知ったところでは，プリンストンには世界一頭のいい人間を育てるための特別枠があったのだ．ついにウィッテンの姿を目にしたとき，私はカリフォルニア大学バークレー校の大学院生だった――もちろんバーク

レーは，私が実際に物理学の単位を取っているかどうかを調べ上げたうえで，入学を許可してくれたにちがいない．

ウィッテンはひょろりと背が高く，黒髪で，黒いプラスチックフレームのメガネをかけていた．ちょっとぴりぴりしていたが，人当たりは良さそうだった．彼はとても静かに話すので，耳を澄まさないと何を言っているのか聞き取れない（実際，彼の言うことには耳を澄ましたほうがいい）．彼はその日，話の途中で深い思索の淵に沈んでしまった．沈黙があまりにも長いので，聴衆は拍手をはじめた．まるでベートーヴェンのコンサートで，楽章の終わりに拍手する無知な聴衆のように．ウィッテンはちょっと迷惑そうな声で，自分の交響曲がまだ終わっていないことを告げた．

今日，ウィッテンはしばしばアインシュタインにたとえられる．それにはいくつもの理由がありそうだが，おそらく最大の理由は，人びとがアインシュタイン以外の物理学者をあまり知らないことだろう．これこそは伝説的ステータスの禍である——アインシュタインは常套句のようになり，誰もかれもが，この分野のアインシュタイン，あの分野のアインシュタインと言われてしまうのだ．物理学者の頂点に立つというのは，そういうことなのである．表面的には，アインシュタインとウィッテンはたしかに共通点もある．どちらもユダヤ人だし，長らくプリンストン高等研究所にいて，イスラエルと平和運動の推進に強い関心をもっている．ウィッテンは14歳のときに，地元の"ボルテ

ィモア・サン"紙にベトナム戦争反対の投書を掲載され[6]，それがきっかけでイスラエルの平和運動グループと関わるようになった[7].

どうしても誰かにたとえたいなら，ウィッテンの仕事はアインシュタインよりもむしろガウスのそれに近い．ガウスは誰の力も借りずに幾何学を理解したが，ウィッテンもすべてを自力で考え出した．そしてガウスがそうだったように，ウィッテンの仕事も現代数学の行方に多大な影響をおよぼしている．これはアインシュタインの研究には見られなかった特徴である．そしてこれを裏返せば，次のようにも言えよう．ウィッテン（ほか，関係者全員）のひも理論，そして今日ではM理論と呼ばれるものを推進しているのは数学的洞察であり，アインシュタインのように物理学の原理に導かれているのではない，と．ウィッテンは，自ら進んでその道を選び取ったのではなく，歴史の偶然がそうさせているのだろう——彼にとってこの理論は，たまたま出くわしたものなのだ．その核となる新しい物理学の原理，すなわちウィッテンにとっての「もっとも幸せな考え」は，もし存在するとしても，いまだ見つかっていない．

1995年3月，ウィッテンは南カリフォルニア大学で開かれた会議で講演を行った．シュワーツの超ひも理論革命から11年が経ち，ひも理論はゆっくりと解明されているというのが大方の見方だった．しかしウィッテンの講演は状況をがらりと変えた．それは新たな数学の奇跡ともいう

べきものだった．彼は，5種類のひも理論はすべて，もっと大きな"ひとつの"理論に対する近似方法のちがいにすぎないと述べたのである．今日その大きな理論は，"M理論"と呼ばれている．その場にいた物理学者たちはショックに打ちのめされた．次の講演者であるラトガーズ大学のネイサン・サイバーグはウィッテンの話に度胆を抜かれ，「私はトラックの運転手になるべきだった」と言った[8]．

　ウィッテンが踏み出した大きな一歩は，今日，第二の超ひも理論革命と呼ばれている．M理論によれば，ひもは基本粒子ではなく[9]，"ブレーン"（膜(メンブレーン)の略）という，より一般的なものの一種である．ブレーンは，1次元であるひもの高次元バージョンだ．たとえば石けんの泡は2次元の膜だから，2ブレーンとなる．M理論によれば，物理法則がどんなものになるかは，ブレーンという複雑なものが行う複雑な振動によって決まる．またM理論には，くるりと丸まった次元がもうひとつあり，全体として10次元ではなく11次元になる．しかし何より奇妙なのは，ある根本的な意味において，M理論には空間も時間も存在しないことだ．

　M理論によれば，われわれが位置や時間として知覚するもの（ひもやブレーンの座標）が，実は行列という数学的なものになる．そして，ひも同士が遠く離れているときにかぎり（それでも一般的なスケールでいえば非常に近いのだが），行列は近似的に座標のようなものになる．つまり，行列の対角要素（対角線上に並んでいる要素）がすべ

て同じになり,非対角要素はゼロに近づくのだ.これはユークリッドから今日に至るまで,空間概念に起こったもっとも根元的な変化といえよう.

ウィッテンはかつて,M理論のMが表すものについてこう語った.「私の好きな三つの言葉,ミステリー,マジック,マトリックス(行列)です」[10].最近になって彼は「マーキー(薄ぼんやりした)」をつけ加えたが[11],これはたぶん好きな言葉というわけではないのだろう.M理論は,ひも理論よりもさらに難しい.その理論からどんな方程式が出てくるのかもわからないし,方程式の解をどうやって近似したらいいのかを知る者もいない.実際,5種類のひも理論が,それぞれ別々の近似として含まれる大きな理論だということを別にすれば,M理論については何もわかっていないのだ.それでもM理論は驚くべき予測もしている——ブラックホールに関連する予想である[12].

一般相対性理論が予想したものにブラックホールがある.ブラックホールの特徴は「黒い」ことだ(物理学者にとって「黒い」というのは,いかなる光も放射線も逃げられないことを意味する).しかし1974年,スティーヴン・ホーキングがその考えに異を唱えた.量子力学の法則を考慮すれば,ブラックホールは真っ黒ではないと結論せざるをえないというのである.それというのも不確定性原理によれば,空っぽの空間は空っぽではなく,ほんの一瞬生まれては消える粒子と反粒子のペアに満ちているからだ.ホーキングが複雑な計算をしてみたところ,ブラックホール

のすぐ近くの空間でペアが生まれた場合，ブラックホールはペアの一方を吸い込み，他方は宇宙に逃げ出す．そして逃げ出した粒子が放射として観察されることがわかったのだ．したがってブラックホールは真っ黒ではないことになる．これはまた，ブラックホールはゼロではない有限の温度をもつことを意味する——温度があるからこそ，たとえば燃焼している石炭は明るく輝くのである．残念ながら典型的なブラックホールの温度は100万分の1度以下なので，天文学者が観測するには低すぎる．しかし物理学者にとっては，ブラックホールに温度があれば，エントロピーもあるという驚くべき結論が導かれるのである．実際，ブラックホールのエントロピーはとてつもなく大きく，その数値をここに書けば一行にはおさまらないだろう．

エントロピーは，系の無秩序さの目安である．系の内部構造がわかっているなら，系の取りうる状態を数え上げればエントロピーを計算することができる．取りうる状態の数が多いほどエントロピーは高くなる．たとえば，アレクセイの部屋が散らかっていれば，いろいろな状態が可能である．ハムスターはあっち，汚れた服の山はこっち，古いマンガ本もどこか，という具合にすべてのものを置き直して，別の"状態"にできるのだ．彼の部屋にがらくたが増えるほど，取りうる状態も増える（一般に考えられているのとはちがい，高エントロピーの状況は整理されているか乱雑かとは関係なく，その系の取りうる状態数が多いことである）．しかし，もしもアレクセイの部屋が空っぽな

ら，ものの配置もありえないから，取りうる状態はひとつだけである．この場合，エントロピーはゼロになる．ホーキング以前，ブラックホールには内部構造がなく，空っぽの部屋のようなものだと考えられていた．しかし今日では，ブラックホールはアレクセイの部屋のようなものだと考えられている．ホーキングがもし私に聞いてくれていれば，自信をもってこう答えただろう．私はいつもアレクセイに，きみの部屋はブラックホールのようだと言っていたと．

　ホーキングが出した結論に，物理学者たちは20年間ばかり頭を悩ませた．相対性理論と量子理論を結びつけるのは，慎重を要する仕事である．ブラックホールのエントロピーを生み出している状態はどこにあるのだろうか？ 1996年，アンドリュー・ストロミンジャーとカムラン・ヴァファが劇的な計算結果を発表した．M理論のアイディアを使えば，ブレーンを使って，ある種の（理論的）ブラックホールを作れることが示されたのだ．その場合，ブレーンの状態がブラックホールの状態となり，取りうる状態の数をかぞえることができる．そうしてふたりが求めたエントロピーは，ホーキングがまったく別の方法で予想したエントロピーと一致したのである．

　これは，M理論が何か新しいことを示せるという驚くべき証拠ではあった．が，しかしこれもまた「後測」である．M理論に不満な実験主義者たちが繰り返し指摘するように，この理論には，現実世界の裏づけが必要なのだ．

今のところ，実験的な証拠が得られる望みはふたつある．ひとつは，これから十年のうちに超対称性粒子が見つかる可能性があることだ．CERN の新しい大型ハドロン衝突型加速器 (LHC) がそれを達成するかもしれない[13]．もうひとつは，重力法則からのズレを探すことである[14]．ニュートンによれば（そしてこのスケールでは，アインシュタインの理論も同じ結果をもたらすのだが），実験室サイズのふたつの物体は，距離の2乗に反比例する力でお互いに引き合う．つまり距離が半分になれば，引き合う力は4倍になるわけだ．ところがM理論によると，増えた次元の性質いかんによっては，物体が極端に接近すると，引力はずっと速く増加する．物理学者たちは電磁力や，強い力，弱い力の振る舞いを 10^{-17} センチメートル程度の距離まで調べたが，重力の振る舞いについては1センチメートルまでしか調べられていない．しかし最近では，スタンフォード大学とコロラド大学の研究者たちが"デスクトップ"テクノロジーを利用して，短い距離における重力の振る舞いを調べるための実験を進めている．

しかしシュワーツは何も心配していない．「われわれが発見したものは，量子力学と一般相対性理論を矛盾なく結びつける唯一の数学的構造だと思う．まずまちがいなく正しいはずだ．だから，超対称性が実験的に見つかればうれしいが，もし見つからないとしても，私がこの理論を捨てることはないだろう」[15]．

自然は隠れた秩序を内に秘め，数学はそれを解明する．

M理論は，未来の大学で物理学の教科書に載るような首尾一貫した理論になるのだろうか？　それとも科学史の本の脚注に，"袋小路"として触れられることになるのだろうか？　シュワーツはオレームの，ウィッテンはデカルトの役割を演じることになるのか？　あるいは，ふたりが共にローレンツの役割を演じ，存在しないエーテルから袋小路の力学理論を作り上げたのか？　それは誰にもわからない．若き日のシュワーツにわかっていたのは，この理論があまりにも美しく，何の役にも立たないとは思えないということだった．そして今日，あらゆる年代の研究者たちが自然のなかにシュワーツのひもを見ている．ふたたびかつての目で世界を見るのは難しいだろう．

エピローグ

　子ども時代，われわれはパズルで遊ぶ．そしてわれわれ人類は，パズルのなかで生きている．パズルのピースはなぜぴたりと合うのだろう？　それは個々人のためのパズルではなく，人類という種のためのパズルだ．自然界を支配する法則はほんとうに存在するのだろうか？　その法則を知るにはどうすればいいのだろう？　自然法則は，こまごました法則の寄せ集めなのだろうか？　それとも宇宙は一貫した統一性をもっているのだろうか？　人間の脳という小さな灰色の塊は，愛と平和や，おいしいリゾットの作り方といった，ある意味では簡単なことでさえ何かと苦労している．一方，宇宙はわれわれの想像力を越えるほどに広くて複雑なのだから，理解できないとしてもおかしくはない．それでもわれわれは数千年の時をかけて，パズルのピースを少しずつ合わせてきたのである．

　人間は，周囲の世界のしくみのなかに秩序と合理性を探し求める．そのための道具を残してくれたのが，古代ギリシャの幾何学者たちだった——彼らは数学的な証明法を与えてくれただけでなく，自然のなかに美しさを探せと教えてくれた．ギリシャの人びとは，太陽や地球，惑星の軌道が円であることを知って満足を覚えた．彼らにとって，円や球はもっとも完全な形だったからである．暗黒時代が終

わり，ユークリッドの『原論』が復活し，さらに実験による科学研究の方法が誕生すると，自然のうわべの姿だけでなく，自然法則にも秩序があることがわかってきた．17世紀に行われた実験は，大きさや重さ，素材とは関係なく，すべての物体は同じ速度で落下することを明らかにした．実験を行ったのがガリレオであろうとロバート・フックであろうと，その結果に変わりはない．その後，ニュートンのリンゴに地球がおよぼす引力の法則が，地球の周囲をめぐる月や，恒星の周囲をめぐる惑星にもあてはまることが観測により示された．自然の法則は，時間がはじまったときから変化していないようにみえる．いかなる権力が，宇宙のいっさいを法則にしたがわせているのだろうか？ 自然の法則はなぜ，何十億年という時間と何兆キロメートルという距離を越えて同一なのだろう？ いつの時代も，その答えを神に求める人たちはいたが，それも無理はないだろう．しかし科学は，ギリシャの幾何学者たちが示した方向に歩みを進め，科学者たちは数学という道具を使った．ギリシャ時代から今日にいたるまで，数学は科学の中核であり，そして数学の中心には幾何学があったのである．

ユークリッドの窓を通して，われわれはたくさんの贈り物を受け取った．しかしユークリッド自身は，その贈り物がわれわれを導く先までは想像できなかったろう．星を理解し，原子を思い浮かべ，宇宙規模のパズルにピースをはめ込む方法を知ることは，人類にとっては特別な喜びであ

る.いや,もしかすると最高の喜びかもしれない.今日,この宇宙に関する知識は,決して踏破することのできない広大な距離から,決して見ることのできない小さな距離にまで広がっている.われわれは,どんな時計でも計れない短い時間,どんな装置でも検出できない小さな次元,誰も感じることのできない力について考えをめぐらせる.そして多様性のなかに——場合によっては混沌とも思える複雑さのなかに——単純さと秩序を見いだしてきたのだ.自然の美は,ガゼルの優雅さとバラの気品を越えて,はるかかなたの銀河や,存在するもののうちで最小の隙間にまでゆきわたっている.もし今ある理論の正しさが証明されれば,われわれは空間に関する大いなる啓示に近づくだろう——それは,物質とエネルギー,空間と時間,そして無限大と無限小の絡み合いを理解することにほかならない.

　われわれの知る物理法則は正しいのだろうか? それとも,数ある記述体系のひとつにすぎないのだろうか? その法則はこの世界を正しく映し出しているのだろうか? それとも,人間という生物種の都合に合わせた見方にすぎないのか? 物理法則に秩序があること自体が奇跡であり,われわれがそれを認識できることはまた別の奇跡だ.しかし,人間の作った理論が,形式においても内容においてもこの世界を正しく表しているとすれば,それこそは最大の奇跡ではないだろうか.これまで幾何学が発展してきた道筋は,われわれを一定の方向に導いてきた.平行線公準はユークリッドの体系内では証明ができず,曲がった空

間の登場は——2000年も待たされたとはいえ——必然だったといえる．相対性理論と量子力学は互いに独立した理論であり，哲学上も正反対の立場に立っている．しかしひも理論のなかには，この両者とはまったく異なる第三の理論が存在し，その理論から相対性理論と量子論が導かれるらしいのだ．ホーキングが量子論と相対性理論を混ぜ合わせたことでブラックホールのエントロピーが予測され，ストロミンジャーがひも理論を使って計算した値がそれに一致したというなら，そこには何か，より深い真実が存在するのではないだろうか？

深い真実を求めて探索はつづく．ユークリッド，デカルト，ガウス，アインシュタイン，そしてウィッテン（彼については時が答えを出してくれるだろう），また，彼らに肩を貸してくれたすべての巨人たちに，われわれは感謝すべきだろう．彼らは発見の喜びを味わった．しかしわれわれは彼らのおかげで，それと同じくらい大きな喜び，すなわち理解する喜びを味わえるのだから．

謝　辞

　執筆中，父と遊ぶ時間を犠牲にしてくれたアレクセイとニコライにありがとうを言いたい（しかし，遊べないことがつらかったのは，彼らよりもきっと私のほうなのだ）．この間，子どもたちの遊び相手になってくれたヘザーに感謝する．ニューヨークでいちばんのエージェントであるスーザン・ギンズバーグには，なによりもまず私を信頼してくれたことに対して感謝したい．編集者のスティーヴン・モローは，おおまかな企画書だけで私のアイディアを認め，テーマを絞るために力を貸してくれたばかりか，本書を出版するという賭けに出てくれた．スティーヴ・アーセラはすてきな図を描いてくれた．マーク・ヒラリー，フレッド・ローズ，マット・コステロ，マリリン・バーンズは貴重な時間を割いて批評や提案をしてくれた．その友情に感謝する．原稿の一部もしくはすべてを読んでくださった，ブライアン・グリーン，スタンリー・デサー，ジェローム・ガントレット，ビル・ホリー，ソーダー・ジョンソン，ランディ・ロジェル，スティーヴン・シュネッツァー，ジョン・シュワーツ，エアハルト・セイラー，アラン・ウォルドマン，エドワード・ウィッテンの各氏に感謝申し上げる．ローレン・トーマスはフランスの古語を翻訳する際に力を貸してくれた．インタビューに応じてくださ

った，ジェフリー・チュー，スタンリー・デサー，ジェローム・ガントレット，マレー・ゲルマン，ブライアン・グリーン，ジョン・シュワーツ，ヘレン・タック，ガブリエレ・ヴェネツィアーノ，エドワード・ウィッテン，そしてインタビューと執筆のための場を用意してくれたグリニッジヴィレッジのミネッタ・タヴァーンの各氏に感謝申し上げる．最後になるが，資金不足にもかかわらずあまり有名でない本まで所蔵してくれていたニューヨーク公立図書館と，物理学，数学，科学史に関する優れた古書を多数復刻し，消滅から救っているドーヴァー社に感謝する．

注

2 課税のための幾何学

(1) イェーツは「黎明」という作品で、知識に対するバビロニア人の無頓着さに触れている。その詩は次のようにはじまる。
　　わしは、あの黎明のように薄ら痴けて居とうてならぬ。
　　襟飾りの留針をつまんで、都をば測量り給うた
　　かの老楽の女王様をば俯瞰した黎明、
　　さてまた、衒学の都バビロンにあって、
　　それぞれに道を行く気楽な遊星どもや
　　月が出れば色を失う星々を打ち眺めながら
　　物書き板を手に取り、算数をやる（後略）
角川文庫『薔薇』、尾島庄太郎訳

(2) Michael R. Williams, *A History of Computing Technology* (Englewood Cliffs, NJ: Prentice-Hall, 1985), pp. 39-40.

(3) 数を数えることと、数に演算を施す算術の起源に関しては、上記 Williams, chap. 1 の説明が参考になる。

(4) 同書 p. 3.

(5) R. G. W. Anderson, *The British Museum* (London: British Museum Press, 1997), p. 16.

(6) Pierre Montet, *Eternal Egypt*, trans. Doreen Weightman (New York: New American Library, 1964), pp. 1-8.

(7) Alfred Hooper, *Makers of Mathematics* (New York: Random House, 1948), p. 32.

(8) Georges Jean, *Writing: The Story of Alphabets and Scripts*, trans. Jenny Oates (New York: Harry N. Abrams, 1992), p. 27.

(9) ヘロドトスは、課税の問題がエジプトの幾何学の発展をうながしたと述べている。ヘロドトス『歴史（上）』（松平千秋訳、岩波文庫) p. 226 参照。また、W. K. C. Guthrie, *A History of Greek Phi-*

losophy (Cambridge, UK: Cambridge University Press, 1971), pp. 34-35; Herbert Turnbull, *The Great Mathematicians* (New York: New York University Press, 1961), p. 1 も参考になる.

(10) Rosalie David, *Handbook to Life in Ancient Egypt* (New York: Facts on File, 1998), p. 96.

(11) この件をはじめ,この注に含まれるいくつかの驚くべき事実は,アレクセイが教えてくれたものである. James Putnam and Jeremy Pemberton, *Amazing Facts About Ancient Egypt* (London and New York: Thames & Hudson, 1995), p. 46.

(12) バビロニア人とサマリア人の数学に関する論考は, Edna E. Kramer, *The Nature and Growth of Modern Mathematics* (Princeton, NJ: Princeton University Press, 1981), pp. 2-12 を参照.

(13) エジプトとバビロニアの数学のちがいについては, Morris Kline, *Mathematical Thought from Ancient to Modern Times* (New York: Oxford University Press, 1972), pp. 11-12 を参照. また H. L. Resnikoff and R. O. Wells, Jr., *Mathematics in Civilization* (New York: Dover Publications, 1973), pp. 69-89 も参考になる. 日本語で読むことのできるクラインの作品には『数学の文化史』中山茂訳,河出書房新社〔*Mathematics in Western Culture* by Morris Kline (1953)〕がある.

(14) 上記 Resnikoff and Wells, p. 69.

(15) 前記 Kline, *Mathematical Thought from Ancient to Modern Times*, p. 11.

(16) ウェブサイトの http://www.members.aol.com/bbyars1/first.html; *The First Mathematicians* (March 2000) に引用されている. より複雑なレトリックの問題については,前記 Kline, p. 9.

(17) 前記 Kilne, p. 259.

3 先駆者タレス

(1) タレスの生涯と業績については Sir Thomas Heath, *A History of Greek Mathematics* (New York: Dover Publications, 1981),

Vol. 1, pp. 118-140〔この本の縮約版 *A Manual of Greek Mathematics* の邦訳がある：T. L. ヒース『ギリシア数学史』平田寛・菊池俊彦・大沼正則訳, 共立出版, 第四章〕, Jonathan Barnes, *The Presocratic Philosophers* (London: Routledge & Kegan Paul, 1982), pp. 1-16; George Johnston Allman, *Greek Geometry from Thales to Euclid* (Dublin, 1889), pp. 7-17; G. S. Kirk and J. E. Raven, *The Presocratic Philosophers* (Cambridge, UK: Cambridge University Press, 1957), pp. 74-98; 前記 Hooper, *Makers of Mathematics*, pp. 27-38; Guthrie, *A History of Greek Philosophy*, pp. 39-71 を参照.

(2) Reay Tannahill, *Sex in History* (Scarborough House, 1992), pp. 98-99.

(3) Richard Hibler, *Life and Learning in Ancient Athens* (Lanham, MD: University Press of America, 1988), p. 21.

(4) 前記 Hooper, p. 37.

(5) Erwin Schrödinger, *Nature and the Greeks* (Cambridge: Cambridge University Press, 1996), p. 81〔エルヴィン・シュレーディンガー『自然とギリシャ人・科学と人間性』水谷淳訳, ちくま学芸文庫, p. 104〕.

(6) 前記 Hooper, p. 33.

(7) 前記 Guthrie, pp. 55-80, および Peter Gorman, *Pythagoras, A Life* (London: Routledge & Kegan Paul, 1979), p. 32.

(8) ミレトスの生活を知るには, Adelaide Dunham, *The History of Miletus* (London: University of London Press), 1915.

(9) 前記 Gorman, *Pythagoras, A Life*, p. 40.

4 ピタゴラス学派の興亡

(1) 最も資料が充実したピタゴラスの伝記には, 前記 Gorman; もしくは Leslie Ralph, *Pythagoras* (London: Krikos, 1961) がある.

(2) Donald Johanson and Blake Edgar, *From Lucy to Language* (New York: Simon & Schuster, 1996), pp. 106-107 を参照.

(3) Jane Muir, *Of Men and Numbers* (New York: Dodd, Mead &

Co., 1961), p. 6.
(4) 前記 Gorman, *Pythagoras, A Life*, p. 108.
(5) 同書 p. 19.
(6) 同書 p. 110.
(7) 同書 p. 111.
(8) 同書 p. 111.
(9) 同書 p. 123.
(10) 数学がとくに好きな人のためにここに証明を挙げておく．対角線の長さを c とし，c は分数で表せるものと仮定する．それを $\frac{m}{n}$ としよう．これは既約分数になっているものとする（既約分数とは，1以外に m と n をともに割り切る公約数はないということ．とくに，両者が偶数になることはない）．証明は三つのステップから成り立っている．第一のステップとして，$c^2=2$ から，$m^2=2n^2$ であることに注意しよう．言い換えると，m^2 は偶数である．奇数の2乗は奇数だから，m 自身も偶数でなければならない．第二のステップでは，m と n は両方とも偶数ではありえないから，n は奇数でなければならないことに注意する．第三のステップとして，$m^2=2n^2$ を別の角度から見てみよう．m は偶数だから，適当な整数 q を用いて，m を $2q$ と表すことができる．$m^2=2n^2$ の m を $2q$ で置き換えると，$4q^2=2n^2$ となる．これは $2q^2=n^2$ に等しい．すると n^2 は偶数となり，n は偶数でなければならない．

　以上から，c が $c=\frac{m}{n}$ と書けるならば，n は奇数であると同時に，n は偶数でもあることが示されたわけである．これは矛盾である．よって，c は $c=\frac{m}{n}$ と表せるという最初の仮定は偽でなければならない．はじめに証明したいことの逆を仮定し，そこから矛盾が出てくることを示すこのタイプの証明法のことを，背理法という．背理法は，ピタゴラスが発明したもののひとつで，今日の数学においても非常に役立っている．

(11) 前記 Muir, *Of Men and Numbers*, pp. 12-13.
(12) 前記 Kramer, *The Nature and Growth of Modern Mathematics*, p. 577.

(13) 前記 Gorman, *Pythagoras, A Life*, pp. 192-193.

5 ユークリッド幾何学

(1) 17世紀の重要な哲学者であるスピノザは,主著『エチカ』を,ユークリッドの『原論』の様式にしたがって書いた.すなわち彼はまず定義および公理を述べ,そこから厳密な定理を証明すると主張したのである.Baruch Spinoza, *Ethics*, trans. by R. H. M. Elwes (1883)〔『エチカ』畠中尚志訳,岩波文庫〕 ＊訳注:原論の方式を採用する理由については,実質的に『エチカ』の序文に相当する,『知性改善論』畠中尚志訳,岩波文庫に詳しく述べられている.『エチカ』は以下のMiddle Tennessee State University websiteで閲覧できる.MTSU Philosophy WebWorks Hypertext Edition (1997), http://www.mtsu.edu/~rbombard/RB/Spinoza/ethica-front.html また,Bertrand Russell, *A History of Western Philosophy* (New York: Simon & Schuster, 1945), p. 572 も参考になる.エイブラハム・リンカーンはまだ無名の法律家だったとき,論理的思考力を磨くために『原論』を勉強した.——については,前記 Hooper, p. 44を参照.カントは,ユークリッド幾何学は人間の頭脳に組み込まれていると考えていた.——については,前記 Russell, p. 714を参照.

(2) 前記 Heath, *A History of Greek Mathematics*, Vol. 1, pp. 354-355〔ヒース『ギリシア数学史』pp. 164-166〕.

(3) 前記 Kline, pp. 89-99, 157-158.

(4) 前記 Heath, *A History of Greek Mathematics*, Vol. 1, pp. 356-370〔ヒース『ギリシア数学史』pp. 166-176〕;および前記 Hooper, pp. 44-48.1926年,ヒース自身,ヒース版『原論』を出版し,1956年にドーヴァーによって再版された.Sir Thomas Heath, *The Thirteen Books of Euclid's Elements* (New York: Dover Publications, 1956).

(5) 前記 Kline, p. 1205.

(6) 「レッツ・メイク・ア・ディール」の問題は,ショーの司会者だ

ったモンティ・ホールにちなんで,「モンティ・ホール問題」と呼ばれることがある.この問題への答えを理解するには,二度つづけて行われる選択を示す図を描いてみるといい.この方法は,John Freund, *Mathematical Statistics* (Englewood Cliffs, NJ: Prentice-Hall, 1971), pp. 57-63 で,ベイズの定理の説明をするために用いられている.

(7) Martin Gardner, *Entertaining Mathematical Puzzles* (New York: Dover Publications, 1961), p. 43.

(8) 近日点問題の歴史については,John Earman, Michael Janssen, and John D. Norton, eds., *The Attraction of Gravitation: New Studies in the History of General Relativity* (Boston: The Center for Einstein Studies, 1993), pp. 129-149. Abraham Pais, *Subtle Is the Lord* (Oxford: Oxford University Press, 1982), pp. 22, 253-255〔アブラハム・パイス『神は老獪にして…』西島和彦監訳,産業図書 pp. 27, 331-334〕にも簡潔ながら優れた説明がある.ルヴェリエからの引用部分は後者の部分に含まれている.この場合の幾何学に関しては,前記 Resnikoff and Wells, *Mathematics in Civilization*, pp. 334-336 が参考になる.

(9) ユークリッドの『原論』については,Heath, *A History of Greek Mathematics*, pp. 354-421〔ヒース『ギリシア数学史』pp. 166-206〕の説明が参考になる.より現代的な論考としては,Kline, *Mathematical Thought*, pp. 56-88; Jeremy Gray, *Ideas of Space* (Oxford: Clarendon Press, 1989), pp. 26-41; Marvin Greenberg, *Euclidean and Non-Euclidean Geometries* (San Francisco: W. H. Freeman & Co., 1974), pp. 1-113 の三つが挙げられる.

(10) 前記 Kline, *Mathematical Thought*, p. 59.

6 アレクサンドリアの悲劇

(1) H. G. Wells, *The Outline of History* (New York: Garden City Books, 1949), pp. 345-375. 年表としては Jerome Burne, ed., *Chronicle of the World* (London: Longman Chronicle, 1989), pp.

144-147 がある.
(2) 前記 Russell, *A History of Western Philosophy*, p. 220.
(3) アテナイの人びとは，エウリピデス，アイスキュロス，ソフォクレスの大切な作品をプトレマイオス3世に貸し出した．プトレマイオス3世はそれを手元に残したが，寛大にも写本のほうは返却した．これはギリシャ人たちにとってとくに意外なことではなかっただろう．というのも，彼らは書物を貸し出す見返りとして，金品を受け取っていたからだ．Will Durant, *The Life of Greece* (New York: Simon & Schuster, 1966), p. 601 を参照.
(4) エラトステネスが計算に用いた幾何学については，Morris Kline, *Mathematics and the Physical World* (New York: Dover Publications, 1981), pp. 6-7 に説明されている.
(5) この件については別の話もいろいろある．たとえば，エラトステネスは井戸をのぞき込み，光が底まで入り込むことに気づいたとも，シエネまでの距離は旅行者の報告書を参考にして求めたとも言われている．ここに引用したバージョンは，Carl Sagan, *Cosmos* (New York: Ballantine Books, 1981), pp. 6-7〔カール・セーガン『コスモス(上)』木村繁訳, 朝日選書, pp. 23-27〕に書かれている.
(6) 前記 Kline, *Mathematical Thought*, p. 106.
(7) Morris Kline, *Mathematics in Western Culture* (London: Oxford University Press, 1953), p. 66〔モリス・クライン『数学の文化史』p. 74〕.
(8) プトレマイオスは *Geographia*（『地理学』）という本も書いている．プトレマイオスの仕事については，John Noble Wilford, *The Mapmakers* (New York: Vintage Books, 1981), pp. 25-33〔ウィルフォード『地図を作った人びと——古代から観測衛星最前線にいたる地図製作の歴史』鈴木主税訳, 河出書房新社, 1988年／改訂増補版：2001年〕を参照.
(9) Kline, *Mathematical Thought*, pp. 158-159.
(10) 前記 Kline, *Mathematics in Western Culture*, p. 86〔クライン『数学の文化史』p. 92〕.

(11) 前記 Kline, *Mathematical Thought*, p. 201.
(12) 前記 Kline, *Mathematics in Western Culture*, p. 89〔クライン『数学の文化史』p. 95〕.
(13) ヒュパティアについての物語は,Maria Dzielska, *Hypatia of Alexandria*, trans. F. Lyra (Cambridge, MA: Harvard University Press, 1995). または,前記 Kramer, *The Nature and Growth of Modern Mathematics*, pp. 61-65,および,前記 Russell, *A History of Western Philosophy*, pp. 367-369 を参照.
(14) Edward Gibbon, *The Decline and Fall of the Roman Empire* (London: 1898), pp. 109-110.
(15) 前記 Dzielska, *Hypatia of Alexandria*, p. 84.
(16) 同書 p. 90.
(17) 同書 pp. 93-94.
(18) 前記 Resnikoff and Wells, *Mathematics in Civilization*, pp. 4-13.
(19) David Lindberg, ed., *Science in the Middle Ages* (Chicago: University of Chicago Press, 1978), p. 149.

7 位置の革命
(1) William Gondin, *Advanced Algebra and Calculus Made Simple* (New York: Doubleday & Co., 1959), p. 11.

8 緯度と経度
(1) 地図製作の歴史については,Wilford〔ウィルフォード『地図を作った人びと』〕と Norman Thrower, *Maps and Civilization* (Chicago: University of Chicago Press, 1996)〔スロワー『地図と文明』日本国際地図学会監訳,表現研究所〕に優れた説明がある.
(2) 前記 Resnikoff and Wells, *Mathematics in Civilization*, pp. 86-89.
(3) Dava Sobel, *Longitude* (New York: Penguin Books, 1995), p. 59〔デーヴァ・ソベル『経度への挑戦』藤井留美訳,角川文庫〕.
(4) 前記 Wilford, pp. 220-221〔ウィルフォード『地図を作った人びと』〕.

9 腐敗したローマの遺産

(1) Morris Bishop, *The Middle Ages* (Boston: Houghton Mifflin, 1987), pp. 22-30.

(2) 前記 Jean, *Writing: The Story of Alphabets and Scripts*, pp. 86-87.

(3) Jean Gimpel, *The Medieval Machine* (New York: Penguin Books, 1976), p. 182.

(4) 前記 Bishop, *The Middle Ages*, pp. 194-195.

(5) Robert S. Gottfried, *The Black Death* (New York: The Free Press, 1983), pp. 24-29.

(6) 同書 p. 53.

(7) 中世の大学や大学生活に関しては,前記 Bishop, *The Middle Ages*, pp. 240-244,または Mildred Prica Bjerken, *Medieval Paris* (Metuchen, NJ: Scarecrow Press, 1973), pp. 59-73 を参照.

(8) 前記 Bishop, *The Middle Ages*, pp. 145-146.

(9) 同書 pp. 70-71.

(10) 前記 Gimpel, *The Medieval Machine*, pp. 147-170;前記 Bishop, *The Middle Ages*, pp. 133-134.

(11) 前記 Wilford, pp. 41-48〔ウィルフォード『地図を作った人びと』〕;前記 Thrower, pp. 40-45〔スロワー『地図と文明』〕.

(12) 前記 Russell, *A History of Western Philosophy*, pp. 463-475. アベラールについては,Jacques Le Goff, *Intellectuals in the Middle Ages*, trans. Teresa Lavender Fagan (Oxford: Blackwell, 1993), pp. 35-41〔ジャック・ル・ゴフ『中世の知識人』柏木英彦・三上朝造訳,岩波書店,pp. 49-58〕も参考になる.

(13) Jeannine Quillet, *Autour de Nicole Oresme* (Paris: Librairie Philosophique J. Vrin, 1990), pp. 10-15.

10 オレームが見つけたグラフの魅力

(1) Reay Tannahill, *Food in History* (New York: Stein & Day,

1973), p. 281.
(2) 超関数の理論. M. J. Lighthill, *Introduction to Fourier Analysis and Generalised Functions* (Cambridge, UK: Cambridge University Press, 1958) は学部レベルの教科書として優れた参考文献である.
(3) グラフに関するオレームの仕事については, 前記 Lindberg, *Science in the Middle Ages*, pp. 237-241; Marshall Clagett, *Studies in Medieval Physics and Mathematics* (London: Variorum Reprints, 1979), pp. 286-295; Stephano Caroti, ed., *Studies in Medieval Philosophy* (Leo S. Olschki, 1989), pp. 230-234.
(4) David C. Lindberg, *The Beginnings of Western Science* (Chicago: University of Chicago Press, 1992), pp. 290-301.
(5) Clagett, *Studies in Medieval Physics and Mathematics*, pp. 291-293.
(6) 前記 Lindberg, *The Beginnings of Western Science*, pp. 258-261.
(7) 同書 pp. 260-261.
(8) Charles Gillespie, ed., *The Dictionary of Scientific Biography* (New York: Charles Scribner's Sons, 1970-1990).

11 病弱な兵士デカルトの座標

(1) 近年書かれたデカルトの伝記のなかでは Jack Vrooman, *René Descartes* (New York: G. P. Putnam's Sons, 1970) がもっとも優れている. 数学と絡み合ったその人生については, 前記 Muir, *Of Men and Numbers*, pp. 47-76; Stuart Hollingdale, *Makers of Mathematics* (New York: Penguin Books, 1989), pp. 124-136, 前記 Kramer, *The Nature and Growth of Modern Mathematics*, pp. 134-166, Bryan Morgan, *Men and Discoveries in Mathematics* (London: John Murray, 1972), pp. 91-104 を参照.
(2) デカルトの当時の年齢については文献ごとに諸説ある.
(3) 前記 Muir, *Of Men and Numbers*, p. 50.
(4) George Molland, *Mathematics and the Medieval Ancestry of*

Physics（Aldershot, Hampshire, U. K., and Brookfield, VT: 1995), p. 40.
(5) 前記 Kline, *Mathematical Thought*, p. 308.
(6) 前記 Molland, *Mathematics and the Medieval Ancestry of Physics*, p. 40.
(7) プトレマイオスの仕事については Wilford, pp. 25-34〔ウィルフォード『地図を作った人びと』〕を参照のこと．デカルトが生まれる数十年前の1569年，ゲラルドゥス・メルカトルのラテン名で知られるゲルハルト・クレメールという人物が，新しいタイプの世界地図を発表し，地図製作に革命を起こした．メルカトルはこの地図で，地球という球形のものを，平坦な地図に射影するという問題を解決した．しかもその解決法はとくに船乗りにとって役立つものだった．メルカトルの地図では距離が伸び縮みするけれども，地図上の曲線間の角度は正しく保たれている．つまり，地球表面上の角度と，地図上の角度が等しいのである．これは重要なことである．なぜなら，船の舵手がいちばん取りやすい航路は，コンパスの針が示す北に対して一定の角度を保つようなものだからだ．数学的には，地図は座標変換を意味するという点が重要である．メルカトル自身はそんな数学的操作をしたわけではない——彼は経験にもとづいてその地図を作り上げたのだった．デカルト幾何学を使えば，座標変換を数学的に調べることができるため，地図作成についてはるかに多くのことがわかる．デカルトはメルカトルの地図を知っていたが，地図作成法の進展から彼がどれだけ影響を受けたかはわからない．というのも彼は自著に参考文献を書かなかったからである．メルカトルの仕事の背景にある数学については，前記 Resnikoff and Wells, *Mathematics in Civilization*, pp. 155-168 を参照のこと．
(8) デカルトは代数をすべて先人から受け継いだのではなく，自分の仕事に必要なものの多くを自分で発明している．アルファベットの最後のほうの文字で未知数を，最初のほうの文字で定数を表すことにしたのも彼である．デカルト以前，代数の用語は実に不便だった．たとえば，デカルトならば $2x^2+x^3$ と書くところを，「2Q プラ

すC」などと書いていたのである.ここで,Qは2乗(フランス語では「カレ」という),Cは3乗を表す.デカルトの表記法の優れている点は,2乗および3乗する未知数(x)があらわに書かれている点と,xの掛け合わせる回数(2および3)が示されている点である.このエレガントな表記法を採用したおかげで,デカルトは式を足したり引いたりできるようになった.つまり,式に算術演算をほどこすことが可能になったのである.デカルトは曲線のタイプにしたがって,代数的な表記を分類することができた.たとえば,$3x+6y-4=0$ と $4x+7y+1=0$ はどちらも直線を表すことが見て取れる.そこでデカルトは直線を,$ax+by+c=0$ という一般的な場合について調べたのである.こうして彼は,個々の式をばらばらに調べることから,式のグループを全体として調べることへと幾何学を変貌させたのだった(Vrooman, *René Descartes*, pp. 117-118参照).より一般的な代数記号の歴史については,前記Kline, *Mathematical Thought*, pp. 259-263と前記Resnikoff and Wells, *Mathematics in Civilization*, pp. 203-206を参照のこと.

(9) New York Times, January 11, 1981に掲載され,Tufteに再掲された表から引用.

(10) 以上の話を踏まえると,デカルトの円の定義がよくわかるだろう.円の中心が座標の原点に置かれ,円周上の点の座標が (x, y) であるなら,xとyが,$x^2+y^2=r^2$を満たすべしと要請することは,とりもなおさず,円周上の点はすべて円の中心からrの距離にあるべしと要請することにほかならない.これは学校で習う,簡単で直観的な円の定義である.

(11) これまでは2次元空間である平面について論じてきたが,デカルトの座標は3次元以上にも簡単に拡張できる.たとえば,球を表す式は,$x^2+y^2+z^2=r^2$ となる.変わったのは,新たにz座標が加わったことだけである.この方法によれば,物理理論を任意の空間次元で表すこともできる.実際,たとえば量子力学などは無限の空間次元で表すととてもシンプルになり,この性質を利用して,難しい方程式の解を近似的に得ることが行われている.数学に興味のある

人は, L. D. Mlodinow and N. Papanicolaou, "SO(2, 1) Algebra and Large N Expansions in Quantum Mechanics," *Annals of Physics*, vol. 128, no. 2 (September, 1980), pp. 314-334 を参照されたい.

(12) 前記 Vrooman, *René Descartes*, p. 120.
(13) 同書 p. 115.
(14) 同書 pp. 84-85.
(15) 同書 p. 89.
(16) 同書 pp. 152-155; 157-162.
(17) 同書 pp. 136-149.

12 氷の女王に魅入られて

(1) デカルトとクリスティナの詳しい記述は, 前記 Vrooman, *René Descartes*, pp. 212-255 を参照.
(2) デカルトの遺体各部がたどった道のりについては, 同書 pp. 252-254 を参照.

13 曲がった空間の革命

(1) Heath, *A History of Greek Mathematics*, pp. 364-365〔ヒース『ギリシア数学史』pp. 172-173〕.

14 プトレマイオスの過ち

(1) プトレマイオスとプロクロスの議論については, 前記 Kline, *Mathematical Thought*, pp. 863-865 を参照.
(2) 中世のイスラム文明は, 単にギリシャ時代の仕事を保存しただけでなく, 代数を発展させたという点でも数学に多大な貢献をした. これについては, J. L. Berggren, *Episodes in the Mathematics of Medieval Islam* (New York: Springer-Verlag, 1986) が大変参考になる. サービト・イブン・クッラの生涯については, 同書 pp. 2-4. 彼の平行線公準証明の試みは, 前記 Gray, *Ideas of Space*, pp. 43-44, その後のイスラム数学者の試みについても同書に記載されてい

る.

(3) 詳しくは,前記 Gray, *Ideas of Space*, pp. 57-58.

15 ナポレオンの英雄ガウスの生涯

(1) ガウスの生涯について詳しくは,G. Waldo Dunnington, *Carl Friedrich Gauss: Titan of Science* (New York: Hafner Publishing Co., 1955) 〔ダニングトン『ガウスの生涯』銀林浩・小島穀男・田中勇訳,東京図書〕を参照.
(2) 前記 Muir, *Of Men and Numbers*, p. 179.
(3) 同書 p. 181.
(4) 同書 p. 182.
(5) 同書 p. 179.
(6) 同書 p. 161.
(7) 前記 Hollingdale, *Makers of Mathematics*, p. 317.
(8) 同書 p. 65.
(9) 前記 Muir, *Of Men and Numbers*, p. 179.

16 非ユークリッド幾何学の誕生

(1) 前記 Dunnington, *Carl Friedrich Gauss: Titan of Science*, p. 24.
(2) 同書 p. 181.
(3) 前記 Russell, p. 548, および,さらに詳しくはウェブサイト http://www-gap.dcs.st-and.ac.uk/~history/Mathematicians/Wallis.html (from the St. Andrews College website, April 99) を参照.
(4) 前記 Kline, *Mathematical Thought*, p. 871.
(5) Russell, *Introduction to Mathematical Philosophy* (New York: Dover Publications 1993), pp. 144-145.
(6) 前記 Dunnington, *Carl Friedrich Gauss: Titan of Science*, p. 215 〔ダニングトン『ガウスの生涯』p. 170〕.
(7) 前記 Greenberg, *Euclidean and Non-Euclidean Geometries*, p. 146 参照.空間,時間に関するカントの思想を分析したものとしては,次のふたつが参考になる. Russell, *Introduction to Mathe-*

matical Philosophy, pp. 712-718 または，Max Jammer, *Concepts of Space* (New York: Dover Publications, 1993), pp. 131-139.
(8) 代表的なギリシャ風サラダ．
(9) *Critique of Pure Reason*, Vol. Ⅳ より．
(10) 筆者はこの点に関して，1980-82年にかけて，カリフォルニア工科大学でファインマンとおおいに話し合った．
(11) 前記 Dunnington, *Carl Friedrich Gauss: Titan of Science*, p. 223〔ダニングトン『ガウスの生涯』p. 178〕参照．ボヤイの生涯と業績について，より詳しくはGillespie, *Dictionary of Scientific Biography*, pp. 268-271．ロバチェフスキーについては，前記 Muir, *Of Men and Numbers*, pp. 184-201; E. T. Bell, *Men of Mathematics* (New York: Simon & Schuster, 1965), pp. 294-306〔ベル『数学をつくった人びとⅡ』田中勇・銀林浩訳，ハヤカワ文庫, pp. 176-198〕，または Heinz Junge, ed., *Biographien bedeutender Mathematiker* (Berlin: Volk und Wissen Volkseigener Verlag, 1975), pp. 353-366 を参照．
(12) "Nicolai Ivanovitch Lobachevski" by Tom Lehrer．本文は以下のウェブサイトでも閲覧できる．http://www.mdfsnet.f9.co.uk/Docs/Music/TomLehrer/MoreOf
(13) 奇妙なことに，死後発見されたボヤイの論文からは，彼が隠れユークリッド信奉者だったことがわかる．非ユークリッド空間の発見後も，ユークリッド版の平行線公準を証明しようとしていた——それがなされれば，自分の仕事は無駄になるというのに．
(14) 前記 Dunnington, *Carl Friedrich Gauss: Titan of Science*, p. 228〔ダニングトン『ガウスの生涯』p. 224〕．

17 ポアンカレのクレープと平行線

(1) "Quotations by Henri Poincare" in http://www-groups.dcs.st-and.ac.uk/~history/Quotations/Poincare.html (from the St. Andrews College website, June, 1999).
(2) ポアンカレ・モデルに関する数学的な詳しい議論は，前記

Greenberg, *Euclidean and Non-Euclidean Geometries,* pp. 190-214.
(3) 数学的に正確にいえば，ポアンカレのモデルには，これとは別種の「線」もあることに注意しよう．その線というのは，直径である．つまり，クレープの中心を通る線分はどれも，両端はクレープの境界上にある．しかしこの線も，ほかのポアンカレ線とそれほどちがうわけではない．直径はクレープの境界に直交するし，円弧と考えることもできる（この場合は無限に大きな円になる）．
(4) 18世紀のはじめ，パヴィア大学の教授でイエズス会の司祭でもあったジョヴァンニ・ジロラモ・サッケリは，サービトの門下にあったナシル・アディーンとイギリスのウォリスの仕事を研究した．このふたりに触発されたサッケリは，ユークリッドの無謬性を擁護する仕事に着手した．それが彼の動機だったことは，1733年，その死の年に出版された著書のタイトルが『ユークリッドのすべての汚点を除去す』だったことからもわかるだろう．先人たちと同様，サッケリもまちがっていた．しかし彼が正しく証明したことがひとつある——楕円空間をもたらすような平行線公準は，ユークリッドの他の公理と論理的に矛盾するということだ．

18 あらゆる直線が交差する空間
(1) 測地学とガウスの仕事については，前記 Dunnington, *Carl Friedrich Gauss: Titan of Science,* pp. 118-138〔ダニングトン『ガウスの生涯』pp. 109-134〕参照．
(2) Steven Mlodinow とのインタビューより（October 9, 1999）．

19 リーマンの楕円空間
(1) リーマンの業績，遺産，その生涯については，Michael Monastyrsky, *Riemann, Topology, and Physics,* Roger Cooke, James King, Victoria King 共訳（Boston: Birkhauser, 1999）．または前記 Bell, *Men of Mathematics,* pp. 484-509〔ベル『数学をつくった人びとIII』pp. 168-215〕に優れた記述がある．
(2) 2 vols., 1830 (Paris: A. Blanchard, 1955). リーマンがルジャンド

ルの本をすぐに読み終えたエピソードは，Bell, *Men of Mathematics*, p. 487〔ベル『数学をつくった人びとⅢ』p. 175〕を参照．

(3) 前記 Bell, p. 495〔ベル『数学をつくった人びとⅢ』p. 190〕．

(4) 前記 Kline, *Mathematical Thought*, p. 1006 に引用がある．

20 2000年後の化粧直し

(1) David Hilbert, *Grundlagen der Geometrie* (Berlin: B. G. Teubner, 1930)〔ヒルベルト『幾何学基礎論』，中村幸四郎訳，ちくま学芸文庫〕．この引用文はクラインの *Mathematical Thought*, pp. 1010-1015 とグリーンバーグの *Euclidean and Non-Euclidean Geometries*, pp. 58-59 に論じられている．無定義用語に関しては，同書の pp. 9-12 が参考になる．

(2) 前記 Gray, *Ideas of Space*, p. 155.

(3) 前記 Kline, *Mathematical Thought*, p. 1010.

(4) ヒルベルトの公理系については，前記 Greenberg, *Euclidean and Non-Euclidean Geometries*, pp. 58-84.

(5) 前記 Kline, *Mathematical Thought*, pp. 1010-1015.

(6) 優れた解説として，Ernest Nagel and James R. Newman, *Gödel's Proof* (New York: New York University Press, 1958)〔E. ナーゲル + J. R. ニューマン『数学から超数学へ』はやしはじめ訳，白揚社〕，また，より広範な話題を扱った古典 Douglas Hofstadter, *Gödel, Escher, Bach: An Eternal Golden Braid* (New York: Vintage Books, 1979)〔ダグラス・ホフスタッター『ゲーデル，エッシャー，バッハ』野崎昭弘・はやしはじめ・柳瀬尚紀訳，白揚社〕がある．＊訳注：これに関しては，吉永良正『ゲーデル・不完全性定理』（講談社ブルーバックス）もよい．

21 光速革命

(1) 前記 Monastyrsky, *Riemann, Topology, and Physics*, p. 34.

(2) 同書 p. 36.

(3) 一例として，J. J. O'Connor and E. F. Robertson, *William King-*

22 若き日のマイケルソンとエーテルという概念

(1) マイケルソンの生涯については Dorothy Michelson-Livingston, *The Master of Light: A Biography of Albert A. Michelson* (New York: Scribner, 1973) 参照.

(2) Harvey B. Lemon, "Albert Abraham Michelson: The Man and the Man of Science," *American Physics Teacher* (now *American Journal of Physics*), vol. 4, no. 2 (February 1936).

(3) Brooks D. Simpson, *Ulysses S. Grant: Triumph Over Adversity 1822–1865* (New York: Houghton Mifflin, 2000), p. 9.

(4) *New York Times*, May 10, 1931, p. 3, cited in Daniel Kevles, *The Physicists* (Cambridge, MA: Harvard University Press, 1995), p. 28.

(5) Adolphe Ganot, *Eléments de Physique*, ca. 1860, quoted in Loyd S. Swenson, Jr., *The Ethereal Aether* (Austin, TX: University of Texas Press, 1972), p. 37.

(6) G. L. De Haas-Lorentz, ed., *H. A. Lorentz* (Amsterdam: North-Holland Publishing Co., 1957), pp. 48–49.

(7) アリストテレスのエーテルについての議論は Henning Genz, *Nothingness: The Science of Empty Space* (Reading, MA: Perseus Books, 1999), pp. 72–80 を参照.

(8) Pais, *Subtle Is the Lord*, p. 127 〔パイス『神は老獪にして…』pp. 160–161.〕.

(9) E. S. Fischer, *Elements of Natural Philosophy* (Boston, 1827), p. 226〔フィッシャー『自然哲学の基礎』〕の該当部分は次の通り.
「われわれはこの媒体が何であるのか知らず,また永久にそれを知ることがないように運命づけられているようにみえる.というのもわれわれは,その媒体自体を見ることができず,ただ媒体の影響に

よって見えるようになる物体のみを観察できるからだ．……とはいえそのことはわれわれにとってどうでもよいことだ……というのは，われわれは現象の法則を知っているからである．そして，これらの法則は，重量の法則と同じくらいみごとに完成されている」．この本は，著名な熱力学研究者である M. ビオによりドイツ語からフランス語に訳され，その後フランス語から英語に訳された．

(10) フレネルの研究は，フランスの物理学者エティエンヌ=ルイ・マルにより 1808 年に発見された偏光現象に触発されて行われた．フレネルによれば，偏光が可能になるのは，光は経路に対して垂直なふたつの向きのいずれにも振動できるからである．光をフィルターに通すことでその一方を除去すれば，偏光が起こる．進行方向にしか振動しない波は，このような性質をもたない．

23 宇宙空間に詰まっているもの

(1) 100 年を隔てて刊行されたマクスウェルの伝記に，Louis Campbell and William Garnet, *The Life of James Clerk Maxwell* (London, 1882; New York: Johnson Reprint Co., 1969) と Martin Goldman, *The Demon in the Aether* (Edinburgh: Paul Harris Publishing, 1983) がある．

(2) 数学がとくに好きな人のために書いておくと，真空中のマクスウェルの方程式は，$\nabla \cdot \boldsymbol{E} = 4\pi\rho$; $\nabla \cdot \boldsymbol{B} = 0$; $\nabla \times \boldsymbol{B} - \partial \boldsymbol{E}/\partial t = 4\pi \boldsymbol{j}$; $\nabla \times \boldsymbol{E} + \partial \boldsymbol{B}/\partial t = 0$, となる．ここに ρ および $\boldsymbol{j}$ は湧き出し口，$\boldsymbol{E}$ および $\boldsymbol{B}$ は場である．

(3) 前記 Haas-Lorentz, ed., *H. A. Lorentz*, p. 55.

(4) 同書 p. 55.

(5) James Clerk Maxwell, "Ether," *Encyclopaedia Britannica*, 9th edn., Vol. VIII (1893), p. 572, quoted in Swenson, *The Ethereal Aether*, p. 57.

(6) Swenson, *The Ethereal Aether*, p. 60.

(7) 同書 pp. 60–62.

(8) 1881 年 9 月 24 日にフィラデルフィア音楽院での講演．この講演

の内容は，Sir William Thomson, "The Wave Theory of Light," in Charles W. Elliot, ed., The Harvard Classics, Vol. 30, Scientific Papers, p. 268（Charles W. Elliot 編『光の波動理論』サー・ウィリアム・トムソン〔ケルヴィン卿〕）に収録されている．また，Swenson, *The Ethereal Aether*, p. 77 にも引用されている．

(9) Swenson, *The Ethereal Aether*, p. 88.

(10) 同書 p. 73.

(11) マイケルソンは後年，研究者人生のなかで何度かこの実験を繰り返した．彼以外にも，たとえばケース学院で彼の跡を継いだデイトン・クラレンス・ミラーなどが同様の実験を行ったが，いずれもエーテルは存在しないという結論を受け入れることはなかった．1919年になってようやく，アインシュタインはマイケルソンに自分の理論を支持してもらえるのではないかと考えた．しかし結局マイケルソンは，その死の数年前である1927年に出版した本にみられるように，どちらとも取れるあいまいな立場に留まった．Denis Brian, *Einstein, A Life*（New York: John Wiley & Sons, 1996), pp. 104, 126-127, 211-213, および Pais, *Subtle Is the Lord*, pp. 111-115〔デニス・ブライアン『アインシュタイン』鈴木主税訳，三田出版会，pp. 99, 189-190, 311-312, パイス『神は老獪にして…』p. 142〕参照．

(12) G. F. FitzGerald, *Science*, vol. 13 (1889), p. 390, quoted in Pais, *Subtle Is the Lord*, p. 122〔パイス『神は老獪にして…』p. 153〕．

(13) Kenneth F. Schaffner, *Nineteenth-Century Aether Theories* (Oxford: Pergamon Press, 1972), pp. 99-117.

(14) ポアンカレの言葉は *La Science et l'Hypothèse* のなかにみえ，アインシュタインとベルン時代の友人たちはこれを読んでいる．Henri Poincaré, *Science and Hypothèsis* (New York: Dover Publications, 1952)〔ポアンカレ『科学と仮説』河野伊三郎訳，岩波文庫，p. 199〕．

24 見習い技師アインシュタイン

(1) アインシュタインの伝記は多数ある．本書を執筆するうえで有益だったのは，Brian, *Einstein, A Life*〔ブライアン『アインシュタイン』〕と Ronald Clark, *Einstein: The Life and Times* (London: Hodder & Stoughton, 1973; New York: Avon Books, 1984)〔ロナルド・クラーク『アインシュタイン』未邦訳〕である．また，パイスの『神は老獪にして…』は優れた科学的自伝であり，アインシュタインの身近にいたパイスの立場が生かされている．

(2) 文字どおり，"beat a kettle" の意；この表現の大意は「のべつ幕なしに話しかけて相手をうんざりさせる」こと．

(3) Hollingdale, *Makers of Mathematics*, p. 373 に引用されている．

(4) "Eine neue Bestimmung der Moleküldimensionen," *Annalen der Physik*, vol. 19 (1906), p. 289.

(5) Pais, *Subtle Is the Lord*, pp. 89-90〔パイス『神は老獪にして…』p. 112〕．

25 アインシュタインのユークリッド的アプローチ

(1) *Annalen der Physik*, vol. 17 (1905), p. 891. 英語の翻訳は A. Somerfeld, *The Principle of Relativity* (New York: Dover Publications, 1961), p. 37〔『アインシュタイン選集1』中村誠太郎ほか訳，湯川秀樹監修，共立出版〕．

(2) Hollingdale, *Makers of Mathematics*, p. 370.

(3) Albert Einstein, *Relativity*, trans. Robert Lawson (New York: Crown Publishers, 1961).

(4) 相対性理論では，時間はひとつの次元とみなされるが，平坦な，あるいはほぼ平坦な時空では，"間隔"（距離の相対性理論版）（の2乗）は，時間の差（の2乗）から距離の差（の2乗）を引いたものとして定義される．これはつまり，時間の差がゼロであるような二つの事象を結ぶ最短経路は，間隔が最大（もっとも負ではない）経路（空間の線）になることを意味する．

(5) 前記 Brian, *Einstein, A Life*, p. 69〔ブライアン『アインシュタイ

(6) 同書 pp. 69-70.
(7) Pais, *Subtle Is the Lord*, p. 152〔パイス『神は老獪にして…』, p. 194〕に引用されている. 不幸にもこの数か月後, ミンコフスキーは虫垂炎で急逝した.
(8) 同書 p. 151〔パイス『神は老獪にして…』p. 193〕.
(9) 同書 pp. 166-167〔パイス『神は老獪にして…』pp. 213-215〕.
(10) 同書 pp. 167-171〔パイス『神は老獪にして…』pp. 215-220〕.

26 アインシュタインのリンゴ

(1) Pais, *Subtle Is the Lord*, p. 179〔パイス『神は老獪にして…』p. 232〕.
(2) 同書 p. 178〔パイス『神は老獪にして…』p. 232〕.
(3) 等価原理のこの定式化に関しては, Charles Misner, Kip Thorne, and John Wheeler, *Gravitation* (San Francisco: W. H. Freeman & Co., 1973), p. 189 を参照.
(4) 同書 p. 131.
(5) この効果は1960年に観測され, 次の論文として発表された. R. V. Pound and G. A. Rebka, Jr., *Physical Review Letters*, vol. 4 (1960), p. 337.
(6) コロラド大学のホームページより引用.
(7) Pais, *Subtle Is the Lord*, p. 213〔パイス『神は老獪にして…』p. 279〕.

27 一般相対性理論の道具

(1) Pais, *Subtle Is the Lord*, p. 212〔パイス『神は老獪にして…』p. 278〕.
(2) 同書 p. 213〔パイス『神は老獪にして…』p. 279〕.
(3) 同書 p. 216〔パイス『神は老獪にして…』p. 282〕.
(4) 同書 p. 239〔パイス『神は老獪にして…』p. 312〕.
(5) 同書 p. 239〔パイス『神は老獪にして…』p 311〕.

(6) 実際には，平坦な時空内で直交座標を用いる場合を除き，この定義は無限小領域にしか使えない．その場合は，距離は積分によって加算しなければならない．数学的には，$ds^2 = g_{11}dx_1^2 + g_{12}dx_1dx_2 + \cdots + g_{34}dx_3dx_4 + g_{44}dx_4^2$のように書く．
(7) 10個の要素をあらわに書けば，$g_{11}, g_{12}, g_{13}, g_{14}, g_{22}, g_{23}, g_{24}, g_{33}, g_{34}, g_{44}$となる．$g_{ij}=g_{ji}$の関係から，不要な要素は除外した．
(8) Richard Feynman, Robert Leighton, and Matthew Sands, *The Feynman Lectures on Physics*, Vol. II (Reading, MA: Addison-Wesley, 1964), chap. 42, pp. 6-7 を参照.
(9) Marcia Bartusiak, "Catch a Gravity Wave," *Astronomy*, October, 2000.

28 史上最高の科学者の誕生

(1) 今日，エディントンは結果の一部を捏造したのではないかと考える人たちもいる．たとえば，James Glanz, "New Tactic in Physics: Hiding the Answer," *New York Times*, August 8, 2000, p. F1を参照.
(2) Pais, *Subtle Is the Lord*, p. 304〔パイス『神は老獪にして…』p. 399〕.
(3) エディントンの遠征とその反響については，前記Clark, pp. 99-102を参照.
(4) 前記Brian, *Einstein, A Life*, pp. 102-103〔ブライアン『アインシュタイン』〕.
(5) 同書p. 246.
(6) "The Reaction to Relativity Theory in Germany III: 'A Hundred Authors Against Einstein,'" in John Earman, Michel Janssen, and John Norton, eds., The Attraction of Gravitation (Boston: Center for Einstein Studies, 1993), pp. 248-273を参照.
(7) 前記Brian, *Einstein, A Life*, p. 284〔ブライアン『アインシュタイン』〕.
(8) 同書p. 233.

(9) 同書 p. 433.
(10) Pais, *Subtle Is the Lord*, p. 462〔パイス『神は老獪にして…』p. 613〕.
(11) 同書 p. 477〔パイス『神は老獪にして…』p. 633〕.
(12) コロラド大学のホームページより引用.

29 奇妙な革命
(1) Ivars Peerson, "Knot Physics," *Science News*, vol. 135, no. 11, March 18, 1989, p. 174.

30 シュワーツにしか見えない美しいひも
(1) Engelbert L. Schucking, "Jordan, Pauli, Politics, Brecht, and a Variable Gravitational Constant," *Physics Today* (October 1999), pp. 26-31.
(2) Murray Gell-Mann とのインタビューより (May 23, 2000).
(3) Walter Moore, *A Life of Erwin Schrödinger* (Cambridge, UK: Cambridge University Press, 1994), p. 195.
(4) 同書 p. 138.

31 存在のなくてはならない不確かさ
(1) アインシュタインの引用は, マックス・ボルン宛の 1926 年 12 月 4 日付けの手紙から. Einstein Archive 8-180; quoted in Alice Calaprice, ed., *The Quotable Einstein* (Princeton, NJ: Princeton University Press, 1996).
(2) ベルはその提案を, 短命に終わった学術雑誌 "フィジックス" に発表した. 通常, 物理学者が, 実験による検証として挙げる文献は次のものである. A. Aspect, P. Grangier, and G. Roger, *Physical Review Letters*, vol. 49 (1982). この件に関するその後の経過については, Gregor Weihs et al., *Physical Review Letters*, vol. 81 (1998) を参照.

32 アインシュタインとハイゼンベルクの激突

(1) Toichiro Kinoshita, "The Fine Structure Constant," *Reports on Progress in Physics*, vol. 59 (1996), p. 1459.

33 カルツァとクラインのメッセージ

(1) Pais, *Subtle Is the Lord*, p. 330〔パイス『神は老獪にして…』〕.
(2) 同書.
(3) *Dictionary of Scientific Biography*, pp. 211-212.

34 ひも理論の誕生

(1) Gabriele Veneziano とのインタビューより (April 10, 2000).

35 粒子を超えて

(1) George Johnson, *Strange Beauty* (New York: Alfred A. Knopf, 1999), pp. 195-196.
(2) Ed Witten とのインタビューより (May 15, 2000).
(3) Murray Gell-Mann とのインタビューより (May 23, 2000).
(4) Michio Kaku, *Introduction to Superstrings and M-Theory* (New York: Springer-Verlag, 1999), p. 8 に引用されている.
(5) Nigel Calder, *The Key to the Universe* (New York: Penguin Books, 1977), p. 69 に引用されている.
(6) この定数は, P. J. Mohr and B. N. Taylor, "CODATA Recommended Values of the Fundamental Constants: 1998," *Review of Modern Physics*, vol. 72 (2000) より.
(7) 弦の音響については Kline, *Mathematics and the Physical World*, pp. 308-312; さらに詳しくは, Juan Roederer, *Introduction to the Physics and Psychophysics of Music*, 2nd edn. (New York: Springer-Verlag, 1979), pp. 98-119 を参照.
(8) P. Candelas et al., *Nuclear Physics*, B258 (1985), p. 46.
(9) 専門的なことをいえば, 穴があるということは, オイラー標数という数学的な量が, ある特定の値になることを意味し, その値は

個々のカラビ=ヤウ空間について計算して求めることができる.オイラー標数はトポロジー的な概念で,2次元や3次元なら視覚的にとらえるのも容易だが,概念そのものはそれより高い次元にも適用できる.3次元の場合,立方体でも,球でも,スープ皿のような形でも,オイラー標数は2である.それに対して,穴や取っ手のようなものをもつ形,たとえばドーナツや,コーヒーカップや,ビアジョッキなどでは,オイラー標数はゼロになる.

36 ひもの問題点

(1) このパラグラフへの引用は,Murray Gell-Mannとのインタビュー(May 23, 2000)に基づく.
(2) John Schwarzとのインタビューより(March 30, 2000).
(3) 同上.
(4) Murray Gell-Mannとのインタビューより(May 23, 2000).
(5) John Schwarzとのインタビューより(July 13, 2000).
(6) Murray Gell-Mannとのインタビューより(May 23, 2000).
(7) 同上.
(8) Ed Wittenとのインタビューより(May 15, 2000).

37 かつてひもと呼ばれた理論

(1) K. C. Cole, "How Faith in the Fringe Paid Off for One Scientist," *L. A. Times*, November 17, 1999, p. A1 に引用されている.
(2) Faye Flam, "The Quest for a Theory of Everything Hits Some Snags," *Science*, June 6, 1992, p. 1518.
(3) StromingerはMadhursee Mukerjee, "Explaining Everything," *Scientific American* (January, 1996) に引用されている.
(4) Brian Greeneとのインタビューより(August 22, 2000).
(5) Alice Steinbach, "Physicist Edward Witten, on the Trail of Universal Truth," *Baltimore Sun*, February 12, 1995, p. 1 K.
(6) Jack Klaff, "Portrait: Is This the Cleverest Man in the World?" *The Guardian* (London), March 19, 1997, p. T 6,

(7) Judy Siegel-Itzkovitch, "The Martian," *Jerusalem Post*, March 23, 1990.

(8) 前記 Mukerjee, "Explaining Everything."

(9) 本章のタイトルは，M理論のパイオニアであるテキサスA&M大学のマイケル・ダフによる講演のタイトルから取った．

(10) Douglas M. Birch, "Universe's Blueprint Doesn't Come Easily," *Baltimore Sun*, January 9, 1998, p. 2 A.

(11) J. Madeline Nash, "Unfinished Symphony," *Time*, December 31, 1999, p. 83.

(12) M理論におけるブラックホールについては Brian Greene, *The Elegant Universe* (New York: W. W. Norton & Co., 1999), chap. 13 〔ブライアン・グリーン『エレガントな宇宙』林一・林大訳，草思社，第13章〕が参考になる．

(13) "Discovering New Dimensions at LHC," *CERN Courier* (March 2000). Available on the web at http://www.cerncourier.com.

(14) P. Weiss, "Hunting for Higher Dimensions," *Science News*, vol. 157, no. 8, February 19, 2000. Available on the web at http://www.sciencenews.org

(15) John Schwarz, "Beyond Gauge Theories," unpublished preprint (hep-th/9807195), September 1, 1998, p. 2. 1998年6月，ニュー・メキシコ州サンタフェで開催されたWIEN98での講演より．

訳者あとがき

 高校までの数学や物理は、はっきり言ってつまらない。著名な物理学者のマレー・ゲルマンは高校生のころ、将来は言語学か考古学の分野に進むつもりだったらしいが、父親に物理学をやってはどうかと勧められてこう答えたという。「あんなつまらないものを本気でぼくにやらせたいわけじゃないよね?」

 私自身は、小学生のときに百科事典をめくっていて、たまたま見つけた元素の周期律表に魅了されたこともあり、自然界のしくみには大いに興味をもっていたが、それでも高校の物理はつまらなかった。私は今でも折に触れ、「高校物理が楽しくて物理学者になった人はいないと信じる」と公言してはばからないほどである。数学もまた同様で、高校までの数学と、大学以降の数学とのあいだには大きな溝がある。いずれにせよ、教科書の範囲だけにとどまっていたのでは、物理や数学の面白さや美しさを感じ取るのは難しいと思うのだ。しかし、これは必ずしも教科書のせいではないだろう。数学や物理は――というより学問一般は――登山のようなもので、高みに至ってはじめてわかる美しさや、経験できる感動があると思うのである。

 幸いにも、私が卒業した高校(普通の公立高校である)の先生たちは、教科書の先にある面白さをどうにか伝えよ

うとしてくれた．物理の先生は，授業時間中に消化しなければならない内容がたくさんあるなかで，新聞の切り抜きをもってきて，授業のはじめにこんなことをおっしゃった．「阪大にこんな電子顕微鏡ができたよ．きみたち，こういうのを使って研究してみないか！」数学の先生も，「この先が面白いんだ」と，数学はこんなもんじゃないと言わんばかりにおっしゃった．授業で扱える内容には限りがあるにしても，「面白さを伝えたい」と思う先生方や大人たちのこんなひとことが，生徒たちに期待や夢を抱かせるのではないだろうか．

そんな小さな出会いの機会を作ることが，本書『ユークリッドの窓』のねらいなのだと私は思う．著者のレナード・ムロディナウは，やがてティーンエイジャーになり，大人になってゆく自分の子どもたちに，幾何学の面白さを伝える本を書きたかったのだろう．「幾何学は，ほんとはすごく面白いんだ．パワフルで，世界の見方をがらりと変えてしまうんだ」と．世界の見方ががらりと変わったことを印象づけるために，著者は五つの舞台を設定した．いずれも幾何学の歴史に起こった革命のシーンである．それぞれの革命を象徴する五人の人物——ユークリッド，デカルト，ガウス，アインシュタイン，ウィッテン——は，もちろん，単独で革命を成し遂げたわけではない．それでもこの五人はやはり，革命の性格をくっきり印象づけるにふさわしいキャラクターなのである．

ところで本書には，ひとつ大きな特徴がある．それは，

「学問の中核としての幾何学」をアピールしていることだ．理系分野のなかの数学，その数学の一領域である幾何学，と位置づけるのではなく，幾何学こそはわれわれの思考の枠組みをかたちづくり，論理的思考を鍛えるものであったことに改めて気づかせてくれるのである．本書前半の流れをざっと追ってみれば，紀元前7世紀生まれのイオニアの自然哲学者タレスにはじまり，前6世紀生まれの神秘主義的な思想家ピタゴラスを経て，前3世紀のユークリッドの『原論』へ．それからローマ時代に入り，イスラム世界を経て中世の修道院や大学，そしてデカルトへ……．これはもう学問の歴史にほかならない．そして，話の筋はすっきりしているのに，現れる光景は実に多彩だ．第一，ごく一般向けの幾何学の本に，シャルルマーニュやニコル・オレーム，アベラールにトマス・アクィナス，スピノザやカントが顔を出すなんて，なんだか楽しくなってしまうではないか．もちろん，こういった人たちはワンカットだけのゲスト出演のようなものだから，興味をもった読者はその先を自分で探索してみてほしい．私自身は，「知的にも優れていたというシャルルマーニュが，ついにラテン語の読み書きを身につけられなかったのはなぜだろう？」と思ったのがきっかけで，何冊か本をめくることになった（その答えはここには書かないけれども）．また私としては，シュレーディンガーやハイゼンベルクらについても，ぜひこの先を知ってほしいと思う．

ともあれ，こうして幅広く学問の歴史をたどるうちに，

「ユークリッド幾何学は2000年の長きにわたり,外に向かっては世界を見せてくれる窓であり,内に向かっては論理的思考の基礎だった」と実感できるようになるだろう.しかしやがて,幾何学はほかにもあることがわかってきた.ガウスにはじまり,アインシュタインによって物理的世界と結びついたその幾何学革命は,主にふたつの理由から困難な戦いとなった.第一に,2000年ものあいだ磐石の体系と思われていたものを疑い,暗黙の前提や思いこみを取り除くのはほんとうに難しい作業だから.第二に,幾何学によって説明すべきものが,等身大の日常生活ではなくなったからである.もはや肉眼や日常的な経験を頼りにするわけにはいかないのだ.第Ⅲ部,第Ⅳ部には,この革命をめぐる孤独なドラマが描かれている.

ところで,ユークリッド,デカルト,ガウス,アインシュタインの四人にくらべれば,ウィッテンの知名度はいくらか落ちるかもしれない.しかしそれは,この最新の革命が小さな出来事だからではなく,それが今も進展中であり,まだ結果が出ていないからだろう.もしもウィッテンを総帥とするM理論軍団がこの革命に成功すれば,われわれの宇宙像は過激に変貌し,とてつもなく「幾何学的な」ものになるはずだ.著者は,ウィッテンを預言者モーセになぞらえる.はたしてウィッテンらが目指す「約束の地」は実在するのだろうか? 実在するとして,そこにたどり着くのはいつなのだろう? これからの展開に注目したい.

本書は，幾何学がわれわれの世界観を変えてきた歴史を，多彩に，かつ見通しよく紹介した本である．数学には苦手意識があるけれど——という人も含めて，少しでも多くの方が，本書をきっかけに幾何学に魅力と親しみを感じてくださることを願っている．翻訳にあたっては，NHK出版の猪狩暢子氏に多大なご理解とご協力をいただいた．ここに記して心よりお礼申し上げる．

青木　薫

文庫版訳者あとがき

　『ユークリッドの窓』というタイトルを見れば、誰しもこれは数学の本だと思うに違いない．実際、私もそう思っていた．長年にわたり、物理、生物、数学などのポピュラーサイエンスの翻訳に携わってきた私の頭の中で、本書は「数学（幾何学）の仕事」という棚に分類されていたのである．ところが、このたび「ちくま学芸文庫 Math & Science」の一冊に加えていただくにあたり、改めて全体を読み直してみて、「あれ、これって、数学の本じゃないよね？」と思ったのだ．むしろここに語られているのは、この世界を知りたいという物理学的なモチベーションに駆り立てられて、幾何学の窓を切り開いていく物語ではないのだろうか？

　ささいな違いだと思われるかもしれない．モチベーションが物理的であろうがなかろうが、そうして切り開かれるのが数学の窓であることに違いはないだろう、と．なるほどそれはそうなのだが、しかし、物理的モチベーションの存在が強く意識された背景には、本書の単行本が刊行された2003年から、文庫化にあたってこのあとがきを書いている2014年の暮れまでのあいだに、物理と数学の関係についての見方が大きく変わったという事情があるように思う．それは単に、私個人の見方が変わったということでは

ない．多くの物理学者や数学者が，この両分野の関係に大きな変化があったと認めるようになっているのである．

いうまでもなく，物理と数学はずっと手を携えて歩を進めてきた．というより，かつて両者は不可分のものだった．17世紀，18世紀，さらには19世紀になってさえ，物理と数学は，いわば会話の絶えない仲の良い夫婦のような関係にあった．ところが20世紀に入る頃から，両者のあいだにほとんど対話がなくなってしまう．たとえて言うなら，夫婦のそれぞれが別の興味に心を向け，夕食も別々にとるといったありさまだ．

もう少し具体的に言うと，物理学者が宇宙を記述する必要に迫られて数学的な技法を開発してみると，実はその技法は，とっくの昔に数学者たちによって——それも物理的な応用などまったく念頭にないままに——作り上げられていたことが判明した．しかも，そのパターンがあまりにもたびたび繰り返されたため，あたかも物理と数学とは，本来的にそのような関係にあるのだという見方が定着していたのである．

もしもそれが物理と数学との本来的な関係ならば，両者の対話はさして多産なものにはなりようがないだろう．数学はどんどん我が道を行き，物理もまた，自らの問題意識に沿って別の道を行く．そして数学の成果のうち，使えるものがあれば使わせてもらう，というだけのことだからだ．

ところが20世紀の終わりに近づく頃から，そんな関係

が変わりはじめた．そして21世紀に入って久しい現在，数学と物理は，かつてないホットな関係になっているのである．

その大変化の立役者のひとりが，本書の第V部の主人公，エドワード・ウィッテンである．本書の単行本が刊行されてから10年あまりが経とうとしているが，ウィッテンの快進撃がやむ気配はなく，その評価は高まる一方のように見える．たとえばウィッテンは，2014年の京都賞（科学，技術，文化において著しい貢献をした人々に贈られる賞）の受賞者に選ばれたが，その受賞理由には次のようにある．「物理的直感と数学的技法を発揮して新しい数学を開発することによって，多くの最先端の数学者の研究を触発した．その功績は他に類がなく傑出したものである」．つまり，物理学の研究が，最先端の数学研究にエネルギーを与えているということだ．

つい先頃行われた（2014年11月11日）京都賞の受賞講演で，ウィッテンは物理と数学の関係について，次のように語った．彼がプリンストンの大学院生だった1970年代には，物理と数学とのあいだには対話がなかった．そのため，のちのち彼にとって重要になる数学上の大きな発展のことさえ，まったく知らずにいた．しかしポスドクとしてハーバード大学に移ってから，伝説の物理学者シドニー・コールマン（専門は「場の量子論」）や，数学と物理とを接近させる重要な仕事をした数学者のマイケル・アティヤ，イサドール・シンガーらと交流するようになり，最先

端の数学に目を向けるようになった,と.私もほぼウィッテンと同じぐらいの時期に,物理の大学院生をやっていたので,あの時代の物理と数学の距離感はよくわかる.

では,20世紀のかなりの部分を通じて冷えていた物理と数学の関係は,今現在,どんなふうになっているのだろうか.その感じをつかむために,こんなたとえ話をしてみよう.キセルという喫煙道具をご存知だろうか? それは細長い中空の棒状のもので,両端が金属製,中間部は木製になっている.物理学者が美しくてエレガントなキセルを作ってみたところ,その両端(金属部)は,何やらとても魅力的な数学になっている.ところが,中間部が数学になっていない(それはどう見ても物理だ).そこで数学者たちは,そこもなんとか数学にしようとするのだが,一筋縄ではいかない.どんどん深みにはまり込んでいくうちに,物理だった中間部から,魅力的な数学が魔法のように飛びだしてくる.

あるいはまた,本書で主に扱われる幾何学に焦点を合わせるなら,こんなふうに言えるかもしれない.物理学者は,まわりの空間がどうなっているのかを見たい一心で,つぎつぎと幾何学の窓を明けていった.それを続けていくうちに,空間とはどういったものかという,空間概念そのものが変貌していく.すると当然,その新しい空間を見るための幾何学の窓も変わらざるをえない.そして今や,物理学者が調べようとしている空間は,数学者のイマジネーションさえも刺激するような豊かなものになっている.

と.

　物理的直感が数学の研究に刺激を与えるようになって,昔からあった mathematical physics という言葉に対応して, physical mathematics という言葉を提唱する人たちもいるほどである.物理と数学とのこんなホットな関係がいつまで続くのかは,もちろん,誰にもわからない.しかしいずれにせよ,両者の長い歴史の中で,今この時期が,とりわけ刺激的なフェーズであるとみて,まず間違いはなさそうだ.

　本書の著者レナード・ムロディナウは,文明の曙からウィッテンが活躍する現代までを,転回点となる五つの場面に焦点を合わせ,軽やかな語りで案内してくれる.その窓の向こうに広がる眺望を楽しんでいただけるなら,そしてさらにその先に思いを馳せていただけるなら,訳者として嬉しく思う.

　文庫版の刊行にあたっては,記述内容の裏取りに至るまで,筑摩書房の海老原勇氏に力強いご支援をいただいた.ここに記してお礼を申し上げる.

2014 年 12 月　青木 薫

本書は二〇〇三年六月二十五日、日本放送出版協会から刊行された。

幾何学の基礎をなす仮説について

ベルンハルト・リーマン
菅原正巳訳

相対性理論の着想の源泉となった、リーマンの記念碑的講演、ヘルマン・ワイルの格調高い序文・解説とミンコフスキーの論文「空間と時間」を収録。

新 物理の散歩道(全5冊)

ロゲルギスト

7人の物理学者が日常の出来事のふしぎを論じ、実験で確かめていく。ディスカッションの楽しさと物理的思考法のみごとさが伝わる、洒落たエッセイ集。

新 物理の散歩道 第1集

ロゲルギスト

四百メートル水槽の端から中央では3ミリも違うと聞いて、地球の丸さと小ささを実感。科学少年の好奇心と大人のウィットで綴ったエッセイ。

新 物理の散歩道 第2集

ロゲルギスト

ゴルフのバックスピンは芝の状態に無関係、昆虫の羽ばたき、コマの不思議、流れ模様など意外な展開と多彩な話題の科学エッセイ。(江沢洋)

新 物理の散歩道 第3集

ロゲルギスト

高熱水蒸気の威力、魚が銀色に輝くしくみ、コマが起ちあがる力学。身近な現象にひそむ意外な「物の理」を探求するエッセイ。(米沢富美子)

新 物理の散歩道 第4集

ロゲルギスト

上りは階段、下りは坂道という意外な発見、模型飛行機のゴムのこぶの正体などの話題から、物理学者ならではの含蓄の哲学まで。(下村裕)

新 物理の散歩道 第5集

ロゲルギスト

クリップで蚊取線香の火が消し止められる? バイオリンの弦の動きを可視化する顕微鏡……ウィットのある物理エッセイ。(鈴木増雄)

宇宙創成はじめの3分間

S・ワインバーグ
小尾信彌訳

ビッグバン宇宙論の謎にワインバーグが挑む! 開闢から間もない宇宙の姿を一般の読者に向けて明快に論じた科学読み物の古典。解題=佐藤文隆

精神と自然

ヘルマン・ワイル
ピーター・ペジック編
岡村浩訳

数学・物理・哲学に通暁し深遠な思索を展開したワイル。約四十年にわたる歩みをではの読みやすい文章で辿る。年代順に九篇収録、本邦初訳。

数学文章作法 基礎編	結城浩	レポート・論文・プリント・教科書など、数式まじりの文章を正確で読みやすいものにするには？『数学ガール』の著者がそのノウハウを伝授！
数学文章作法 推敲編	結城浩	ただ何となく推敲していませんか？ 語句の吟味・全体のバランス・レビューなど、具体的に学びましょう。
数学序説	吉田洋一	数学は嫌いだ、苦手だという人のために。幅広いトピックを歴史に沿って解説。刊行から半世紀以上にわたって読み継がれてきた数学入門のロングセラー。
量子力学	E・L・ランダウ／E・M・リフシッツ 好村滋洋／井上健男訳	圧倒的に名高い「理論物理学教程」に、ランダウ自身が構想した「入門篇」があったのか！ 幻の名著「小教程」がいまよみがえる。（山本義隆）
力学・場の理論	L・D・ランダウ／E・M・リフシッツ 水戸巌ほか訳	非相対論的量子力学から相対論的理論までを、簡潔で美しい理論構成で登る入門教科書。大教程2巻を一冊にもとに新構想の別版。（江沢洋）
統計学とは何か	C・R・ラオ 藤越康祝＝柳井晴夫田栗正章訳	さまざまな現象に潜んでみえる「不確実性」に立ち向かう新しい学問＝統計学。世界的権威がその歴史・数理・哲学など幅広い話題をやさしく解説。
ラング線形代数学（上）	サージ・ラング 芹沢正三訳	学生向けの教科書を多数執筆している名教師による線形代数入門。他分野への応用を視野に入れつつ、具体的かつ平易に基礎・基本を解説。
ラング線形代数学（下）	サージ・ラング 芹沢正三訳	『解析入門』でも知られる著者はアルティンの高弟だった。下巻では群・環・体の代数的構造を俯瞰する抽象の高みへと学習者を誘う。
数と図形	O・H・ラーデマッヘル／O・テープリッツ 山崎三郎／鹿野健訳	ピタゴラスの定理、四色問題から素数にまつわる未解決問題など、身近な「数」と「図形」の織りなす世界へ誘う読み切り22篇。（藤田宏）

フィールズ賞で見る現代数学

マイケル・モナスティルスキー
眞野元訳

「数学のノーベル賞」とも称されるフィールズ賞。その誕生の歴史、および第一回から二〇〇六年までの歴代受賞者の業績を概説。

角の三等分

矢野健太郎
一松信解説

コンパスと定規だけで角の三等分はなぜ「不可能」！古代ギリシアの作図問題の核心を平明懇切に解説。「ガロア理論入門」の高みへと誘う。

エレガントな解答

矢野健太郎

ファン参加型のコラムはどのように誕生したか。師アインシュタインと相対性理論、パスカルの定理などやさしい数学入門エッセイ。（一松信）

思想の中の数学的構造

山下正男

レヴィ＝ストロースと群論？ ニーチェやオルテガの遠近法主義、ヘーゲルと解析学、孟子と関数概念．．．．．．数学的アプローチによる比較思想史。

熱学思想の史的展開 1

山本義隆

熱の正体は？ その物理的特質とは？『磁力と重力の発見』の著者による壮大な科学史。熱力学入門書としての評価も高い。全面改稿。

熱学思想の史的展開 2

山本義隆

熱力学はカルノーの一篇の論文に始まり骨格が完成していた。熱素説に立ちつつも、時代に半世紀も先行していた。理論のヒントは水車だったのか？

熱学思想の史的展開 3

山本義隆

隠された因子、エントロピーがついにその姿を現わし、そして重要な概念が加速度的に連結し熱力学が体系化されていく。格好の入門篇。全3巻完結。

数学がわかるということ

山口昌哉

非線形数学の第一線で活躍した著者が〈数学とは〉をしみじみと、〈私の数学〉を楽しげに語る異色の数学入門書。（野﨑昭弘）

カオスとフラクタル

山口昌哉

ブラジルで蝶が羽ばたけば、テキサスで竜巻が起こる．．．．．．カオスやフラクタルの非線形数学の不思議をさぐる本格的入門書。（合原一幸）

やさしい微積分	L・S・ポントリャーギン 坂本實 訳	微積分の基本概念・計算法を全盲の数学者がイメージ豊かに解説。膨大な資料を基に、ありとあらゆる分野から版を重ねて読み継がれる定番の入門教科書。練習問題・解答付きで独習にも最適。
フラクタル幾何学(上)	B・マンデルブロ 広中平祐監訳	「フラクタルの父」マンデルブロの主著。膨大な資料を基に、地理、天文・生物などあらゆる分野から事例を収集・報告したフラクタル研究の金字塔。
フラクタル幾何学(下)	B・マンデルブロ 広中平祐監訳	「自己相似」が織りなす複雑で美しい構造とは。その数理とフラクタル発見までの歴史を豊富な図版とともに紹介。
工学の歴史	三輪修三	オイラー、モンジュ、フーリエ、コーシーらは数学者であり、同時に工学の課題に方策を授けていた。「ものつくりの科学」の歴史をひもとく。
現代の古典解析	森毅	おなじみ一刀斎の秘伝公開! 極限と連続に始まり、指数関数と三角関数を経て、偏微分方程式に至る。見晴らしのきく、読み切り22講義。
数の現象学	森毅	4×5 と 5×4 はどう違うの? きまりごとの算数からその深みへ誘う認識論的数学エッセイ。日常の中の数を歴史文化に探る。 (三宅なほみ)
ベクトル解析	森毅	1次元線形代数学から多次元へ、1変数の微積分から多変数へ。応用面とは異なる、教育的重要性を軸に展開するユニークなベクトル解析のココロ。
対談 数学大明神	安野光雅 森毅	数楽的センスの大饗宴! 読み巧者の数学者と数学ファンの画家が、とめどなく繰り広げる興趣つきぬ数学談義。(河合雅雄・亀井哲治郎)
応用数学夜話	森口繁一	俳句は何兆まで作れるのか? 安売りをしてもっとも効率的に利益を得るには? 世の中の現象と数学をむすぶ読み切り18話。(伊理正夫)

書名	著者/訳者	内容
ゲームの理論と経済行動 II	ノイマン/モルゲンシュテルン 銀林/橋本/宮本監訳	第 I 巻でのゼロ和 2 人ゲームの考察を踏まえ、第 II 巻ではプレイヤーが 3 人以上の場合のゼロ和ゲーム、およびゲームの合成分解について論じる。
ゲームの理論と経済行動 III	ノイマン/モルゲンシュテルン 銀林/橋本/宮本訳	第 III 巻では非ゼロ和ゲームにまで理論を拡張。これまでの数学的結果をもとにいよいよ経済学的解釈を試みる。全 3 巻完結。
計算機と脳	J・フォン・ノイマン 柴田裕之訳	脳の振る舞いを数学で記述することは可能か? 現代のコンピュータの生みの親でもあるフォン・ノイマン最晩年の考察。(野崎昭弘)
数理物理学の方法	J・フォン・ノイマン 伊東恵一編訳	多岐にわたるノイマンの業績を展望するための文庫オリジナル編集。本巻は量子力学・統計力学など物理学の重要論文四篇を収録。全篇新訳。
作用素環の数理	J・フォン・ノイマン 長田まりゑ編訳	終戦直後に行われたノイマン最後の講演「数学者」と、「作用素環について」「I〜IV の計五篇を収録。一分野としての作用素環論を確立した記念碑的業績を網羅する。
フンボルト 自然の諸相	アレクサンダー・フォン・フンボルト 木村直司編訳	中南米オリノコ川で見たものから、植生と気候、緯度と地磁気などの関係を初めて認識した、ゲーテ自然学を継ぐ博物・地理学者の探検紀行。
新・自然科学としての言語学	福井直樹	気鋭の文法学者によるチョムスキーの生成文法解説書。文庫化にあたり旧著を大幅に増補改訂し、付録として黒田成幸の論考「数学と生成文法」を収録。
電気にかけた生涯	藤宗寛治	実験・観察にすぐれたファラデー、電磁気学にまとめたマクスウェル、ほかにクーロンやオームなど科学者十二人の列伝を通して電気の歴史をひもとく。
π の 歴 史	ペートル・ベックマン 田尾陽一/清水韶光訳	円周率だけでなく意外なところに顔をだす π。ユークリッドやアルキメデスによる探究の歴史に始まり、オイラーの発見した π の不思議にいたる。

物理学に生きて
W・ハイゼンベルクほか 青木 薫訳

「わたしの物理学は……」ハイゼンベルク、ディラック、ウィグナーら六人の巨人たちが集い、それぞれの歩んだ現代物理学の軌跡や展望を語る。

調査の科学
林 知己夫

消費者の嗜好や政治意識を測定するとは？ 集団特性の数量的表現の解析手法を開発した統計学者による社会調査の論理と方法の入門書。（吉野諒三）

ポール・ディラック
アブラハム・パイスほか 藤井昭彦訳

「反物質」なるアイディアはいかに生まれたのか。そしてその存在はいかに発見されたのか。天才の生涯と業績を三人の物理学者が紹介した講演録。

近世の数学
原 亨吉

ケプラーの無限小幾何学からニュートン、ライプニッツの微積分学誕生に至る過程を、原典資料を駆使して考証した世界水準の作品。（佐々木力）

パスカル 数学論文集
ブレーズ・パスカル 原 亨吉訳

「パスカルの三角形」で有名な「数三角形論」ほか、「円錐曲線論」「幾何学的精神について」など十数篇の論考を収録。世界的権威による翻訳。（佐々木力）

幾何学基礎論
D・ヒルベルト 中村幸四郎訳

20世紀数学全般の公理化への出発点となった記念碑的著作。ユークリッド幾何学を根源まで遡り、斬新な観点から厳密に基礎づける。

和算の歴史
平山 諦

関孝和や建部賢弘らのすごさと弱点とは。そして和算が遺した歴史的意義とは。和算研究の第一人者による簡潔にして充実の入門書。（鈴木武雄）

素粒子と物理法則
R・P・ファインマン／S・ワインバーグ 小林澈郎訳

量子論と相対論を結びつけるディラックのテーマを対照的に展開したノーベル賞学者による追悼記念講演。現代物理学の本質を堪能させる三重奏。

ゲームの理論と経済行動 I（全3巻）
ノイマン／モルゲンシュテルン 銀林／橋本／宮本監訳 阿部／橋本訳

今やさまざまな分野への応用いちじるしく「ゲーム理論」の嚆矢とされる記念碑的著作。第Ⅰ巻はゲームの形式的記述とゼロ和2人ゲームについて。

数学的センス 野崎昭弘

美しい数学とは詩なのです。いまさら数学にはなれないけれどそれを楽しめたら……。そんな期待に応えてくれる心やさしいエッセイ風数学再入門。

高等学校の確率・統計 黒田孝郎/森毅/小島順/野﨑昭弘ほか

成績の平均や偏差値はおなじみでも、実務の水準とは隔たったり？　基礎からやり直したい人のためには伝説の検定教科書を指導書付きで復活。

高等学校の基礎解析 黒田孝郎/森毅/小島順/野﨑昭弘ほか

わかってしまえば日常感覚に近いものながら、数学挫折のきっかけの微分・積分。その基礎をひもといた再入門のための検定教科書第2弾！

高等学校の微分・積分 黒田孝郎/森毅/小島順/野﨑昭弘ほか

高校数学のハイライト「微分・積分」。その入門コース『基礎解析』に続く本格コース。公式暗記の学習からほど遠い、特色ある教科書の文庫化第3弾！

トポロジー 野口廣

現代数学に必須のトポロジー的な考え方とは？　集合・写像・関係・位相などの入門者向け学習書。図説ていねいに定評ある入門者向け学習書。

トポロジーの世界 野口廣

ものごとを大づかみに捉える！　その極意を、数式に不慣れな読者との対話形式で、図を多用し平易・直感的に解き明かす入門書。(松本幸夫)

エキゾチックな球面 野口廣

7次元球面には相異なる28通りの微分構造が可能！　フィールズ賞受賞者を輩出したトポロジー最前線を臨場感ゆたかに解説。(竹内薫)

数学の楽しみ テオニ・パパス 安原和見訳

ここにも数学があった！　石鹼の泡、くもの巣、雪片曲線、一筆書きパズル、魔方陣、DNAらせん……。目で見て楽しい数学入門150篇。

相対性理論(下) W・パウリ 内山龍雄訳

アインシュタインが絶賛し、物理学者内山龍雄をして、研究を措いてでも訳したかったと言わしめた、相対論三大名著の一冊。(細谷暁夫)

書名	著者・訳者	内容
幾何学	ルネ・デカルト 原亨吉 訳	哲学のみならず数学においても不朽の功績を遺したデカルト。『方法序説』の本論として発表された『幾何学』、初の文庫化！
不変量と対称性	今井淳／寺尾宏明／中村博昭	変えても変わらない不変量とは？そしてその意味や用途とは？ガロア理論と結びつき現代の現代数学にセンスをさぐる7講義。（佐々木力）
数とは何かそして何であるべきか	リヒャルト・デデキント 渕野昌 訳・解説	「数とは何かそして何であるべきか？」「連続性と無理数」の二論文を収録。現代の視点から数学の基礎付けを試みた充実の訳者解説を付す。新訳。
物理の歴史	朝永振一郎 編	湯川秀樹のノーベル賞受賞。その中間子論とは何なのだろう。日本の素粒子論を支えてきた第一線の学者たちによる平明な解説書。（江沢洋）
代数的構造	遠山啓	群・環・体など代数の基本概念の構造を、構造主義の歴史をおりまぜつつ、卓抜な比喩とていねいな計算で確かめていく抽象代数学入門。（銀林浩）
現代数学入門	遠山啓	現代数学、恐るるに足らず！ 学校数学より日常のの感覚の中に集合や構造、関数や群、位相の考え方を探る大人のための入門書。（エッセイ 亀井哲治郎）
現代数学への道	中野茂男	抽象的・論理的な思考法はいかに生まれ、何を生むか。入門者の疑問やとまどいにも目を配りつつ、数学の基礎を軽妙にレクチャー。（一松信）
生物学の歴史	中村禎里	進化論や遺伝の法則は、どのような論争を経て決着したのだろう。生物学とその歴史を高い水準でまとめあげた壮大な通史。充実した資料を付す。
不完全性定理	野崎昭弘	事実・推論・証明……。理屈っぽいとケムたがられる話題を、なるほどと納得させながら、ユーモアたっぷりにひもといたゲーデルへの超入門書。

確率論入門	赤攝也	ラプラス流の古典確率論とボレル–コルモゴロフ流の現代確率論。両者の関係性を意識しつつ、確率の基礎概念と数理を多数の例とともに丁寧に解説。
新式算術講義	高木貞治	算術は現代でいう数論。数の自明を疑わない明治の読者にその基礎を当時の最新学説で説く。『解析概論』の著者若き日の意欲作。
数学の自由性	高木貞治	大数学者が軽妙洒脱に学生たちに数学を語る。長年ぶりに復刻された人柄のにじむ幻の同名エッセイ集を含む文庫オリジナル。(高瀬正仁)60
ガウスの数論	高瀬正仁	青年ガウスは目覚めとともに正十七角形の作図法を思いついた。初等幾何に露頭した数論の一端！創造の世界の不思議に迫る原典講読第2弾。
量子論の発展史	高林武彦	世界の研究者と交流した著者による量子理論史。その物理的核心をみごとに射抜き、理論探求の醍醐味を生き生きと伝える。新組。(江沢洋)
高橋秀俊の物理学講義	藤村靖編	ロゲルギストを主宰した研究者の物理的センスとは。力について、理論変革の跡をひも解いた科学論、示量変数と示強変数、ルジャンドル変換、変分原理などの汎論四〇講。(田崎晴明)
物理学入門	武谷三男	科学とはどんなものか。ギリシャの力学から惑星の運動解明まで、理論変革の跡をひも解いた科学論。三段階論で知られる著者の入門書。(上條隆志)
一般相対性理論	P・A・M・ディラック 江沢洋訳	一般相対性理論の核心に最短距離で到達すべく、卓抜した数学的記述で簡明直截に書かれた天才ディラックによる入門書。詳細な解説を付す。
ディラック現代物理学講義	P・A・M・ディラック 岡村浩訳	永久に膨張し続ける宇宙像とは？モノポールは実在するのか？想像力と予言に満ちたディラック晩年の名講義が新訳で甦る。付録＝荒船次郎

数学という学問 I	志賀浩二	ひとつの学問として、広がり、深まりゆく数学。数・微積分・無限など「概念」の誕生と発展を軸にその歩みを辿る。オリジナル書き下ろし。全3巻。
数学という学問 II	志賀浩二	第2巻では19世紀の数学を展望。数概念の拡張のほか、フーリエ解析、非ユークリッド幾何誕生の過程を追う。
数学という学問 III	志賀浩二	19世紀後半、「無限」概念の登場とともに数学は大転換を迎える。カントルとハウスドルフの集合論、そしてユダヤ人数学者の寄与について。全3巻完結。
現代数学への招待	志賀浩二	「多様体」は今や現代数学必須の概念。「位相」「微分」などの基礎概念を丁寧に解説・図説しながら、多様体のもつ深い意味を探ってゆく。
シュヴァレー リー群論	クロード・シュヴァレー 齋藤正彦訳	現代的な視点から、リー群を初めて大局的に論じた古典的著作。著者の導いた諸定理はいまなお有用性を失わない。本邦初訳。
現代数学の考え方	イアン・スチュアート 芹沢正三訳	現代数学は怖くない！「集合」「関数」「確率」「位相」などの基本概念をイメージ豊かに解説。直観で現代数学の全体を見渡せる入門書。図版多数。
飛行機物語	鈴木真二	なぜ金属製の重い機体が自由に空を飛べるのか？その工学と技術をリリエンタール、ライト兄弟などのエピソードをまじえ歴史的にひもとく。
幾何物語	瀬山士郎	作図不能の証明に二千年もかかったとは！柔らかな発想で大きく飛躍してきた歴史をたどりつつ、現代幾何学の不思議な世界を探る。図版多数。
集合論入門	赤攝也	「ものの集まり」という素朴な概念が生んだ奇妙な世界、集合論。部分集合・空集合などの基礎から、丁寧な叙述で連続体や順序数の深みへと誘う。

数学史入門　佐々木　力

古代ギリシャやアラビアに発するダイナミックな形成過程を丹念に跡づけ、数学史の醍醐味をわかりやすく伝える書き下ろし入門書。

ガロワ正伝　佐々木　力

最大の謎、決闘の理由がついに明かされる！難解なガロワの数学思想をひもといた後世の数学者たちにも迫った、文庫版オリジナル書き下ろし。

ブラックホール　R・ルフィーニ

相対性理論から浮かび上がる宇宙の「穴」。星と時空の謎に挑んだ物理学者たちの奮闘の歴史と今日的課題に迫る。写真・図版多数。

自然とギリシャ人・科学と人間性　エルヴィン・シュレーディンガー　水谷淳訳

量子力学の発展は私たちの自然観・人間観にどのような変革をもたらしたのか。『生命とは何か』に続く晩年の思索。文庫オリジナル訳し下ろし。

数学をいかに使うか　志村五郎

「何でも厳密に」などとは考えてはいけない──。世界的数学者が教える「使える」数学とは。文庫版オリジナル書き下ろし。

数学の好きな人のために　志村五郎

世界的数学者が教える「使える」数学第二弾。非ユークリッド幾何学、リー群、微分方程式論、ド・ラームの定理など多彩な話題。

数学で何が重要か　志村五郎

ピタゴラスの定理とヒルベルトの第三問題、数学オリンピック、ガロワ理論のことなど。文庫オリジナル書き下ろし第三弾。

数学をいかに教えるか　志村五郎

日米両国で長年教えてきた著者が日本の教育を斬る！掛け算の順序問題、悪い証明と間違えやすい公式のことから外国語の教え方まで。

通信の数学的理論　C・E・シャノン／W・ウィーバー　植松友彦訳

IT社会の根幹をなす情報理論はここから始まった。発展いちじるしい最先端の分野に、今なお根源的な洞察をもたらす古典的論文が新訳で復刊。

書名	著者・訳者	内容紹介
ゲーテ スイス紀行	ゲーテ／木村直司編訳	ライン河の泡立つ瀑布、万年雪をいただく峰々。スイス旅行のもたらしたものとは？ ゲーテ自然科学の体験的背景をもひもといた本邦初の編訳書。
幾何学入門（上）	H・S・M・コクセター／銀林浩訳	著者は「現代のユークリッド」とも称される20世紀最大の幾何学者。古典幾何のあらゆる話題が詰まった、辞典級の充実度を誇る入門書。
幾何学入門（下）	H・S・M・コクセター／銀林浩訳	M・C・エッシャーやB・フラーにした著者が見せる、美しいシンメトリーの世界。練習問題と充実した解答付きで独習用にも便利。
和算書「算法少女」を読む	小寺裕	娘あきが挑戦していた和算とは？ 歴史小説『算法少女』のもとになった和算書の全問をていねいに読み解く。（エッセイ 遠藤寛子、解説 土倉保）
解析序説	小林龍一／廣瀬健／佐藤總夫	自然や社会を解析するための「活きた微積分」のセンスを磨く！ 差分・微分方程式までをカバーした入門者向け学習書。（笠原晧司）
大数学者	小堀憲	決闘の凶弾に斃れたガロア、革命の動乱で失脚したコーシー……激動の十九世紀に活躍した数学者たちの、あまりに劇的な生涯。（加藤文元）
物語数学史	小堀憲	古代エジプトの数学から二十世紀のヒルベルトまで一般向けに語った、日本の数学「和算」にも触れつつの、一般向けに語った通史。（菊池誠）
確率論の基礎概念	A・N・コルモゴロフ／坂本實訳	確率論の現代化に決定的な影響を与えた『確率論における解析的方法について』を併録。全篇新訳。
雪の結晶はなぜ六角形なのか	小林禎作	雪が降るとき、空ではどんなことが起きているのだろう。自然が作りだす美しいミクロの世界を、科学の目でのぞいてみよう。（菊池誠）

ちくま学芸文庫

ユークリッドの窓
――平行線から超空間にいたる幾何学の物語

二〇一五年二月十日　第一刷発行

著　者　レナード・ムロディナウ

訳　者　青木　薫（あおき・かおる）

発行者　熊沢敏之

発行所　株式会社　筑摩書房
　　　　東京都台東区蔵前二-五-三　〒一一一―八七五五
　　　　振替〇〇一六〇-八-四一二三

装幀者　安野光雅

印刷所　中央精版印刷株式会社

製本所　中央精版印刷株式会社

乱丁・落丁本の場合は、左記宛にご送付下さい。
送料小社負担でお取り替えいたします。
ご注文・お問い合わせも左記へお願いします。
筑摩書房サービスセンター
埼玉県さいたま市北区櫛引町二-六〇四　〒三三一―八五〇七
電話番号　〇四八-六五一―〇〇五三一

ⓒ K.AORU AOKI 2015　Printed in Japan
ISBN978-4-480-09645-6 C0141